中共广州市委宣传部出版专项资金资助项目

生态工业园区运行机制与评价体系研究

王　虹　著

中国环境科学出版社·北京

图书在版编目(CIP)数据

生态工业园区运行机制与评价体系研究/王虹著.—北京：中国环境科学出版社，2008.11
ISBN 978-7-80209-825-1

Ⅰ. 生… Ⅱ. 王… Ⅲ. 工业区—生态环境—研究 Ⅳ. X171

中国版本图书馆 CIP 数据核字（2008）第 151608 号

责任编辑 陈金华
责任校对 刘凤霞
封面设计 龙文视觉

出版发行 中国环境科学出版社
（100062 北京崇文区广渠门内大街 16 号）
网 址：http://www.cesp.cn
联系电话：010-67112765（总编室）
发行热线：010-67125803
印 刷 北京中科印刷有限公司
经 销 各地新华书店
版 次 2008 年 11 月第 1 版
印 次 2008 年 11 月第 1 次印刷
印 数 1—3 000
开 本 880×1230 1/32
印 张 9.375
字 数 245 千字
定 价 28.00 元

前　言

面对经济发展、能源短缺和环境恶化的现状，基于传统线性工业生产活动的环境污染末端治理模式已经难以为继。实践表明，将经济活动转变为“资源—产品—再生资源—再生产品”的循环过程，有利于最大限度地减少从生产到消费全过程的资源使用和废物排放。一些发达国家的学者们提出了循环经济和生态工业理论，并且在该理论的指导下创立了生态工业园区，期望通过构建生产工业园区来协调经济发展和环境保护两难的问题。从世界各国实践看，创建生态工业园区还处于起步阶段。我国从 2001 年起，逐步建立了 26 个生态工业示范园区，并显示出其生态、经济和社会的“三赢”效益。本书针对资源有限性和环境承载力的有限性的现状，以生态学理念为基础，提出构筑创建生态工业园区的运作模式，并对于这一模式的运行机制进行研究，利用投入产出法和层次分析法，对生态工业园区的网链稳定性、园区内部产品利用关联和生态工业园区运作质量进行评价方法的探讨，对生态工业园区创建、运行、评价等方面进行了实证分析。

全书共分为 8 个部分，包括绪论、相关理论研究进展、生态工业园区现状研究、生态工业园区建设规划研究、生态工业园区运作机制研究、生态工业园区评价指标体系研究、生态工业园区实证研究以及结论与展望。

本书主要探索性研究有：

1. 对生态工业园区产业链的系统研究。在本书中，始终围绕创建 EIP 中心问题，对园区产业链的构建进行了系统研究。从最初的理论分析，到园区创建中产业链构成，到 EIP 运作机制的研究，直至最后对 EIP 评价，进行研究探讨，形成关于 EIP 组建中核心问题，并提出 EIP 的特点主要体现在产业链的合理组合上，而产业链的稳定与否，关系到 EIP 的命运。EIP 运作机制之一就是产业链的技术支撑作用，对 EIP 评价与对一般企业评价的区别点正是体现在对园区产业链的评价。

2. 提出了生态工业园区的“5 轮驱动”原理。影响生态工业园区形成的因素多种多样，既有内在的动力机制，也有外在的环境推进。“5 轮驱动”中的内在动力机制是来自于园区内部所处的生态系统、企业共生的角度以及企业的生态良知，统称为动力源。它是创建生态工业园区的主力，也是基础。外部促进机制的“4 轮”也不可或缺，即环境、成本推动机理；效益、需求拉动机理；内外部约束机理和技术、机构支撑机理。“5 轮”的共同作用，促进了生态工业园区的形成与运作。

3. 利用投入产出法对生态工业园区的评价。这一创新主要体现在评价方法对于生态工业园区评价的运用上。首先是对评价范围的界定，根据使用资源的来源不同，将企业区分为“园内企业”和“园外企业”；其次是对评价内容的界定，利用投入产出法对生态工业园区主导企业、园区产业链、园区运行状况进行评价，并以此方法对具体园区进行了实际评价。

总之，本书从面临的两个矛盾——经济发展与资源有限的矛盾和经济发展与环境承载力有限的矛盾入手，通过理论研究和国内外实践，得出目前缓解这两个矛盾的手段就是改变现有的生产模式的结论，而生态工业园区的创建正是缓解矛盾的有效途径。从管理角度分析，生态工业园区运作的机制是“5 轮驱动”原理，生态工业园区的运行质量需要评价体系进行评估，评价体系的可行性通过案例进行实证分析验证。这是本书的研究主线。通过本书的研究，可以为生态工业园区的创建提供理论支持，并对生态工业园区创建后的质量管理提供切实可行的评价方法。

目　录

第1章 绪 论

1.1 选题的背景

随着 18 世纪英国发起的工业技术革命，开创了以机器代替手工工具的时代，为人类解放出了巨大的生产力，带来了前所未有的物质文明和空前的繁荣。从能源消耗种类看，工业文明社会的能源主要是煤、天然气和石油这些不能再生的化石燃料，消耗这些能源，生产出大量的产品。两三百年的工业文明进程，对世界经济、资源、环境等问题产生了直接的影响。

工业的发展成为经济发展的主导力量，对能源、环境的影响如同“多米诺骨牌效应”，经济发展导致能源消耗的增长，能耗增加带来的是环境的污染和生态的恶化。三者之间的相互关联，有其不同的相互影响路径。一条路径是经济增长 → 能源需求加大 → 环境污染加剧；另一条路径，即经济发展 → 能源需求降低 → 环境改善。迫于目前世界性的能源紧张和环境压力的现实，人类只有通过第二条路径，从自身发展模式上寻找解决问题的途径。本书的写作主题是基于这样一个背景建立起来的。

本章中首先利用数据，分别针对世界、不同收入水平国家群体和我国的情况，分析经济增长、能源消耗、环境的现状、变动轨迹及相互关系，说明本书的写作背景和写作主题的必要。

1.1.1 经济发展分析

1.1.1.1 从世界 GDP 总量分析

随着科技的进步与社会的发展，经济总量正以几何级数的速度在增长。图 1-1 显示 1980—2005 年世界国内生产总值（Gross Domestic Product，GDP）的变动情况。

根据中国统计年鉴提供的数据计算，1990—2005 年，世界 GDP 以年均 4.89%的速度在递增。按照国际能源机构提供的数据资料，利用购买力平价计算世界经济增速，1980—2005 年世界 GDP 年平均增速为 3.3%，最近 3 年增速强劲，2004 年为 5.4%，2005 年为 4.9%，2006 年为 5.3%。

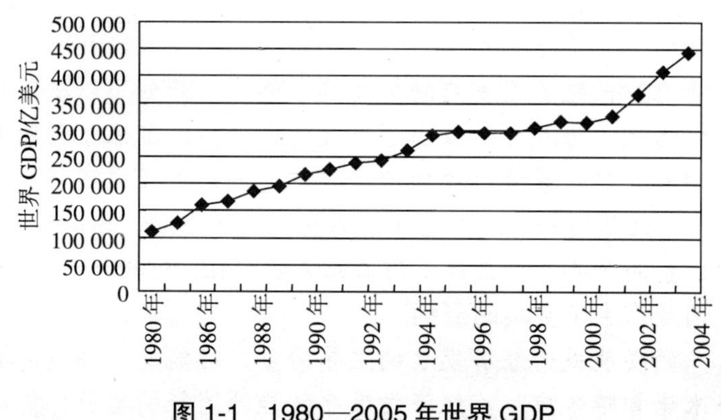

图 1-1 1980—2005 年世界 GDP

资料来源：中国统计年鉴 2006。

1.1.1.2 从不同收入国家分析

经济增长水平在不同收入水平国家的表现也不尽相同。世界银行将世界经济总体按各国人均国民生产总收入（Gross National Income，GNI）划分，可将各国分为如下三大类：低收入国家、中等收入国家、高收入国家。其中，中等收入国家又可细分为中高收入国家和中低收入国家。表 1-1 是按照不同收入水平计算的各类别国家 GDP 总量、构成及在近 5 年的年均增长速度。

表 1-1 2005 年各国按收入划分 GDP 总量、构成及增长速度

按收入划分*	GDP 总量/万亿美元	所占百分比/%	2000—2005 年均增速/%**
高收入国家	34.466 2	77.65	3.79
美国	12.455 1	28.06	3.07
中等收入国家	8.524 9	19.21	5.95
中高收入国家	3.665 4	8.26	5.30
中低收入国家	4.859 5	10.95	5.95
中国	2.228 9	5.02	9.30
低收入国家	1.393 8	3.14	5.98
世界总量	44.384 9	100.00	3.80

资料来源: 世界银行数据网http: //www. web.worldbank.org/WBSITE/EXTERNAL/DATASTATISTICS.

* 根据 2006 年世界银行划分，经济体按 2006 年人均 GNI 划分。具体划分标准为：低收入国家，低于或等于 905 美元；中低等收入为 906 ~ 3 595 美元；中高等收入为 3 596 ~ 11 115 美元；高收入国家为 11 116 美元或以上。

** 按可比价格计算。

表 1-1 中我国 GDP 的增速最为引人注目。按世界银行提供的数据计算，我国在近 15 年中年均增速为 10.27%，为世界之首。由此带动中等收入国家的增速呈现较高水平，为 5.95%。低收入国家由于其经济发展基数较低，其增长速度为 5.98%，是各不同收入国家的最高水平。高收入国家的 GDP 年均增速略低于世界的平均水平。从 GDP 构成看，高收入国家 GDP 大约占世界 GDP 总量的 81%，其中美国占 28.71%。其他收入水平国家的 GDP 只占世界的 19%，其中我国占 3.9%。

1.1.1.3 从我国情况分析

自 1978 年改革开放以来，按可比价格计算，以 1978 年为 100，我国经济年平均增长速度为 9.64%。与此同时，工业增加值则以 11.47%的速度递增，若将时间按 5 年分组，这种增长的趋势则更为明显。见表 1-2。

表 1-2 中国 1978—2005 年 GDP 和工业增加值年均增长速度

时间段/年	GDP 年均增长率/%	工业增加值年均增长率/%
1978—1980	7.70	10.63
1981—1985	9.58	9.52
1986—1990	6.05	7.22
1991—1995	10.30	14.56
1996—2000	6.58	7.63
2001—2005	7.81	9.06

资料来源：中国统计年鉴，2006。

在这几个时间段中，我国工业增加值年均增长率均高于同期 GDP 年均增长率。从 GDP 构成上看，近 26 年来，我国工业增加值一直徘徊在 40%左右，说明我国正处于工业化过程中。

世界经济的快速增长，体现在中低收入国家的经济增速大于高收入国家的。与经济发展紧密关联的就是能源的消耗。

1.1.2 能源消耗分析

1.1.2.1 从世界角度分析

（1）能源消耗总量分析。能源是实现经济增长重要的生产要素。世界能源年消耗总量从 1980 年的 283.481×10^{15} Btu① 上升到 2005 年的 462.798×10^{15} Btu，年平均增速为 1.98%，低于同期世界经济的增长速度 3.3%。其变动趋势见图 1-2。

（2）能源消耗时间分析。虽然能源消耗的增长慢于世界经济的增长速度，但由于地球资源的有限性，从目前人类的开发能力和开发强度看，有限的资源已逐步走向枯竭。据中国能源报告（2006）统计，我国石油、天然气和煤炭的可使用年限分别为 18 年、30 年和 59 年。世界石油、天然气和煤炭平均可使用年限分别为 46 年、

① Btu 为英国热量单位，1Btu=1.05 506×10^3 J。

61 年和 81 年。表 1-3 列示目前人类对一些主要不可再生资源已探明储量和按照目前的消耗强度可消耗时间的数据表。

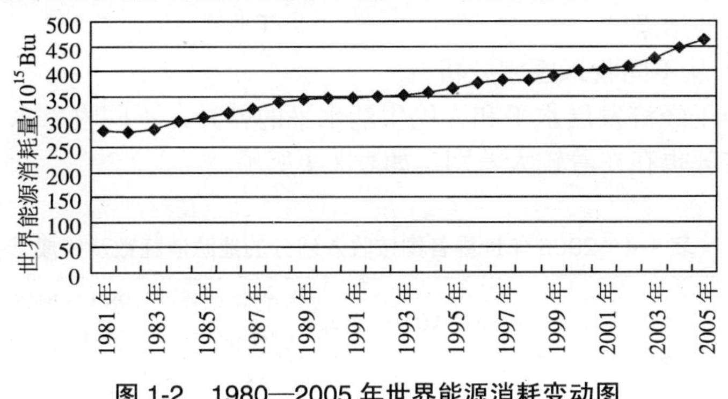

图 1-2 1980—2005 年世界能源消耗变动图

资料来源：http: //www.eia.doe.gov/pub/international/iealf/tablee1.xls.

表 1-3 2004 年不可再生资源可使用年限

区域	探明可采储量及中国占世界份额						预计可使用年限/a		
	石油		天然气		煤炭		石油	天然气	煤炭
	储量/亿桶①	份额/%	储量/10^4 亿 m^3	份额/%	储量/亿 t	份额/%			
世界	11 886		179.53		9 091		46*	61	81
中国	499	4.20	2.5	1.39	1 145	12.59	18**	30	59

注：*按世界每日消耗石油 7 100 万桶计算得出；**按中国每日消耗石油 750 万桶计算得出。
资料来源：魏一鸣，等.中国能源报告（2006）战略与政策研究. 北京：科学出版社. 2006.3：8-10，相应数据计算得出。

（3）能源消耗强度分析。随着科技水平的提高，在经济高速增长的同时，能源利用强度和人均能耗却呈现不同程度的下降趋势。全球能源强度（单位产值能耗以标准油计）由 1980 年的 3.94 t 油当量/万美元下降到 2005 年的 3.22 t 油当量/万美元，年均下降 0.84%。

① 注：1 桶=158.98 L。

人均能耗却由 1980 年的 63.7×10^6 Btu/人上升到 2005 年的 71.8×10^6 Btu/人，年均上升 0.5%，这主要是受经济、能耗和人口增速水平不同影响的结果。

1.1.2.2 从不同收入国家分析

由于经济发展水平和人民生活水平的差异，不同收入水平的国家其能耗也存在着较大差别。如表 1-4 所示。

表 1-4　2005 年世界各国按收入划分的能源消耗数及构成

国别	能耗数/10^{15} Btu	占能耗总量的比例/%	1980—2005 年年均能耗增长速度/%
高收入国家	248.45	53.69	1.54
美国	100.69	21.76	1.01
中等收入国家	185.43	40.07	2.45
中高收入国家	79.71	17.22	0.23
中低收入国家	105.72	22.84	5.79
中国	67.09	14.50	5.52
低收入国家	28.90	6.24	4.70
世界	462.80	100.00	1.98

资料来源：http: //www.eia.doe.gov/pub/international/iealf/tableb1.xls，进行调整计算。

表 1-4 显示，自 1980 年以来，世界能耗平均增速为 1.98%，增速较高的是中低等收入国家和低收入国家。美国是世界上最大的发达国家，也是能源消耗量最大的国家。在上述同期，美国能源消耗量由 1980 年的 76.369×10^{15} Btu 增长到 2005 年的 100.69×10^{15} Btu，占世界能源消耗总量比重分别为 27.18%和 21.76%，年均增长率为 1.01%。我国是一个发展中国家，正处于工业化快速发展阶段，能源消耗总量增长迅速，1980—2005 年年均增速为 5.52%，高于世界同期平均增速 3.54 个百分点。从消耗构成看，高收入国家能耗量占世界消耗总量的 54%，低收入国家只占 6%。

1.1.2.3 从我国情况分析

综观我国的能耗总量及构成，工业一直是我国能耗的主要消耗产业，特别是工业中 5 个高能耗行业石油加工及炼焦业、化学原料及化学制品制造业、黑色金属冶炼及压延加工业、非金属矿物制品业和电力、煤气及水生产和供应业），其能耗量占去我国能耗总量的半壁江山。因此，我国的节能重点应放在工业上，特别是这 5 个高耗能行业，这是我国节能减排的关键所在。

我国产值能耗经历了低→高→低的变化过程，而人均能耗却呈现逐步提高的上升趋势。见图 1-3。

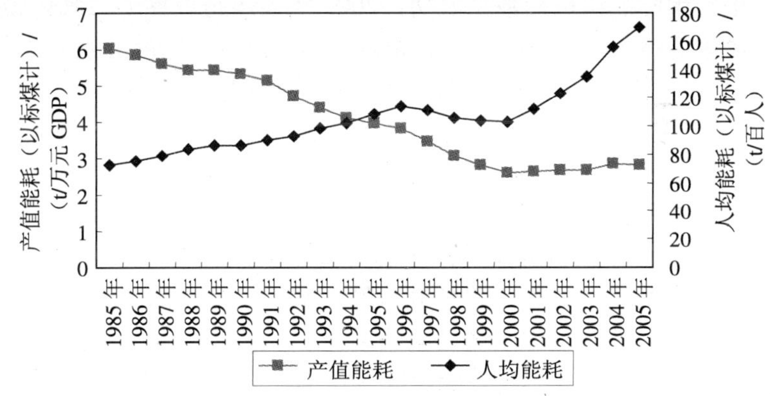

资料来源：人口资料来源于中国统计年鉴（2006）；GDP 和能耗资料来源于《中国能源报告 2006》战略与政策研究，14。

图 1-3 1985—2005 年中国产值能耗和人均能耗变动

图 1-3 显示我国产值能耗与人均能耗呈现交叉状，表现为不同的变动方向，伴随着产值能耗年递减 0.92%的速度，人均能耗以 5.21%的速度逐年上升。尽管我国产值能耗在逐年下降，但与一些发达国家和世界平均水平相比还有一定差距。从单位 GDP 能耗指标看，2005 年我国为世界平均水平的 2.81 倍，说明我国能源利用效率有很大的上升空间。但由于我国人口众多，计算人均能耗指标，往往低于其他国家。有数据表明，我国人均能耗为美国的 0.15，法国的 0.28，世界平均水平的 0.71。正是由于人口基数大，一旦我国人均能耗上升到世界平均水平，就会造成我国能源消耗总量的急速增加，并且会对世界能源市场产生影响。

1.1.3 环境变动分析

能源的消费对经济发展有很大的影响，但是，这种依赖大量能源消耗的经济快速增长背后隐藏着一些深刻的危机，那就是环境的污染和资源的枯竭对人类未来发展的威胁。在本书中仅以二氧化碳排放为例，说明由于经济发展对环境所产生的直接或间接的影响。

1.1.3.1 从世界二氧化碳排放总量分析

根据国际能源机构数据表明，2005 年美国是世界上二氧化碳排放量最大的国家，中国列第二位，俄罗斯、日本和印度分别列第三、第四和第五位。2005 年全球二氧化碳排放量比 1980 年增长了 53.78%，年均递增 1.74%，与能耗的增长基本同步，2000—2005 年年均增长率上升为 3.4%。图 1-4 为全球二氧化碳排放与经济发展和能耗的关系图。

图 1-4 显示，世界总体水平的二氧化碳排放和人均 GDP 的增长趋势基本相同，二氧化碳排放与能耗基本是同比例增长。说明世界经济增长仍是二氧化碳增长的主要原因，因为经济增长离不开能源的利用，必然造成二氧化碳排放量的增加。1980—2005 年世界二氧化碳年均增长率为 1.74%，2000—2005 年年均增长率上升为 3.4%。若长期观察碳排放量，图 1-5 显示得更加清晰。

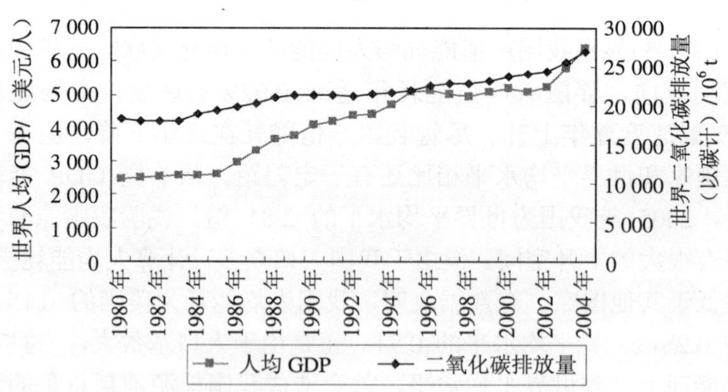

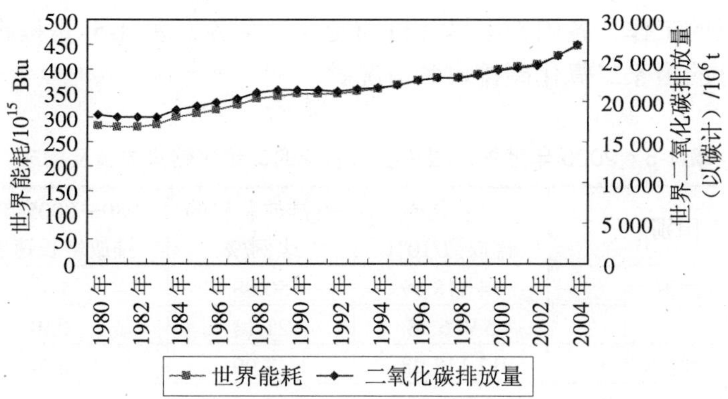

图 1-4　世界二氧化碳排放与人均 GDP 和能源消耗的对比

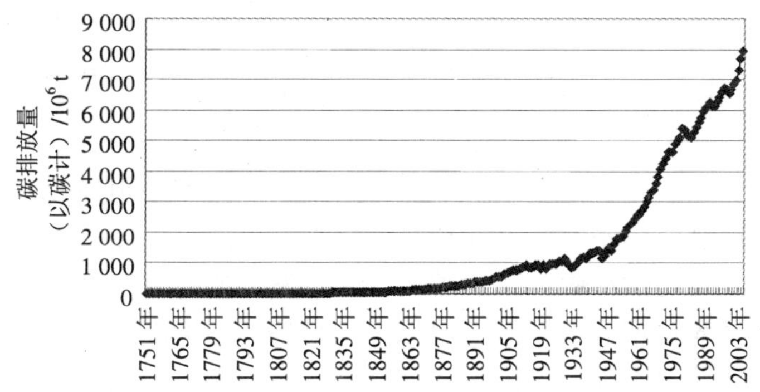

图 1-5　1751—2005 年全球可燃矿物燃料碳排放量

资料来源：Compiled by Earth Policy Institute from G. Marland，T.A. Boden，and R.J. Andres，"Global，Regional，and National Fossil Fuels CO_2 Emissions."

1.1.3.2 从不同收入国家分析

根据国际能源机构数据资料，与 1980 年相比，2005 年世界二氧化碳排放量增长了 53.78%，其中，韩国、印度和中国增长较高，超过 200%，美国、日本、加拿大均有不同程度的增长，即不论是发达国家，发展中国家，还是世界整体水平，随着经济规模的继续扩大，排放的二氧化碳仍将继续增加。所以二氧化碳减排是一项十分艰巨的工作，各国都应尽各自的责任与义务。表 1-5 是按收入水平划分的国家二氧化碳排放量情况。

表 1-5 2005 年世界各国按收入划分的二氧化碳排放量及构成

国别	二氧化碳排放数/10^6 t	占排放总量的比例/%	1980—2005 年年均排放增长速度/%
高收入国家	14 118.89	50.08	1.12
美国	5 956.98	21.13	0.91
中等收入国家	12 118.98	42.99	2.24
中高收入国家	4 392.78	15.58	−0.46
中低收入国家	7 726.20	27.40	5.49
中国	5 322.69	18.88	5.33
低收入国家	1 954.86	6.93	4.32
世界总排放量	28 192.74	100.00	1.74

资料来源：http: //www.eia.doe.gov/pub/international/iealf/tableb1.xls，并进行调整计算。

世界二氧化碳排放年均增速 1.74%，主要是受中低收入和低收入国家高排放的影响，而这种高发展→高能耗→高排放的路径是发达国家发展过程中走过的模式，这引发人们对究竟是先发展后治理，还是先治理后发展问题的思考。另外，尽管高收入国家二氧化碳排放量增速不高，但由于其排放量大，为世界二氧化碳排放总量的 50.08%，加之高收入国家人口较少，致使其人均二氧化碳排放极高，这与高收入国家经济发展水平和人民生活水平关系密切。

1.1.3.3 从我国情况分析

（1）我国二氧化碳排放情况。我国二氧化碳排放量多年来位于世界的前几位，2005 年仅次于美国，排行第二位。从排放总量看，1980—2005 年我国二氧化碳排放量以年均 5.33%的速度递增，远远高于世界的平均水平 1.74%。与此同时，人均排放量以 4.13%的年均增长率上升，高于世界平均水平 0.24%的 3.89 个百分点。单位 GDP 二氧化碳排放随着经济的快速增长而缓慢下降，年均递减率为 4.05%。见图 1-6。

可以看出，这两条曲线如同产值能耗和人均能耗变动曲线，也呈现交叉状，二者表现出相反的变动趋势。

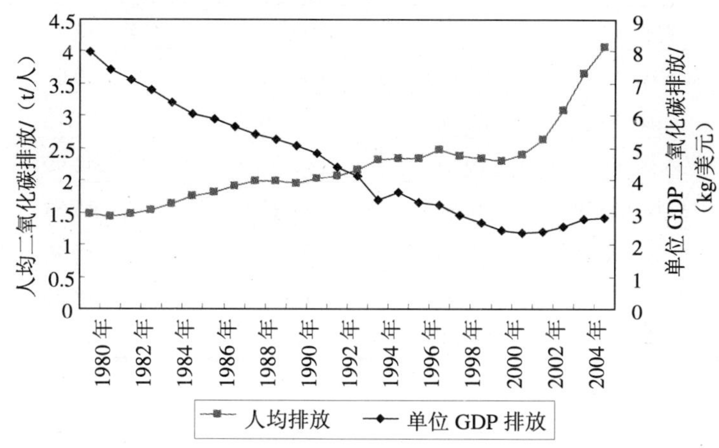

图1-6 1980—2005年我国人均二氧化碳排放和单位GDP二氧化碳排放

（2）我国废水废气排放及工业所占的构成。多年来，我国废水、废气和废物的排放量以不同的增长方式变动，工业各项废弃物排放量一直占全国排放总量的绝大部分比重。工业不仅是我国的能耗大户，也是向外界排放污物的主要部门。根据我国历年环境统计公报数据显示，工业废水排放所占比重呈现下降的趋势，但仍占近50%，工业废气排放所占比重呈现上升的态势，截至2005年，工业废气排放占85%。所以，有效地遏制工业废弃物排放量是我国改善环境的主要目标。

1.1.4 综合分析

将上述经济、能源和环境3方面问题综合分析，经济发展中的矛盾更加凸显。

1.1.4.1 从构成分析

按不同收入水平的国家，观察其经济总量构成、能耗构成和二氧化碳排放构成，见表1-6和图1-7。

表 1-6 2005 年世界各国按收入划分的产值、能耗和二氧化碳排放构成

单位：%

国别	产值构成	能耗构成	二氧化碳排放构成
高收入国家	77.65	53.69	50.08
美国	28.06	21.76	21.13
中等收入国家	19.21	40.07	42.99
中高收入国家	8.26	17.22	15.58
中低收入国家	10.95	22.84	27.40
中国	5.02	14.50	18.88
低收入国家	3.14	6.24	6.93

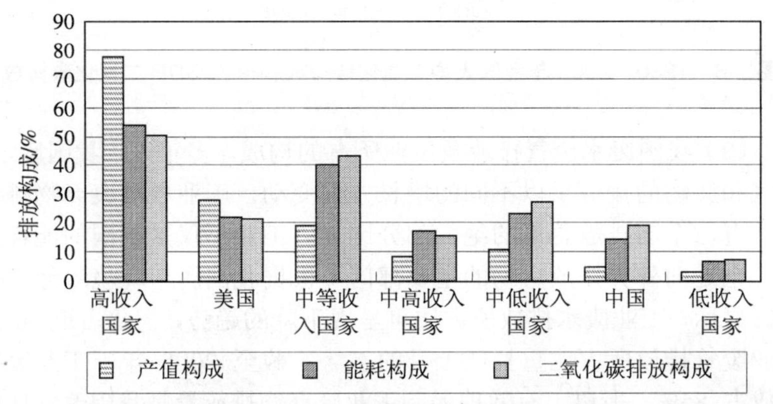

图 1-7 2005 年世界各国按收入划分的产值、能耗、二氧化碳排放构成图

高收入国家这 3 项构成均遥遥领先于其他国家；低收入国家恰好相反，3 项构成均处于较低水平；中等收入国家产值构成相对较低，二氧化碳排放构成几乎接近一半。由于各收入水平国家构成不同，对其各项人均强度产生不同的影响。

1.1.4.2 从我国情况分析

以工业为中心，观察各项比重。见表 1-7 和图 1-8。

表 1-7 1980—2005 年我国工业产值比重、工业能耗比重、工业废弃物排放比重

单位：%

时间/年	工业产值比重	工业能耗比重	工业废水排放比重	工业废气排放比重
1990	36.74	70.2	70.34	—
1991	37.13	71.1*	69.62	71.82
1992	38.20	71.9*	63.76	78.52
1993	40.15	72.8	61.52	71.98
1994	40.42	71.6	60.67	73.48
1995	41.05	73.3	59.52	74.30
1996	41.37	72.2	49.05	59.70
1997	41.69	72.4	54.57	78.94
1998	40.31	71.4	50.63	76.22
1999	39.99	69.8	49.13	78.58
2000	40.34	68.8	46.75	81.18
2001	39.75	68.5	46.96	80.44
2002	39.42	68.9	47.05	81.06
2003	40.45	70.0	46.09	82.96
2004	40.79	70.5	45.85	83.90
2005	42.01	70.8	46.35	85.06

注：*此数据是推算得出的。

资料来源：历年中国统计年鉴和历年环境统计公报。

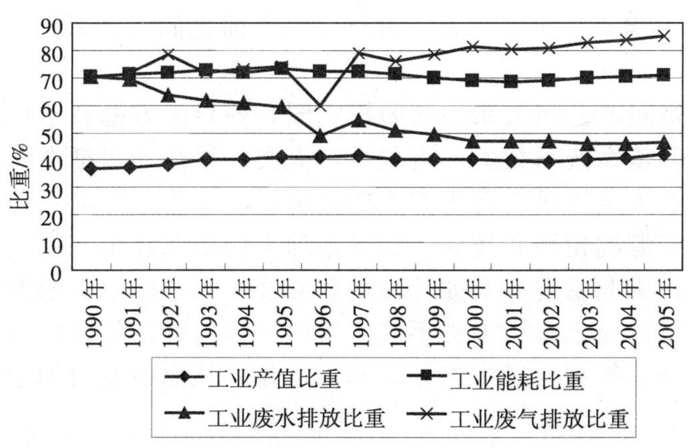

图 1-8 1990—2005 年我国工业产值比重、工业能耗比重、工业废弃物排放比重

通过各项构成变动轨迹，显示出我国工业无论在产值贡献率、能源消耗方面，还是在废弃物排放方面均占主导地位。在工业中有5个高耗能行业，其能耗占全国能耗的总量近50%。在全球经济发展遭遇能源瓶颈的大环境中，我国的形势更加严峻，节能减排任务更加紧迫。

上述数据分析表明，人类在经济发展中面临的两个矛盾，即经济发展与能源供给有限性的矛盾和经济发展与环境承载力有限性的矛盾，成为横亘在经济健康持续发展道路上的障碍，如何缓解矛盾排除障碍，调整产业结构是一方面，更重要的是改变目前的生产模式。在生产模式的选择上，要积极倡导“双低”模式，即低能耗、低排放。实施这种模式并非是生产者的自觉行为，也不是一两个企业所能成就的，是需要有一套完整有效的管理系统和全社会的通力合作才能实现。这种模式实施的手段就是建立生态化的产业生产体系。这部分内容将在后续内容中探讨。

1.2 选题的思考

经济和资源、环境之间有着相互联系、相互制约、相互作用的关系，若考虑人口因素，可将这几方面之间的关系通过图1-9显示。

这是四者之间关系的简要模式图。外界的方框表示地球资源和生态环境系统承载力的有限性，人类纷繁活动概括在经济系统范围，在人类需求前提下产生的经济活动与生态环境系统的联系体现在资源的使用和排放。如果地球上的资源和生态环境容量是无限的，则此话题并非如此迫切和必要。正是由于资源的耗竭和生态环境恶化已成为人类不能回避的共同问题，如何经营好地球人类经济系统和自然生态系统和谐运作，从而引发对如下问题的思考。

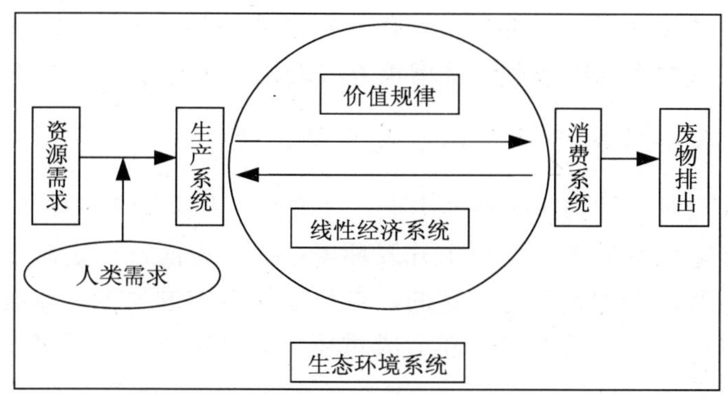

图 1-9 经济、人口、资源、环境的关系

1.2.1 经济发展与资源环境关系的思考

美国著名生态经济学家莱斯特·R·布朗[1]（2002）将自然资源比喻为捐赠基金，只要捐赠基金在，来自其利息收益就可以长期地得到，如果捐赠基金减少，利息收益也将减少，如果捐赠基金最后耗尽，利息收益也就没有了。有数据显示，近年来，经济增长正在消耗着地球赠与人类的自然资源，并且这一增长带来的对能源的需求已超过了生态系统的可持续产出。根据中国统计年鉴资料显示，1990—2000 年世界年均森林消失量为 93 952 km^2。2000 年世界人均淡水为 8 696 m^3，到 2005 年，减少到 6 895 m^3。水资源匮乏还表现在河流干涸和地下水位的下降。以北京为例，1980 年北京平原地下水平均埋深为 7.24 m，2005 年为 20.21 m，比 1980 年平均埋深下降了 12.97 m，年均下降 4.19%。

我国学者段宁[2]（2004）对经济发展与资源环境的变化运用大量事实与数据初步验证了西方发达国家的工业化过程中，经济增长与物质消耗的总量在 20 世纪 70—80 年代中期“脱钩”后，又于近年来重新“复钩”的重要事实，提出了人类社会物质消耗的表现形式是“上升式多峰”这一新理论，结论是我国的物质消耗不是简单可以“脱钩”的，而是要面对物耗不断上升的事实。对于已经完成工业化的发达国家的物质消耗仍然在多峰的基础上呈现上升状态。因此，该学者提出改变经济增长方式的思路，即要实施循环经济。

1.2.2 人口增加与资源环境关系的思考

人口对环境的影响有两方面，一方面，人口是开发环境的力量，没有一定数量的人口谈不上开发环境；另一方面，一定时空条件下的环境所供养的人口是一定的，若超过了一定的限度，就要由动力变成阻力。过多的人口可能造成对环境的沉重压力，环境不堪重负时，就要造成环境的破坏[3]。笔者将人口与资源环境关系用图 1-10 显示。

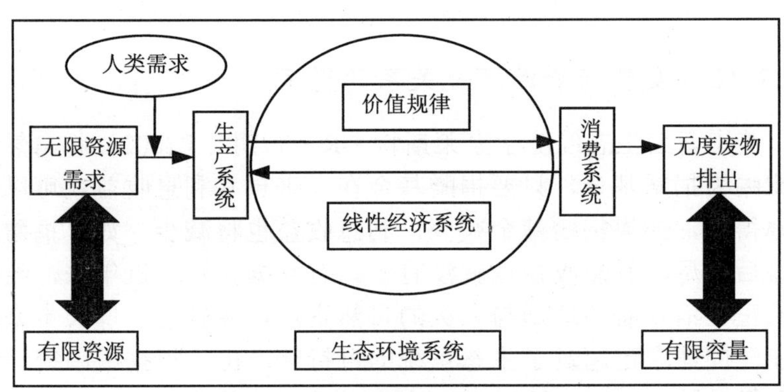

图 1-10 人口与资源环境的关系

由于人口不断增加，对资源的需求量也在不断增长。有限的资源在不断减少，人均占有量逐年降低。由此产生两个突出的矛盾：① 无限资源需求与有限资源供给的矛盾；② 无度废物排出与环境有限容量的矛盾。矛盾的形成，经济发展因素是一方面，人口增长同样加剧矛盾的形成。以人均水资源为例，2000—2005 年，世界人均水资源年均减少 360 m^3。由于人口增加和人们用水模式的形成，导致对水资源的需求逐渐加大。在一些水资源匮乏的国家，为了满足人们的用水需求，过度从蓄水层汲水。有数据表明，世界从蓄水层每年过度汲取的水为 1 600 亿 m^3，按粗略估计，生产 1 t 谷物需要 1 000 t 水，1 600 亿 t 水的缺口等于 1.6 亿 t 谷物。世界谷物消费量按年人均 300 kg 计算，1.6 亿 t 谷物可以养活 4.8 亿人。即世界 63 亿人口中，有 4.8 亿人是用我们应保留给后代的水来生产的谷物而生存的。

从世界学术流派分析，关于人与自然环境关系的观点可以分为如下 4 类：新马尔萨斯主义、谨慎的悲观主义、谨慎的乐观主义、技术和经济发展的热情倡导派。新马尔萨斯代表人物认为，地球是一个有限的“馅饼”，地球资源正在逐渐耗竭，人口增长与经济发展已经超出了地球在稳定状态下所能承担的能力，即人口极限已经到来。谨慎的悲观主义者的代表人物认为，地球是一个不确知的“馅饼”，资源不断面临困难，收益大多递减，由于创新和发明对于解决人口与资源问题的效果越来越差，所以发展应后退一步，或至少是更有节制。谨慎的乐观主义认为，地球是一个不断增大的“馅饼”，资源总的来说是足够满足人类需要的，而只有技术进步和创新才能解决环境问题，因而主张继续发展。技术和经济增长的热情倡导者认为，地球是一个无限的“馅饼”，技术和经济增长几乎可以解决一切问题，人口多意味着更多的人力资本，创新和发明是人类的最大希望所在，所以继续发展是人类福利和进步所必需的。

我国学者龚绍林[4]（1989）将人与自然环境的关系分为 3 个时期：① 人类依附自然生态环境时期；② 人类与自然生态环境失调时期；③ 人类与自然生态环境协调时期。人类经过“生态危机”所造成的灾难的体验与认识，将不会再以盲目的力量同自然生态环境进行物质变换，而是以理性的眼光审视人类与自然生态环境的关系，充分考虑人类作用于自然生态环境所造成的后果，学会更加正确地理解自然规律，更加自觉地利用自然规律，寻求最优方式与自然界进行物质变换。

王晓华博士等[5]（1997）特别提出人们生态意识的培养与建立，认为人类面临的生态灾难是没有国界的，生态科学和生态伦理具有整体化的视野，即时刻从地球村整体的命运来思考问题，在国际贸易中出现的出口污染和进口资源消耗高的产品，从表面上看保护了自己国家的生态环境，但是却把整个世界的生态环境破坏了。唇亡齿寒，覆巢之下无完卵。

1.2.3 工业生产模式与资源环境关系的思考

若将工业生产过程在图 1-10 的基础上进行局部显示，观察工业生产活动与资源环境的关系。见图 1-11[6]。

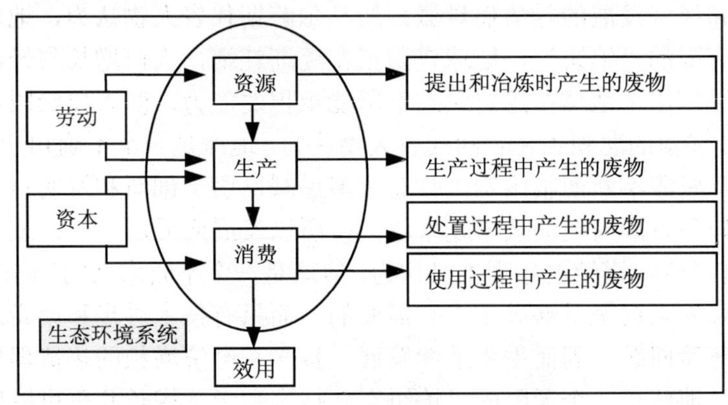

图 1-11 工业生产活动与资源环境的关系

随着全球工业化进程的加快，工业文明所带来的种种弊端也越来越显著，环境污染、生态破坏给人类的生活质量造成了巨大影响。笔者借助环境库兹涅茨曲线，分析我国工业化进程中对于此曲线的吻合度，分析工业生产模式与资源环境关系。

美国经济学家西蒙·库兹涅茨（Kuznets）在 20 世纪中叶曾经提出收入差距随着经济发展先扩大后缩小的假说。在基尼系数和人均 GDP 的二维平面上，这一假说呈现出倒“U”形曲线的形状，后被称之为库兹涅茨曲线[7]。关于经济与环境关系的研究最著名的是英国经济学家达斯（Dasgupta，1992）提出的环境库兹涅茨曲线（Environmental Kuznets Curve，EKC）假说。研究发现，资源稀缺程度和环境污染程度同经济发展的关系也具有库兹涅茨曲线的形状：即在经济发展的较低阶段，随着经济的发展，资源稀缺加剧，环境质量恶化；而在经济发展的较高阶段，资源的稀缺程度随着经济的发展趋于缓解，环境质量随着经济的发展趋于改善。

从西方多数发达国家发展路径看，其环境库兹涅茨倒“U”形曲线的形状与拐点的峰值不尽相同，经验数值显示，人均 GDP 为 5 000 美元到 15 000 美元时跨越倒“U”形曲线的顶点。

从我国多年的经济发展历程分析，观察我国目前经济发展与环境质量的关系处于曲线的大致位置，对于我国经济发展模式的选择与相关政策的制定具有一定的参考价值。依据上述问题中有关我国工业增加值、工业能耗和工业废弃物排放等数据分析，我国人均 GDP 由 1989 年的 1 420 元/人增加到 2005 年的 14 043 元/人，按照 2005 年平均汇率计算，为人均 1 703 美元。按照美国经济学家钱纳里根据人均收入的变动划分经济发展阶段的标准[8]，我国现已处于工业化进程的中期阶段。由于在排污总量中，工业排污占有绝大比重，在此，笔者分别将工业二氧化硫和工业固体废弃物排放量与工业人均增加值结合，显示我国人均工业产值和工业废弃物排放量之间的变动走向。见图 1-12。

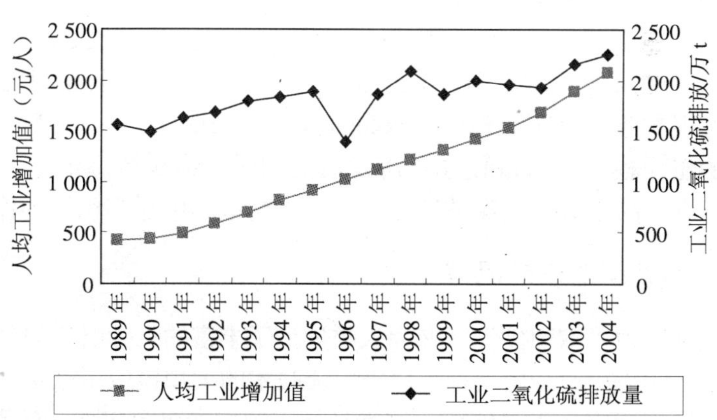

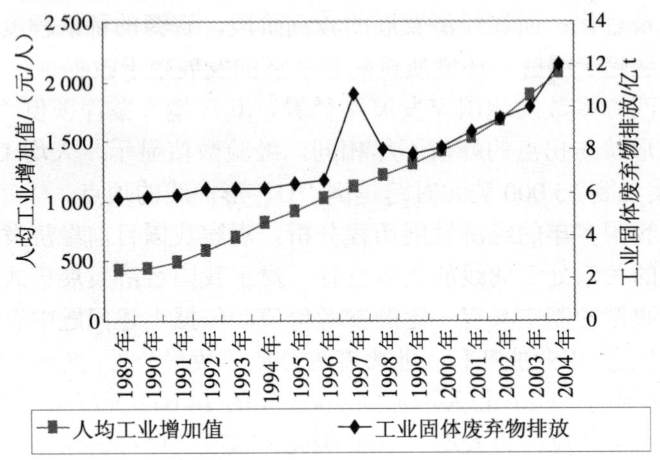

图 1-12 人均工业增加值与工业污染物排放量的关系

图 1-12 中的两个图形，表明人均工业增加值与工业污染物排放走向基本呈现正相关，说明随着工业生产的发展，环境质量问题日加凸显，说明我国环境库兹涅茨曲线基本上处于倒“U”形的左侧，即在曲线的上升阶段。我国工业是资源消耗大户，也是环境污染的主要来源。在资源耗减及供需矛盾日益加剧的条件下，改变工业生产模式迫在眉睫。我国在经济发展过程中，不能重蹈发达国家的老路，即“先发展，后治理”。生态工业园区的创建使我们对这一目标的实现看到了希望。EIP（Ecological Industrial Park）是工业发展的新的组织模式，可以使在经济发展的同时，减少资源消耗，降低各种污染物的排放，在穿越环境污染高峰的进程中起到积极的作用。

1.2.4 对技术进步的思考

技术是把“双刃剑”，在为人类创造了丰富的社会财富的同时，显示出它的另一面。由于种种原因，新技术的大规模应用产生了许多严重的环境污染和生态破坏。这就是技术的生态负效应[9]，而且随着时间的演进，技术的生态负效应也日益加深。

现实证明，科技在给人类带来福利的同时，又可能给人类造成无法控制的灾难。在工业生产中，从自然界得到的天然物质有效利用率极低，平均只有 1%～1.5%，大部分作为生产废料排放到生物圈中，而这些废料往往含有有害物质，危害人类健康和动植物生长[10]。这些影响最初是局部的、小范围的，但随着科技的发展，人类可使用的空间不断扩大，影响的范围几乎渗透到地球的各个角落。当然，技术的应用最终取决于使用者——人的意愿、目标与素质。科技经常被人类有意或无意地“误用”而产生危害性后果[11]，另外，人类将科技应用在工业生产中，常常只顾一个生产过程的最佳利益，采用线性的非循环的工艺：“原料→产品→废料”，它以排放大量的废物为特征，而且，工业的专门化也越来越专，各种工业之间没有关联。它们将学科之间、部门之间、企业之间以及人与自然间的联系割裂开来，使现代产业形成链状而非网状结构、开环而非闭环代谢[12]。

面对技术这把“双刃剑”，要趋利避害。具体到人类物质财富主要的创造部门——工业生产部门，以科技作为其发展的基础，而科技本身又是不断进步的。在人类面临共同难题时，科技还将成为人类攻克这一难题的工具，目前人们还无法期盼科技会从根本上解决这一难题，但科技至少可以赢得延缓人类耗尽资源的时间，而这个时间对人类来说是十分宝贵的。

通过以上分析，研究问题的思路愈加明确。在全球经济发展、资源紧缺、生态恶化的大背景下，我国经济发展中贡献率最大的工业，是我国能耗的主要产业部门，同时也是废弃物排放的大户。人类生产活动和生存需求与自然生态环境的矛盾主要体现在两个方面：一是对自然界中有限资源和能源的过度消耗；二是向有限承载力的自然界中排放过多的废弃物。有 4 种经济与资源环境关系的模式可供我们选择，见图 1-13。

很明显，图中模式 1 是最为理想的一种，它是在经济快速发展的同时降低物耗和对外界废弃物的排放；模式 4 是最不可取的一种。要想实现模式 1 的发展态势，人们就要在保证经济一定发展速度的前提下，从两方面入手，采取“双低”的办法，即对内降低能耗水平，对外降低废物排放量。工业如何实现“双低”，一个有效的手段就是模拟自然生态系统中物质和能量的高效利用模式形成的食物链关系，构建工业生态系统，实现工业结构生态化、工业设计生态化、工业生产生态化、工业垃圾生态化，在 EIP 生产内部，建立物质闭路循环，利用废物资源，实现“双低”目标。

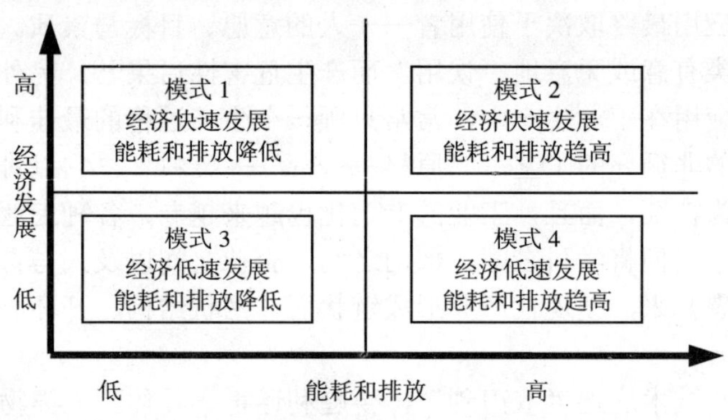

图 1-13 生产方式的 4 种选择模式

1.3 选题的意义

1.3.1 现实意义

1.3.1.1 唤起人们的生态意识

人们认为人类是地球的主宰，不论是采取“双高”经济增长模式，还是“双低”经济增长模式，主要还是人在操纵或把握。对于人类生态意识问题的论述有的学者是从生态意识的重要性研究（余谋昌[13]，1991；张思纯等[14]，2007），提出了生态意识的形成与特征，将生态意识的起源归结为人们对以往人类活动中违反生态规律带来严重后果的反省，是人们对现存严重的生态危机的觉醒，是对人类未来发展的关注及对后代的责任感，是人们对地球生态系统整体性的认识。有的学者是从企业和个人角度观察生态意识（田磊[15]，

2005），认为企业生态意识的具备和提高更为重要，因为治理污染资金的主要来源是企业，而且在污染物的排放中企业也占较大的比例。所以只有提高企业的生态意识，才能保证生态资金投入的连续性，并从根本上切断污染源。还有的学者从测度生态意识方面进行研究（Adamantios Diamantopoulos et al.，2003[16]），利用人口统计数据，选择一些变量进行测度分析，观察人们的生态意识和绿色消费行为。越来越多的人意识到，人类生态意识的形成，对避免生态灾难，实现人与自然和谐发展，可以产生巨大的能动作用。

影响力较大的是蕾切尔·卡逊的《寂静的春天》（Rachel Carson，*Silent Spring*，1962）[17]，这是一部划时代的作品，它"改变了历史进程"，"扭转了人类思想的方向"，使生态思想深入人心，直接推动了世界范围的生态思潮和环保运动的发生和发展，"引发了世界范围的发展战略、环境政策、公共政策的修正"和"环境革命"。卡逊深刻地指出："我们总是狂妄地大谈特谈征服自然。我们还没有成熟到懂得我们只是巨大的宇宙中的一个小小的部分。人类对自然的态度在今天显得尤为关键，就是因为现代人已经具有能够彻底改变和完全摧毁自然的、决定着整个星球之命运的能力。"人类能力的急剧膨胀，"是我们的不幸，而且很可能是我们的悲剧。因为这种巨大的能力不仅没有受到理性和智慧的约束，而且还以不负责任为其标志。征服自然的最终代价就是埋葬自己"。

1.3.1.2 保持经济的增长态势

尽管资源耗竭和环境污染状况已威胁到人类的生存，我国的情况更加严峻，如果因此而停止发展，对于我国来讲是没有出路的。虽然改革开放以来，我国经济发展取得了举世公认的伟大成就，但到目前为止还没有完全转变"高投入、高消耗、高排放、难循环、低效率"的粗放型经济增长方式[18]。正如前所述，2005 年我国能源消耗占世界能耗总量的 14.5%，而创造的 GDP 仅相当于世界总量的 5.02%，二氧化碳排放量为世界排放总量的 18.88%。本书研究的 EIP，可以充分提高资源和能源的利用效率，最大限度地减少废物排放，保护生态环境。传统工业发展模式是由"资源→产品→污染排放”所构成的单向物质流动的经济，而 EIP 所倡导的是建立在物质循环利用基础上的经济模式，根据资源输入减量化、延长产品和服务的使用寿命、使废物再生资源化 3 个原则，把经济活动组织成一个“资源→产品→再生资源→再生产品”的循环流动过程，使得整个经济系统从生产到消费的全过程中基本上不产生或者少产生废弃物，以减少对环境的压力。

1.3.1.3 减少能源的消耗数量

从目前看，人类无法改变地球矿物资源有限性特征，EIP 是依据循环经济理论和生态工业学原理而设计成的一种工业组织形态，它利用自然生态系统整体性原理，可以实现良性工业代谢，将各种原料、产品、副产物乃至所排放的废物，利用其物理、化学成分间的相互联系、相互作用，互为因果地组成一个结构与功能协调的共生网络系统，其结果不仅减少了污染物排放，而且节约了大量资源，降低了运作成本，因此，EIP 才是最具有环保意义和可持续发展的工业园区。

1.3.1.4 延长物耗的循环使用链

EIP 生产模式一个突出特点就是体现在园区企业之间的废物—原料的循环利用上，Cote R. P[19]（1997）将园区企业之间的废物—原料的转换关系分为 3 种模式，一级循环型模式、二级循环型模式和多级循环型模式。在多级循环型模式中，园区中各个企业能够充分利用各种资源，园区中的基础设施包括各企业之间副产品的移动。本书重点研究的也将是此种循环模式。在这种模式中，处于同一循环级别的同一类企业可以有多个，降低了搜寻补链企业的难度，使得多级循环型具有良好的弹性结构。相对一级循环型和二级循环型而言，多级循环型在稳定性和可靠性上有明显优势。多级循环型的循环链长且结构复杂，使得物质资源从投入到消耗排出经历多层次利用，以达到提高利用率和节约资源的目的。

1.3.2 学术价值

EIP 运作机制的研究属于工业生态学的重要研究领域，从目前研究状况看，更多的学者较为关注 EIP 的形成背景、意义、类型、实施等问题的研究，而真正研究其运作机制的并不多见。EIP 是生态工业和循环经济发展的重要途径与载体，它区别于传统的废物交换项目，并不满足于简单地进行一来一往的资源循环，EIP 旨在系统地增加一个地区的总体资源（Suren Erkman，1999）。因此，EIP 将承担所在区域的经济发展、资源可持续、社会安定的任务，它的运作将以园区所有成员包括企业、政府、社区为了减少废物和增加经济效益而进行的密切合作为基础。在运转机制上，EIP 更像是一个有着高效的物质、能量和信息流动的网络，而网络的组织和各个节点的表现则是决定 EIP 效率的关键因素[20]。但由于 EIP 是园区内多个企业在形成食物链的基础上的有效组合，而组合关节点的稳定性与否关系到 EIP 的稳定性。所以，只有了解 EIP 的运作机制，才能有效协调园区涉及的各方关系，达到社会、经济、环境效益的“多赢”。

EIP 的建立本身就是理论与实践结合的产物，园区内企业之间的关系是模拟自然生态系统食物链关系建立起来的。真正意义的 EIP 与传统工业生产模式主要区别点：一是园区内各企业间食物链关系，二是园区整体对外界的影响关系。从内部看，使资源消耗量为最小，从外部看，对环境的影响为最小。对于 EIP 建立的理论基础研究、运作过程的技术支持研究都有比较成熟的研究成果，而对 EIP 评价体系的研究还有待开展与完善。这一完善过程和提高评价体系的可操作性正是本书的研究重点。所以，通过本书研究，将管理学、工业生态学、循环经济理论和区域发展理论进行有机整合，使得 EIP 理论体系更加完整，对于国家的产业政策规划和促进产业生态化模式的建立具有积极的意义。

1.4 研究主要内容与方法

1.4.1 研究内容

1.4.1.1 生态工业园区产业链的研究

EIP 的主要特征之一就是园区中各企业和各生产环节之间生态

产业链的构建，对此问题的研究贯穿在本书的各章节中。从最初理论分析，到园区创建中产业链构成，到 EIP 运作机制的研究，直至最后对 EIP 评价，形成关于 EIP 组建中核心问题——产业链的系统研究，并提出 EIP 的特点主要体现在产业链的合理组合上，而产业链的稳定与否，关系到 EIP 的命运。EIP 运作机制之一就是产业链的技术支撑作用，对 EIP 评价与对一般企业评价的区别点正是体现在对园区产业链的评价。

1.4.1.2 生态工业园区运行机制的研究

生态型工业生产模式主要体现为物耗的减量，具体包括 3 个方面：① 生产前端对原材料消耗的减少；② 生产过程中材料的梯级利用；③ 产品消费时对环境影响的减少。本书综合运用了经济学、生态学和管理学等多学科的理论与方法，从分析 EIP 的内涵入手，阐述了产业生态、企业共生、循环经济、熵定律等相关理论基础，在理论分析的基础上，结合我国的实际，借鉴国际经验，着重研究 EIP 运行机制，提出 EIP 运行机制的“5 轮驱动说”，对 EIP 的微观实现主体——企业在 EIP 形成的运作机制进行探讨。

1.4.1.3 生态工业园区运行评价体系的研究

评价指标体系设计主要遵循以下两项原则：一是要有针对性，二是要有可操作性。要针对 EIP 企业运作特点，反映园区企业间废弃物利用关系和利用程度，反映企业产值物耗水平，反映企业生产对外界环境的影响程度等。要将设计的评价指标体系实际用于企业的测评，以发现指标体系设计上的缺陷，并加以调整完善，使之成为评价产业生态化程度与运行质量的客观依据。通过测评体系的评价与监控，对 EIP 生产模式进行客观、公正、有效的质量评估，通过横向和纵向对比，及时发现问题，提出有针对性的措施。只有这样，才能避免其流于形式，达到建立 EIP 的目的。

1.4.2 研究方法

1.4.2.1 研究思路

本书的研究思路是基于两个矛盾和两个环境范围建立的，并以此为基点，引发对论文主题的研究与探讨。

围绕经济增长与资源有限性的矛盾和经济增长与环境承载力有限性的矛盾，从全球、我国两个不同的环境范围入手，对经济发展状况、能源消耗状况和环境变动状况进行分析。面对能源短缺、环境恶化的现实，需要改变人类自身的生产模式；生产模式的选择有若干种，能够缓解矛盾的生产模式就是以生态学的理念为基础，创建减少能源消耗、降低废弃物排放的模式，即创建 EIP；EIP 创建的理论基础及可行性问题需要研究和探讨；EIP 的运行机制的原理同样需要探究；从管理角度要对 EIP 进行评价，所以还涉及 EIP 评价方法的研究。在此基础上进行实证分析。

能源危机和环境污染已成为世界性问题，而对于此问题的解决，事关全球的每一个角落。我国的资源供需矛盾日益尖锐，要保持较高的经济增长速度，以牺牲环境为代价是不可取的。如何减缓资源的耗减速度，最大限度地延长资源耗尽的时间，要想在短时间内寻找到廉价充足的绿色能源，似乎是不太现实。所以，只有从我们自身生产方式作为突破口，建立一种新型的产业化模式显得尤为重要，而这一新型工业生产模式就是建立 EIP。工业生产活动一方面对经济增长的贡献度较高，另一方面资源消耗和对环境影响较大，所以，改变现有工业生产模式势在必行。EIP 生产模式的本质就是使得工业生产活动对环境影响尽量小，从环境中汲取资源和向环境中排放污物都要考虑资源的有限性和环境的承载力，在产业的全程运作中，包括产品的设计、生产、流通、消费各个环节，做到物质减量化。对 EIP 生产模式运行质量要有监控和评价手段，这一手段的具体实施就是建立 EIP 评价指标体系。

1.4.2.2 研究方法

（1）综合文献分析法。充分借鉴生态学、管理学、经济学等学科领域的最新研究成果和分析问题的一般方法来界定 EIP 的内涵、影响因素、功能、特点等基本问题。

（2）比较研究方法。通过对目前世界各国开展 EIP 理论研究和实践运作的情况进行分析和对比，获取适合我国借鉴和学习的经验和方法。

（3）实地调研法。通过实地调研、专家访问的方式，从多层面、多角度进行分析、论证 EIP 运作机制和 EIP 评价指标体系涉及的项目。

1.4.2.3 技术路线

本书遵循这样一个逻辑思路，即发现问题、分析问题、提出解决问题的办法。从论文整体上看，分为 4 个模块，在背景分析的基础上提出新型生产模式的选择，并对此进行深入探析，从管理角度建立评价体系，进行实证分析。如图 1-14 所示。

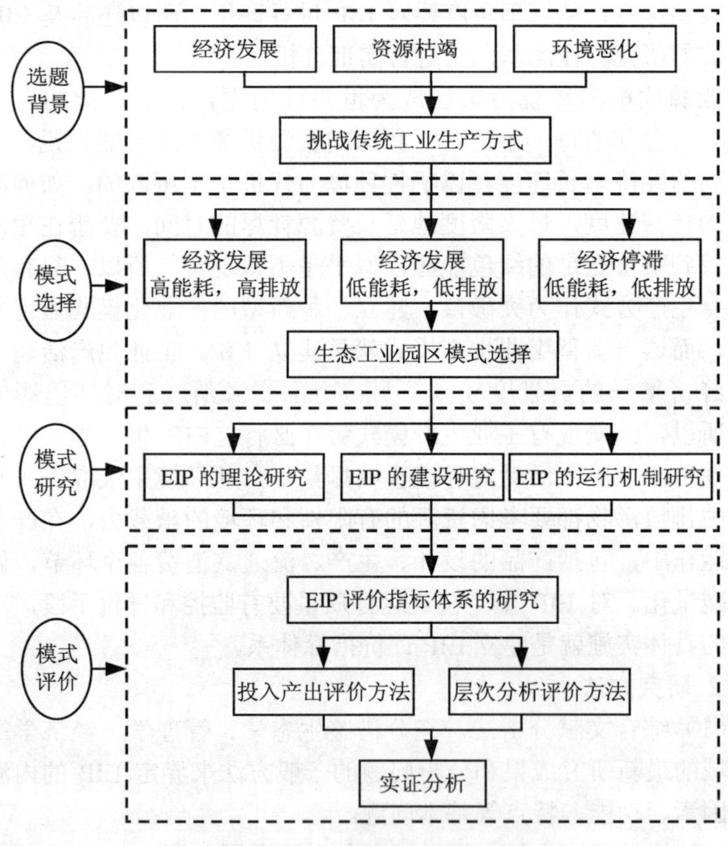

图 1-14 本书的技术路线与框架

造成环境日益恶化和资源枯竭的根本性原因在于人类 200 多年的工业活动。因此，要改变现状，必须改变现有的工业生产方式。有三种模式可供选择，框架中第一种模式和第三种模式是不可选的。目前，保持经济一定速度的增长对我国是必要的，实现经济发展的同时要减少能源消耗和污染排放，还需要大力提高科技水平与全民的生态意识，只有在政府、企业、全民的参与下，在科技水平的支撑下，EIP 的建立才能成为现实。

1.5 本章小结

在本章主要从选题背景出发，从经济、能源、环境 3 个方面入手，以世界、不同收入水平的国家和我国 3 个不同的研究范围，分析了面临的资源和环境问题，揭示了经济发展与资源耗竭和环境恶化之间的矛盾，并提出缓解这些矛盾的出路，列示出 4 种发展模式，提出最为理想的发展模式是在经济增长的前提下，减少物质消耗和废弃物的排放。根据我国的情况，工业生产活动对我国 GDP 的贡献程度较大，同时又是能耗和污染大户，抑制工业发展将会对我国的整体经济运行状况产生负面影响，所以，研究问题的焦点集聚在工业生产模式的改变上，也有学者称其为一次工业革命。由于资源和环境承载力的有限性，决定了新的生产模式首先要降低物质消耗，物质消耗的降低可以起到双重作用，即延长资源耗尽的时间，改善生态环境状况。物耗的降低需要工业企业在三个环节上体现出来：一是从环境中吸纳的资源要减少；二是企业内部各生产过程或若干企业之间要形成物质循环，提高资源的循环利用率；三是对外排放的物质要减少。建立这种模式需要企业在新规划时或是改建时，要有生态理念，模拟自然生态系统中物质逐级利用的原理，建造一个工业生态系统，在该系统内，各生产过程间或各企业间实现物质、能量和信息的交换，实现生产发展、资源利用和环境保护和谐统一的目的。这种模式是循环经济中观层次的载体和实施手段，它就是 EIP。

第2章　生态工业园区相关理论研究综述

研究人口、资源、环境与经济社会间相互关系的理论，源于18世纪以后的古典经济理论和自然保护学说。不同学者有各自不同的观点。

亚当·斯密（Adam Smith）首先对经济增长问题作出了全面的分析，通过“看不见的手”的作用，资源的相对稀缺性在商品市场中可得到反映。国民财富的增长与人口的增长相互促进，但一国财富的水平和增长速度，会给人口的发展规定一个限度。“各种动物的增殖，自和其生活资料成比例。没有一种动物的增殖能超过这个比例……对人口的需求也必然支配人口的生产。”[21]从总体上看，斯密对经济增长的前景是乐观的。李嘉图（David Ricardo）则在对资源的相对稀缺和产品的分配及后果的分析中，提出了对经济发展的疑问[22]。在他看来，自然资源存在异质性，随着需求或人口的增加，这些资源将按照从高到低的质量系列逐步得到开发利用，这将最终影响到经济的增长速度。马尔萨斯（T.R.Malthus）集中考察了人口、资源与经济发展的关系，对前景是悲观的。他认为，自然资源或粮食生产的极限，不会因人口变化，需求的增大，技术进步或社会发展而有所改变[22]。

随着经济、资源、环境的矛盾日益加深，各国学者开始对人类面临的现状担忧。美国海洋生物学家蕾切尔·卡逊（Rachel Carson）于 1962 年出版了《寂静的春天》（*Silent Spring*）一书。书中描写了因过度使用化学药品和肥料而导致环境污染、生态破坏，最终给人类带来不堪重负的灾难。书中阐述了农药对环境的污染，用生态学的原理分析了这些化学杀虫剂对人类赖以生存的生态系统带来的危害，指出人类用自己制造的毒药来提高农业产量，无异于饮鸩止渴，人类应该走“另外的路”[23]。加勒特·哈丁（Garrett Hardin，1968）在其所著的《公地的悲剧》（*Tragedy of Commons*）一书中讲述了这样一个故事：一块草地为一个村社所共有，村社的每个成员都可以在上面自由地放牧。这时，每个人都看到，尽量多地放牧对自己是有利的——如果别人不这样做，自己就占了便宜；如果别人也这样做，自己也不会吃亏。结果不难想象，过度放牧会毁掉这块草地，甚至使之变成不毛之地。这就是公地的悲剧。不难看出，悲剧的根源在于产权的不明确。如果草地为某人或某些人所有，他（他们）就会考虑如何长期有效地利用它，过度放牧就可以避免[23]。美国著名未来学家丹尼斯 · 梅多斯（Dennis Meadows，1972）受到这些学者思想的影响，在其所著的《增长的极限》（*The Limits to Growth*）一书中，通过设立模型和运用计算机分析等手段，对长期的全球性问题进行研究的结果表明：如果世界人口、工业化、污染、粮食生产以及资源消耗继续按现有的趋势增长，经济增长就会在 100 年内达到极限。但是，如果确立一种可以长期保持的生态稳定和经济稳定的条件，那就有可能改变这种趋势。

多年来，在人们的探索中，逐渐形成一种认识，下面的内容将这些认识进行梳理，系统观察有关生态产业思想产生的轨迹。

2.1 企业共生理论的研究进展

2.1.1 企业共生理论的起源

生物共生这种奇特的生存方式，也许是在漫长的生存过程中探索到的唯一经济的方式，是共生进化的最终结果。追溯共生学说的历史，众多学者一致认为，第一个提出生物界广义共生概念的是德国真菌学家德贝里（Anton de Bary，1831—1888）在1879年将“共生”定义为不同种属生活在一起[24]。范明特（Famintsim）、科勒瑞（Caullery）和斯哥特（Scott）等生物学家发展了德贝里的共生思想，并形成了系统的共生理论。20世纪50年代以后，在生物学领域得到深化和完善的共生理论，逐渐跨越生物学范畴，在经济、管理等社会科学领域得到广泛运用，成为社会经济领域的概念和思想之一，企业共生（industrial symbiosis）概念就是借鉴自然生态系统的共生含义演化丰富而来。

2.1.2 企业共生理论的内涵

2.1.2.1 企业共生理论概念的研究

从目前学者对共生现象的研究看，它已经超越了生物学的范畴，拓展到生态、社会、经济等领域中。学者们大多从自己的研究领域，从不同角度界定共生。

1998年，我国学者袁纯清将共生理论引入经济领域，并利用共生理论的概念与分析方法对小型经济问题进行了深入分析。他把“共生”定义为共生单元之间在一定共生环境中按某种共生模式形成的关系[25]。

学者吴飞驰（2000）通过生物界之间的相依为命的现象，共生双方通过相依为命关系而获得生命，失去其中任何一方，另一方就不可能生存。将这种生物界的共生现象，引入到人类社会，认为共生的内涵是：共生是人类之间、自然之间以及人与自然之间形成的一种相互依存、和谐、统一的命运关系[26]。

学者邓伟根等（2006），根据英文Symbiosis的含义，认为企业共生主要是指企业共生系统中的企业共生式的合作、关联方式[27]。

综上所述，所谓共生，即两种或多种实体，以某种特定的联系、通过某种特定的方式结合成为一个有机的整体，各个主体之间互相影响、互相制约、共同适应、共同发展，以获取它们相互的利益。

2.1.2.2 企业共生理论的发展

共生可以产生共生体任何一方单独所不能达到的物质或精神利益，或者单独生存时所没有的独特性能，创造了有效的生产或经济效益。因此，可以认为共生不仅是生物互惠共存的需要，更是为了获取单独一方无法得到的利益而作出的唯一并且是经济的选择。共生的直接起因是互助互惠，它符合经济学的原则。如果把共生的原理应用到经济领域，就能使我们有可能找到一种保持人、社会、自然可持续发展的良好模式。目前国内外学者以基础理论研究为前提，并在此基础上加以创新和发展，形成了共生理论体系。

Murat Mirata（2004）主要关注在企业共生理念基础上建立的网络实体，或称生态工业园区和包含有网络实体的产业生态系统，这种企业共生网络实体被看做是在区域层面上按照产业生态原则实践应用的证明。其目的是获取通过在人类相互活动中的组织内部潜在的发展。通过企业共生实体，借助不同的资源和利用能力，使得这种发展更为有效，并且超过个体的发展。更为重要的是，企业共生之所以被人们关注是因为它为环境、经济和社会效益的综合获取提供了可能[28]。

Olli Salmi（2006）将企业共生定义为，在一个地方或区域甚至一个虚拟社区内，产业组织之间资源的协同交换。认为企业共生是在个体系统中，每一道材料的加工都影响企业系统材料利用的变化，这种变化有望提高生态效率[29]，并且 Olli Salmi 利用丹麦卡伦堡的案例说明了共生效益的问题。

Joshua M. Pearce（2007）则是从实际生产的产品角度来谈企业共生的应用。Joshua M. Pearce 针对目前全球气候不稳定，呼吁世界有关机构采取积极措施彻底减少全球温室气体（Greenhouse Gas，GHG）排放。治理 GHG 排放最有效的办法之一就是世界要从化石燃料转向可再生能源的利用。该学者对利用企业共生在一定程度上获取经济性，产生生态效率。

国内学者大多是从理论角度探讨企业共生的应用问题。袁纯清（2002）在其博士后论文中，将共生理论引入金融学领域，并将金融共生理论的概念分析方法应用于城市商业银行改革研究。他认为金融共生模式是连续、对称性互惠共生；金融机构与企业关系符合共生的必要条件与充分条件。

吴飞驰（2002）在其所著《企业的共生理论》中，假定了一个非常有解释力的“共生律”概念，并用它重新解释和理解一系列经济现象、经济活动和经济行为。他认为，人与人之所以合作，是因为人类一直在遵循着一条生存规律——共生率：人总是寻求生存成本最低、生存快乐最高的生存方式。共生就是这样一种生存方式。他用共生理论解释阐述企业的性质，得出企业共生理论；用共生理论阐述人类社会的演化，可以把握全球化的本质内涵。他认为他“看见了看不见的手”[30]。

程大涛（2003）运用共生理论从微观领域系统地分析和研究企业集群，指出集群企业的共生有助于降低集群企业的市场交易成本和内部管理控制成本，从而提高了集群的整体竞争能力；提出了共生关系下的集群企业衍生模式、集群企业对共生对象的选择机制、集群发展过程的调节机制并进行了定性的实证研究[31]。

张旭（2004）运用共生理论，从城市系统角度对城市可持续发展进行了分析。在对城市系统共生条件研究的基础上，建立了城市共生系统。通过对城市共生系统的结构、功能、可持续发展目标实现过程及概念模型的分析，得出在实现城市可持续发展过程中建立共生关系的基本框架，认为实现城市可持续发展必须通过加强政府建设以完善共生面，加强学习与教育以促进共生能量的产生，加强城市建设以提高共生单元的质量[32]。

郭莉（2005）针对工业共生的实践形式——EIP 所暴露出的问题，围绕工业共生空间分布形态的进化、模式的进化和技术动因 3 个专题，阐释了工业共生进化在环境效益、经济效益和技术创新 3 个角度的内涵；通过对企业实地调研和文献回顾，提出并实证了工业共生在空间分布上的路径选择、剖析了工业共生的系统稳定性问题，对解决生态工业园的现实问题具有参考价值[33]。

陶永宏（2006）以共生理论为主要理论依据，以船舶产业集群为研究对象，从共生的视角研究了船舶产业集群的形成机理和共生发展问题。具体分析了船舶产业集群的共生系统和共生结构，解析了船舶产业集群的共生关系，研究了船舶产业集群的共生模式，进行了共生的均衡条件和基于 Logistic 模型的稳定性分析。探讨了由共生组织发展模式、共生行为发展模式、共生发展选择模式以及生命周期 4 个要素共向决定的船舶产业集群共生发展模式[34]，为共生理论在具体领域的应用研究进行了有益的探索。

综上所述，从国内外研究趋势看，学者们将共生理论应用到不同的领域，有对金融领域共生的研究，有对船舶企业共生发展的研究；有对微观企业集群的分析，有对城市共生系统的研究。这些基础性研究成果显示出共生理论的应用价值。

2.1.3 企业共生关系的类型

2.1.3.1 企业共生表现形式

学者李萍（2002）从主体意义上划分，对企业共生分为 3 种基本表现形式[35]，即生物世界的共生、人与自然、生态的共生、人类社会的共生。其中人与自然、生态的共生是引申了第一种共生，这种共生是有目的性的，即为了抑制生态破坏、结成可持续发展的互动关系，人们主动、努力地维持与生态、自然的共生。

2.1.3.2 企业共生构成要素

学者袁纯清（1998）从共生理论系统出发，提出共生的三要素，即共生单元、共生环境和共生模式[36]。

共生单元是指构成共生体或共生关系的基本能量生产和交换单位，它是形成共生体的基本物质条件。如在企业共生体中，每一个企业员工都是共生单元。

共生环境是指共生关系即共生模式存在发展的外生条件。共生单元以外的所有因素的总和构成共生环境。与企业共生体对应的有市场环境和社会环境。对于任何一个共生体来说，环境对它们的作用有正向的、中性的和反向的，与其相对应，共生体对所处的反应也表现为正向的、中性的和反向的。它们之间相互结合的类型归纳见表 2-1。

表 2-1 共生体与共生环境的关系

共生环境 \ 共生体类型	正向	中性	反向
正向	双向激励	环境激励	共生反抗、环境激励
中性	共生激励	激励中性	共生反抗
反向	环境反抗、共生激励	环境反抗	双向反抗

共生体与环境之间的不同结合状态对于共生体的进化有着不同的推动或抑制作用。例如，"双向激励"会导致物种的优化和繁荣，"双向反抗"，则会导致物种的衰落和蜕变，这是两种极端情形，更多的是介于两者之间。另外，共生体与环境的结合状态不是一成不变的。

共生模式，也称共生关系，是指共生单元相互作用的方式或相互结合的形式。它既反映共生单元之间作用的方式，也反映作用的强度；既反映共生单元之间的物质信息交流关系，也反映共生单元之间的能量互换关系。共生关系在行为方式上，存在寄生关系、偏利共生关系和互惠共生关系；在组织程度上，存在点共生、间歇共生、连续共生和一体化共生等多种状态。

2.1.3.3 企业共生系统类型

对于企业共生系统类型的研究，有以下两种研究的视角。

（1）对共生模式的研究。在企业共生系统构成的三要素中，由于共生单元和共生环境都存在着固有性和难以改变性，而相对比较容易掌权和调控的就是共生模式了，又由于共生模式是产业生态系统的关键，因此目前学者大多关注企业共生模式的研究[37 - 38]。学者陈凤先等（2007）依据系统产业的相互关系及共生单元之间的利益关系，将共生模式分为以下 5 种类型[39]。

➢ 共栖、互利型企业共生。共栖、互利型企业共生是指两个或两个以上成员企业不是直接竞争、相互抑制，而是通过互利共存、优势互补，组成利益共同体。共生的企业都能在与对方的物质流交换中获得利益。以火电厂和炼油厂为例，如图2-1所示。

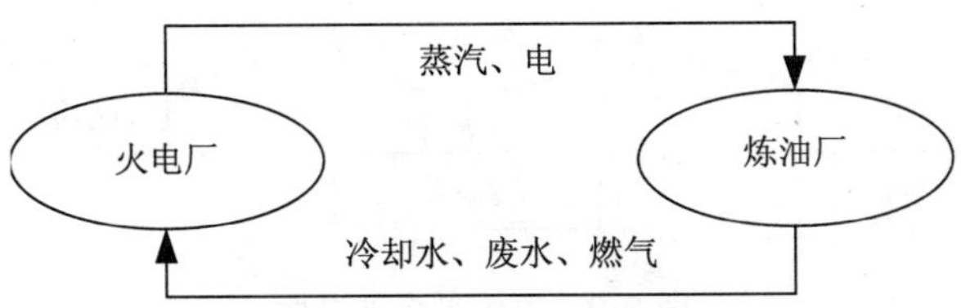

图2-1 共栖、互利型企业共生

共栖、互利企业共生型的基本特征主要有：系统中没有明显的主动、被动之分；产业地位平等，共同生存，缺一不可；产业间的链接稳定；物质在这种共生关系中形成近似封闭的循环系统。这种模式的典型案例是包头区域循环经济系统。

- 寄生型企业共生。寄生型企业共生是企业共生一种特殊的共生形式。寄生型企业依附于寄主企业，寄宿在寄主企业的区域系统之内，与寄主组成一个有机联系的有序系统。寄生型企业从被寄生产业处获取自身生产所需的各种原材料，并且以此减轻被寄生企业的环境污染压力，依靠寄主废弃物外包业务获取利益，因获取了资本、原材料或收益而得以借势生存。以丹麦卡伦堡共生体为例，如图2-2所示。

寄生型企业共生模式具有如下特征：与共栖、互利企业共生相比，寄生型企业共生中有明显的寄主企业和寄生企业之分，一个寄主企业可以带动多个寄生企业；由此造成这类企业共生中的企业地位不平等；寄主企业在资源使用、生产工艺、流程设计、产品设计等方面具有十分明显的优势，而且拥有一定数量规模的废弃物；寄生共生体一般不产生新的价值增值活动，它只能改变寄主企业的已有价值或进行物质的重新分配，价值或物质从寄主企业单向流向寄生企业；寄生系统中由于寄主企业能稳定的提供“工业食物”，从而使企业之间的寄生关系比较稳定。

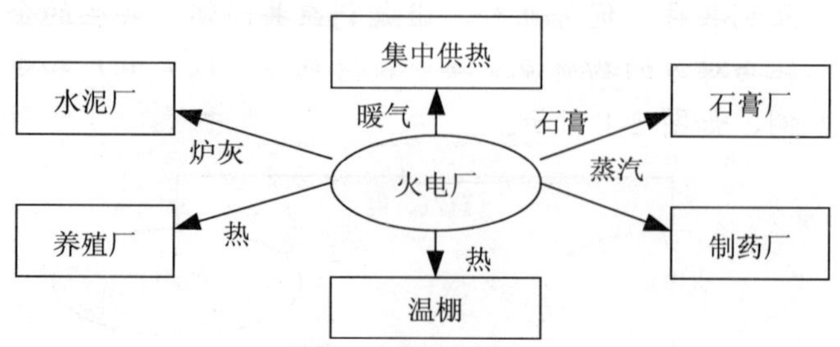

图 2-2　寄生型企业共生

- 偏利型企业共生。偏利共生是一种比较特殊的共生关系，是从寄生向互惠共生转换的中间类型。指共生体系中一方有利，而另一方既没有因此而受害也没直接获利或获利很少。例如发电厂产生大量余热，当发电厂的余热作为居民供暖的热源时，发电厂与居民区就形成了偏利共生关系，即居民获得了取暖的热能之利，而发电厂本身没有损失。这种模式如我国广西贵港模式。图 2-3 为贵港工业系统局部图。

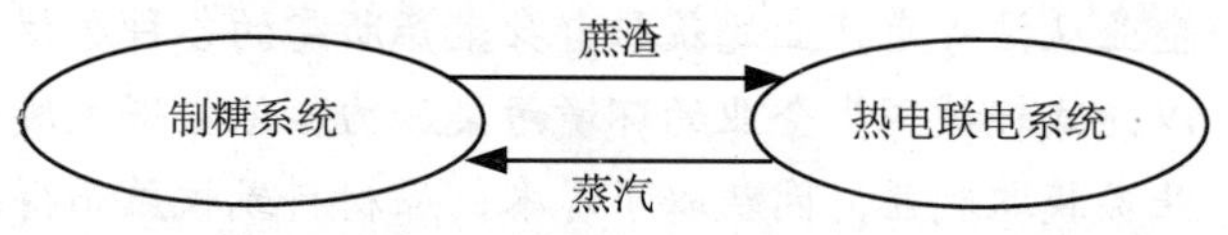

图 2-3　偏利型企业共生

偏利共生的主要特点是：偏利共生产生新的价值，但这种新价值一般只向共生关系中的某一企业转移，或者说某一企业共生获得全部价值；企业偏利共生存在双向的物质流、信息流和价值活动。

- 附生型（异生型）企业共生。附生型企业共生通过一连串前后关联的企业构成一个连续“链状”的稳定模式，与附生型生物群落相似，空间联系紧密，相互之间仅保持一定的利益关系。通常由核心企业和附属企业组成。附属企业为核心企业扩大生产规模，增强销售产品，从核心企业获取利益。企业之间利益关联较小，即在无附主条件下，附属企业也可独自存活。核心企业可自由选择附属企业，后者也可自由转移附主，企业间实现动态联盟、合作。当这些成员企业间利益关系和资源利用等关系发生改变时，就可重组。见图2-4。

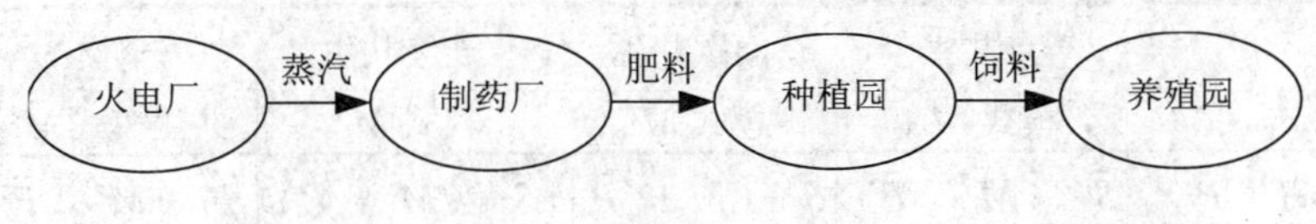

图2-4　附生型企业共生

附生型企业共生主要特征有：系统形状多样，有直线、环状、放射状等；系统较脆弱，当某一关键环节出现断裂或缺失，整个生态系统面临崩溃，因此造成了共生成本过高，产业生态系统效率下降；附生型系统中共生关系相对不稳定。上、中、下游企业和配套企业之间在技术水平、管理水平上应该是相适应的，如果某些链条之间在上述因素上出现过大的落差，将会对整个产业链的状况造成消极影响。

➢ 混合型企业共生。上述几种企业共生模式较为典型。实际上，现实中的经济系统是人—社会—自然—人工经济技术系统复合的高级生态系统，比自然生态系统更加复杂，企业共生没有明显的种类划分，而是由以上几种最基本的结构形态组合成复杂的生态系统。在一个大型区域循环经济系统中，成员企业间可以是互利共生的，可以是寄生或附生关系的，也可以是上述几种模式并存的混合型形式。

（2）对共生关系变动的研究。学者袁纯清认为，共生系统是指由共生单元按某种共生模式构成的共生关系的集合。共生系统的状态是由共生组织模式和共生行为模式的组合决定的。为识别共生系统及其状态，记$\vec{S}$（$\vec{M}.\vec{P}$）表示系统状态向量，其中$\vec{M}$为组织模式向量，具体为：点共生、间歇共生、连续共生和一体化共生；$\vec{P}$为行为模式向量，具体为：寄生关系、偏利共生关系和互惠共生。

不同的共生模式有着不同的模式特征，而且各种模式之间可以互相转化。通过对共生组织模式和共生行为模式进行组合得到共生系统的 16 个基本状态（表 2-2）。

表 2-2 共生系统的状态组合

	点共生模式 $\vec{M}_1$	间歇共生模式 $\vec{M}_2$	连续共生模式 $\vec{M}_3$	一体化共生模式 $\vec{M}_4$
寄生 $\vec{P}_1$	$\vec{S}_{11}(\vec{M}_1, \vec{P}_1)$	$\vec{S}_{12}(\vec{M}_2, \vec{P}_1)$	$\vec{S}_{13}(\vec{M}_3, \vec{P}_1)$	$\vec{S}_{14}(\vec{M}_4, \vec{P}_1)$
偏利共生 $\vec{P}_2$	$\vec{S}_{21}(\vec{M}_1, \vec{P}_2)$	$\vec{S}_{22}(\vec{M}_2, \vec{P}_2)$	$\vec{S}_{23}(\vec{M}_3, \vec{P}_2)$	$\vec{S}_{24}(\vec{M}_4, \vec{P}_2)$
非对称互惠共生 $\vec{P}_3$	$\vec{S}_{31}(\vec{M}_1, \vec{P}_3)$	$\vec{S}_{32}(\vec{M}_2, \vec{P}_3)$	$\vec{S}_{33}(\vec{M}_3, \vec{P}_3)$	$\vec{S}_{34}(\vec{M}_4, \vec{P}_3)$
对称互惠共生 $\vec{P}_4$	$\vec{S}_{41}(\vec{M}_1, \vec{P}_4)$	$\vec{S}_{42}(\vec{M}_2, \vec{P}_4)$	$\vec{S}_{43}(\vec{M}_3, \vec{P}_4)$	$\vec{S}_{44}(\vec{M}_4, \vec{P}_4)$

表 2-2 显示，共生体系的变化体现在两个方面：① 由点共生向一体化共生方向变化，用方向向量 $\vec{M}$ 表示，方向表现为组织化程度逐渐提高；② 由寄生向对称互惠共生变化，用方向向量 $\vec{P}$ 表示，表现为共生能量分配对称性提高，表 2-2 中所示 16 种状态，代表了任何共生系统可能存在的基本状态。对这些基本状态及其变化的分析，就构成了共生系统分析与研究的基本内容；同时也为我们促进共生系统的优化指明了方向，即向一体化共生进化和向对称互惠共生进化。

2.2 产业生态学理论的研究进展

2.2.1 产业生态学的起源

产业生态学理论的起源于 20 世纪 60 年代，人类出于本能，尽可能多地创造财富，而在利用资源和保护环境方面却缺乏理性。伴随着经济快速增长，人类的生活质量却在下降。自 60 年代以来，一些国家曾试图减少经济发展给环境带来的压力，作出过以下种种努力。

2.2.1.1 末端治理

20 世纪中期，传统生产模式的“三高一低”特征伴随着环境资源压力的逐渐加大，其“生态”弊端更加突出，主要表现在从环境攫取资源和向环境中排放污物方面。资源的高消耗必然导致资源的大规模开发，造成某些重要资源的严重短缺；无节制地向环境中的高排放，导致环境承载力的危机，产生各种生态负效应。生态负效应主要表现为环境污染和生态恶化。这种在生产过程的末端，针对产生的污染物开发并实施有效的治理技术，又称为末端治理。其模式见图 2-5。

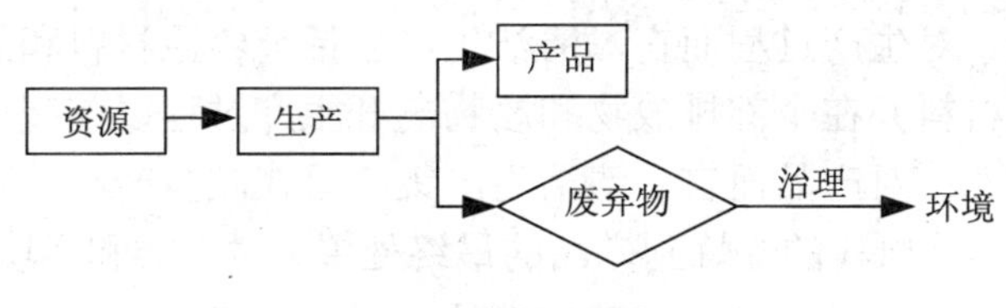

图 2-5　末端治理模式

末端治理在环境管理发展过程中是一个重要的阶段，它有利于消除污染事件，在一定程度上减缓了生产活动对环境污染和破坏趋势。但随着时间的推移、工业化进程的加速，末端治理的局限性也日益显露。① 处理污染的设施投资大、运行费用高，使企业生产成本上升，经济效益下降；② 末端治理往往不是彻底治理，而是污染物的转移，如烟气脱硫、除尘形成大量废渣、废水集中处理产生大量污泥等，所以不能根除污染；③ 末端治理未涉及资源的有效利用，不能制止自然资源的浪费；④ 目前“末端控制”的环境管理思想和方法希望每一个工业过程都成为一个单独封闭的系统，这实际上既不经济也不可能。

由于环境问题发生的范围由局地逐渐扩大为全球，迫使企业环境治理的视角要关注企业之外的污染问题。与此同时，世界能源消耗自 1980 年以来，以年均 1.98%的速度在递增，传统末端治理污染的方式遭遇到了严峻的挑战，迫切需要以新的思路与管理方法应对这一挑战。所以，要真正解决污染问题需要实施过程控制，减少污染的产生，从根本上解决环境问题。清洁生产的提法和实施应运而生。

2.2.1.2 清洁生产

面对环境污染日趋严重、资源日趋短缺的局面，工业发达国家在对其经济发展过程进行反思的基础上，认识到不改变长期沿用的大量消耗资源和能源来推动经济增长的传统模式，单靠一些补救的环境保护措施，是不能从根本上解决环境问题的。1989 年联合国环境规划署提出了“清洁生产”的概念，即清洁生产是指将综合预防的环境策略持续应用于生产过程和产品中，以便减少对人类和环境的风险性。对生产过程而言，清洁生产包括节约原材料和能源，淘汰有毒原材料并在全部排放物和废物离开生产过程以前减少它们的数量和毒性；对产品而言，清洁生产策略旨在减少产品整个生命周期过程中（从原料的提炼到产品的最终处置）对人类和环境的影响。其要点是在生产过程中采取整体性环境保护策略。清洁生产强调 3 个观念：① 清洁能源，尽量节约能源消耗，利用可再生能源等；② 清洁生产过程，产品制造过程中尽可能少生产废弃物，尽可能减少对环境的污染；③ 清洁产品，降低对不可再生资源的消耗，延长产品的使用周期等。其模式见图 2-6。

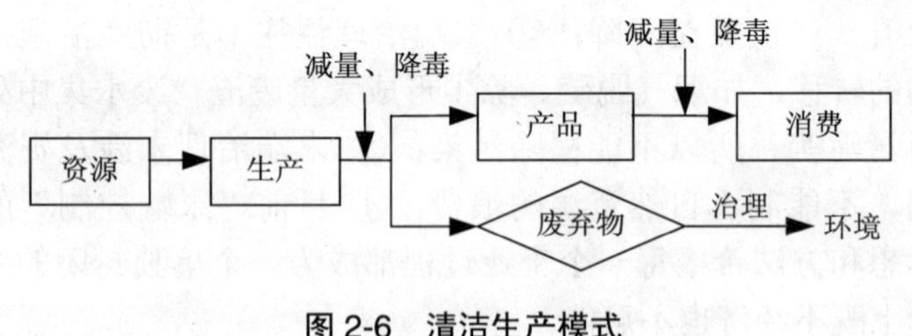

图 2-6 清洁生产模式

清洁生产既是一个宏观概念，是对传统的粗放生产、管理、规划系统而言；又是一个相对动态概念，是对现有生产工艺和产品而言的，它本身仍需要随着科技进步不断地完善和提高其清洁生产水平。对于清洁生产的评价，学者们的看法不尽相同，主要分为两种：一种观点认为清洁生产在执行范围上有其局限性[40]。认为清洁生产的理论基础是废物最小化，这在解决具体工艺、产品上取得了较好的效果。但要从一个地区，一个部门来看，常常要实现废物最小化，在技术上要求很高，在经济上投入较大，而且维持起来有着诸多的困难。另外，清洁生产关注的是生产过程，而实际上很多生态环境问题是与产品的使用和消费相关的。清洁生产无法减少总量排放，它只是点上效率而非总量效率。另一种观点认为可以在产品、园区或城市等不同层次实施清洁生产[41]，所以，不存在实施范围限制的问题。笔者认为，从联合国规划署对清洁生产的定义看出，清洁生产强调的是减量，但是对于废弃物资源化和循环利用没有像循环经济“3R”那样明确，所以有必要进一步完善清洁生产的提法与具体实施方法。

2.2.1.3 产业生态

伴随着各国在治污减量的实施，20 世纪 80 年代，在一些西方国家的理论界，出现了一个产业研究的非主流学派。在生物生态学日渐成熟并在学科交叉领域愈加活跃、表现出强大的渗透能力的背景下，他们从生物生态学的视角出发，借鉴生物生态学的概念、原理、方法，在可持续发展思维推动下，在传统的自然科学、社会科学和经济学相互交叉和综合的基础上发展起来的一门新学科，并由此开创了对产业生态学的研究。产业生态学属于应用生态学范畴，它从系统工程的角度，研究产业系统与自然系统、经济社会之间的相互关系。它强调一种整体观，考虑产品整个生命周期的环境影响，它将整个产业系统形成一个有机的生态链条，不断地加以利用与循环，形成资源与资源之间的良性转化，消除或减少对自然生态系统的污染与影响，而不是只考虑局部或某个阶段的影响。其模式见图 2-7。

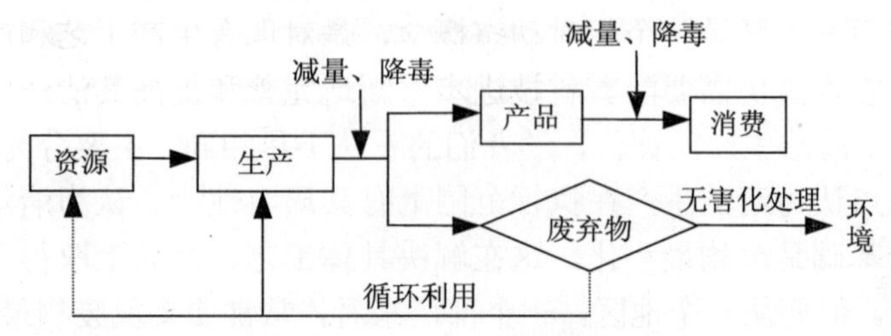

图 2-7　产业生态模式

产业生态学试图将整个产业系统视为一种类似于自然生态系统的封闭体系，其中一个体系要素产生的“废物”是另一个体系要素所需的“资源来源”。这样整个产业系统内各个要素就形成了相互依存，类似于自然生态系统的食物链过程的“产业生态系统”，并将“废物”最终转化为资源能量。

2.2.2 产业生态学的内涵

西方的产业生态学派在几十年的发展历程中，取得了一定的成果，为产业生态研究作出了一定的贡献。早在 20 世纪 70 年代，产业生态领域的早期研究工作在日本开展起来，并由国际贸易产业部建立了产业生态工作小组；另一个活动内容是在 80 年代，由社会政策信息研究中心主办的“比利时生态系统生产产业会议”在比利时召开[42]。对于产业生态学概念的研究，很多学者都会提到这两个人，罗伯特·福布什（Robert Frosch）和尼古拉斯·加罗什（Nicolas Gallopoulos）。1989 年 9 月，身为美国通用汽车公司的研究部副总裁罗伯特·福布什和负责发动机研究的尼古拉斯·加罗什在《科学美国人》杂志上发表的题为《产业的策略》（*Strategy for Manufacturing*）一文中所提出的“产业新陈代谢”（Industrial Metabolism）的观念[43]。自此，产业生态学（Industrial Ecology，IE）的研究便迅速成长。对产业生态学的理解与定义，由于侧重点不同，对其定义的描述也有所差异，但主要从产业生态学的属性、内容、方法和结果进行的界定，笔者将不同学者的观点归纳为以下几个方面。

2.2.2.1 产业生态学的属性界定

这是从系统的观点认识产业生态学的，认为产业生态学属于应用生态学，其研究核心是产业系统与自然系统、经济社会系统之间相互关系。我国学者马世骏和王如松（1984），从“社会—经济—自然复合生态系统”[44]的理论出发，认为“产业生态学是一门研究社会生产活动中自然资源从源、流到汇的全代谢过程、组织管理体制以及生产、消费、调控行为的动力学机制、控制论方法及其与生命保障系统相互关系的系统科学”。

我国学者李慧明等（2005）与马世骏的观点类似，从局地、区域和社会等多个层面，认为产业生态学通过这 3 个层次来统筹社会经济系统与环境系统之间的物质、能量和信息流动关系，把人类的产业活动纳入到包括人类社会在内的整个自然生态大系统的生产活动中，把人类的物质和能量转换过程置于自然生态系统物质能量的总交换过程中，通过对人类生产系统（产业系统）与自然生产系统结构和功能上的整合，使物质和能量能够以环境友好的方式，在社会—环境大系统内部不同层次的系统之内和系统之间，不断地被循环和高效利用[45]。

2.2.2.2 产业生态学的内容界定

这是从整体角度对产业生态学的描述。从纵向看，产业生态学考虑产品、工艺、服务整个生命周期的环境影响，而不是只考虑局部或某个阶段的影响；从横向看，产业生态学涵盖与其相关的社会网络和社区[46]，纵向的研究主要是在单个企业中展开；对社会网络的研究领域是从更广的角度来看待企业系统。比如构成区域生态企业组合的整体效益比单个企业的效益之和大得多。这就涉及多个企业组合问题，关注点已由单纯材料的交换扩展到企业间各种资源的共享。除此以外，还有企业与当地社区关系的组建与处理问题，此时研究的范围与内容进 步延伸，形成了以企业为核心的放射状分布。

2.2.2.3 产业生态学的方法界定

这是从具体实施角度对产业生态学的认识。按照美国 Indigo 发展研究中心对产业生态学的定义，认为产业生态学是跨学科领域的框架，将工业系统设计和运作为自然系统中独立的生命系统。它寻求区域和全球生态约束条件范围内平衡环境和经济活动。一些研究产业生态学的先驱们称它为“可持续性的科学”。Frosch（1995）从实践角度，认为产业生态学是将研究的框架变为产业系统行为的尝试，特别是对产业和环境关系系统深度检测的整合。这一方法将产业系统定义为是产品和废弃物的生产者，并能够检测生产者、消费者、其他实体与自然世界的关系[47]。

2.2.2.4 产业生态学的特点界定

闭路循环性是产业生态学的主要特点之一。传统价值论认为，价值流程是单向的，即价值随生产流程而不断增加，并在产品被使用后化为乌有。产业生态学的闭路循环性特征则表明使用后的废弃物仍具有价值，产业生态系统的价值流不是单向的而是一个闭路循环[48]。

Dunn、B.C.和 Steinemann（1998）利用模拟自然生态系统，认为在产业生态系统中，一个产业生产进程的输出和废弃物可以当成其他产业生产进程的输入或者通过进一步的生产实现循环再利用，可以大大减少整个产业生态系统的自然资源消耗和废弃物排放，从而实现物质的循环流动与能量的分级利用，把对自然环境的影响降到最低限度[49]。

Ashford 和 Cote（1997）从产业物质循环角度，说明产业生态学是一种试图对整个产业物质循环过程、能源利用过程和资本投入过程加以优化的方法；它实现了产业发展定位从产品导向到系统导向的转变，为把不同的产业连接为一个能够减少产业总输入和总输出的综合网络提供了方法学基础[50]。

2.2.2.5 产业生态学的结果界定

正是产业生态学的特点，决定了产业生态学实践的结果是资源耗费少、对环境影响小。利用产业生态学原理，通过废弃物的循环再利用及综合处理，使得整个产业系统需要排放到系统边界外的废弃污染物大量减少，减轻自然生态系统净化污染物质所承担的压力，维护自然生态系统的健康。

按照《产业生态学杂志》的观点：产业生态学是一个正在形成

的领域，它从局地、区域和全球 3 个层次上系统研究产品、工艺、产业部门和经济部门中的物质与能量的使用与流动，集中研究工业在降低产品生命周期的环境压力方面的潜在作用；它追求资源、能源效率的最大化和污染产生的最小化。

大量对产业生态学的研究与应用促进了工业的发展。产业生态最初关注的是废物最小化和副产品变为可再利用的产品和资源的转化。处于相同地位，并能够利用或再加工其他企业废物的各企业的协同定位和整合，是产业生态成功的关键所在。产业生态运作过程可以用简图 2-8 加以描述[51]。

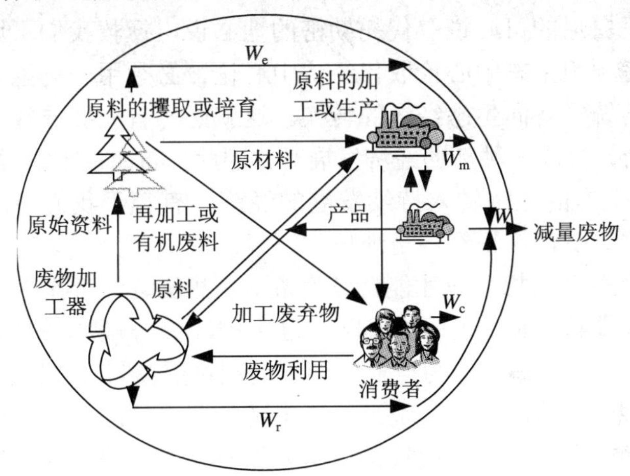

W_e—攫取或加工的废物；W_m—产生的废物；W_c—消费者的废物；W_r—循环的废物

图 2-8　产业生态基本概念

图 2-8 显示，生产者和加工者从原始生产者或供应者那里获取原材料和能量，然后将其转换或冶炼成产品，提供给其他企业使用，或销售给批发商或消费者。企业和消费者通过循环将废弃物和副产品转换给生产系统，于是产品闭合回路生命周期产生。

2.2.3 产业生态学的思想

产业生态学是借用生态学理念分析产业经济问题。支撑产业生态学的理论有生态学理论、共生理论、产业经济理论等，笔者主要从以下两种观点说明此问题。

2.2.3.1 **生态经济观**

美国著名学者莱斯特·R·布朗（Lester R. Brown）于2002年出版了《生态经济：有利于地球的经济构想》（*Eco-Economy：Building an Economy for the Earth*）一书，如实地描述了当今世界生态经济严峻形势，指明了当今世界经济增长与其地球自然系统极限之间的冲突日益加剧，是一种"自我毁灭的经济"，"将全球经济推上一条破坏环境的道路，终必导致经济的衰退。"[1]因此该书作者认为，正如用哥白尼的日心说取代托勒密的地心说，拯救我们不堪负重的地球，必须用生态中心论取代经济中心论，必须用一场生态革命加速实现传统经济向生态经济的转换。这就必然首先要导致一场经济思想革命，形成一种新的经济发展观。因此，布朗在本书强调指出："从破坏生态的经济转入持续发展的经济，有赖于我们经济思想的哥白尼式改变，认识经济是地球生态经济的一部分，只有调整经济使之与生态系统相适应才能持续发展。"[1]从这部著作中笔者梳理出作者莱斯特·R·布朗的思路，过去的冲突→现实的思考→未来的规划。这一思路成为产业生态学的理论支撑与实践的依据。

（1）过去的冲突。表现为早已出现的现实的冲突和理论界的冲突。作者用大量的事实和数据说明人类面临的种种问题，如森林缩小，土壤侵蚀，牧场退化，沙漠扩大，二氧化碳水平上升，地下水水位下降，冰川融化，海平面升高，珊瑚礁死亡，物种消失。这些迹象标志着经济与地球生态系统之间的紧张关系，并且这种紧张关系有愈演愈烈的趋势。作者认为，如果环境子系统——经济的运作，不能与大系统——地球的生态系统相互协调，势必两败俱伤[1]。相对于生态系统，经济规模发展得越大，施加给地球自然极限的压力越多，这种不和谐造成的破坏就越严重。

在考虑地球环境与经济的关系时，经济学家与生态学家的观点往往很不相同。经济学家认为环境是经济的组成部分，把环境看做经济的一个子系统；而生态学家则与之相反，认为经济是环境的组成部分，把经济看做环境的一个子系统。生态学家担心自然的极限，经济学家则倾向于不承认这方面的限制。生态学家按照自然法则，从循环的角度看待事物，而经济学家则更多地考虑直线或曲线的运行。经济学家非常相信市场的力量，生态学家则经常不满于市场的缺陷。孰对孰错，要从现实情况来给出判断，并引发对现实的思考。

（2）现实的思考。在这种情况下，如何保持社会经济与自然生态的协调发展，提高人类生存环境的质量，已成为人类当前面临的迫切任务和重大课题。从地球给人类提供的内容看，它不仅提供人类所需的产品，还为我们提供人类赖以生存的环境服务，如空气、森林等，而且后者的价值往往高于前者。如何保护这一服务的质量，如何体现这一服务的价值，是值得我们思考的问题。

当人类面临粮食供应紧张，我们可以开荒种地；洪水来临，可以防洪筑堤；海产品需求增加，可以开拓捕捞海域；沙漠化袭来，可以迁徙躲避；总之，当人类遇到各种灾难困境时，总能够利用各种办法度过灾难，化解困境。但人类应思考，各种灾难出现的背后，是否隐藏着深层次的问题，产生灾难的主要原因是什么，是否目前经济运行模式出现了问题，这同样值得我们思考。

（3）未来的规划。面对现实，作者布朗提出未来的规划，要“将我们的经济转变为一种生态经济”[1]，而且这种转变是没有任何先例可循的。他认为，生态经济是一种遵循生态学规律的经济，据此，他批评经济学家只是相信市场的力量，非常尊重市场原则，依靠市场来指导经济政策与经济实践，而不尊重生态法则尤其无视生态可持续性原理，使当今自由市场经济往往不能反映生态学的真理。因此，要构建的生态经济就一定要“使市场反映我们所买物品和服务的全部成本”，必须“将一种以市场力量为导向的经济转变成为一种以生态法则为导向的经济”[1]。

生态经济观通过考虑生态系统与经济系统的关系，为解决这一重大课题提供了一条可行的途径。产业生态理论把产业与其环境的相互关系作为研究对象，其世界观是一种生态经济观，即认为：经济不是我们世界的中心，而是自然生态系统的一个子系统，要求产业经济对策要以生态原理和自然法则为基础，只有尊重生态原理的产业经济才是可持续发展的产业经济。生态经济观力求将生态因素系统地纳入经济学的分析框架，着重从人口、资源、环境的整体作用上探索社会物质生产所依赖的社会经济系统与自然生态系统的相互关系，其中包括发展经济和保护环境的相互关系、利用自然资源和维护生态平衡的相互关系以及生产活动的社会经济效益和环境生态效益的相互关系，它是产业生态理论的出发点。人类和人类的产业活动首先要遵循自然法则，树立起顺应自然、适者生存的生态经济观，才有可能达到可持续发展的目标。

事物变化都有一个限度，超过这个限度，很可能就无法逆转，比如由于温度上升导致冰川的融化。同样，在生态系统遭到不可逆转的破坏之前，人类是否来得及通过改变经济模式而阻止或减慢破坏的速度？作者的回答是有前提的，就是“社会认识到其阻止的必要性”，只有这样，“调整经济模式才能够以难以置信的速度进行”[1]。

2.2.3.2 自然资本论

另一种观点是自然资本论（Natural Capitalism），这一理论的代表人物是美国的生态学家戴利（Herman E. Daly）和学者霍根（Paul Hawken）等。霍根等人所著的《自然资本论：关于下一次工业革命》（*Natural Capitalism：Creating the Next Industrial Revolution*）一书，是一本有关经济开创性的范本，作者阐明了世界如何处在一种新的工业革命的前夕。本书给予后人的启迪表现为以下几点。

（1）四项资本学说。该书作者认为，一种经济需要 4 种类型的资本来适当的运转[52]，即实物资本、金融资本、人力资本、自然资本。将自然看做一种资本，这是生态经济领域从未有过的开拓性思维。自然资本包括资源、生命系统和生态系统。传统的工业系统采用前三种形式的资本将自然资本转化为人们日常生活的要素，并在各国的核算体系中加以计量，而自然资本由于其被无偿使用，所以评估计量自然资本的工作困难重重。见图 2-9。

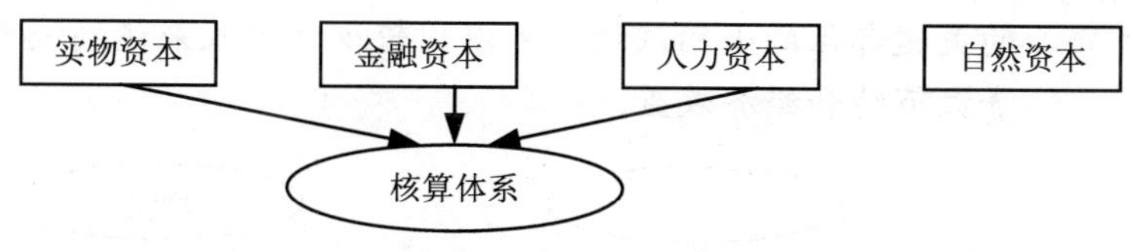

图 2-9　经济需要的 4 种资本运转

作者特别提到，当我们的经济发展受到限制，并非因为捕鱼船的数量，而是因为鱼类数量的减少；不是因为水泵的功率，而是因为地下蓄水层的耗竭。人们更多地关注资源的多少，关注不可再生资源的使用，实际上，远比不可再生的资源更为重要的是这些资源提供给人类的各项生态服务，生态服务功能的价值现在还没有量化，所以很难警示世人其对我们的重要性。比如，森林的砍伐，不仅丧失的是森林面积，还有其难以估量的蓄水防洪功能。这一点与美国生态学家莱斯特・R・布朗的观点是一致的。对未来经济发展的限制因素是自然资本的可利用性和功能性，特别是不可取代的、目前还没有市场价值的生命——支持服务[52]。因此，将自然资本纳入整个社会再生产系统，有利于人们重新认识目前经济行为的代价。

（2）四项战略学说。自然资本的重要性和不可替代性引发人们思考，如何将自然资本与其他 3 项资本有机融合在一起，协调发挥作用。基于自然资源的日益短缺，作者的主体思路是自然资本的“节支”、“增收”。“节支”体现在 3 个阶段，设计阶段是生态化设计；生产阶段是提高资源利用率；流通阶段是沟通与拓展服务，“增收”体现在对自然资本的投资，以增加其储蓄，上述 4 项内容构成协调四项资本的战略。见图 2-10。

➢ 战略是生态化设计（ecological design）。达到这一目的的关键是进行整体性思考而不是传统的局部性改进。在这个问题上，传统工艺过程由于局限于某个环节而不是整个系统，因此其思想基础是强调报酬递减，即认为要使生产系统资源节约越多，成本就会越高；而基于系统设计的自然资本论的思想基础乃是报酬递增律，即通过一些影响全局的关键部位的小的改进，可以用较少的投入来达到较大的资源节约和经济效益。

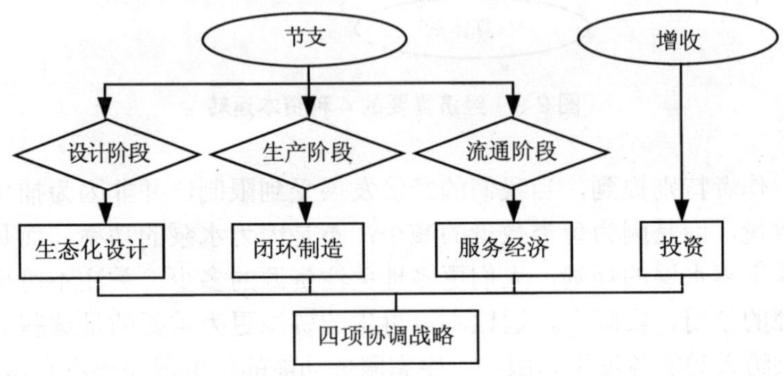

图 2-10 协调四项资本战略

➢ 战略是建立企业闭环制造进程（closed-loop manufacturing）。闭环制造工艺的中心原理被描述为是“废弃物等于营养品”。自然资本论不仅要在生产中大幅度减少废弃物，而且试图从根本上消除掉废弃物的概念。通过建立模仿自然系统的闭环制造工艺，生产过程的任何输出物或者可以通过堆肥等方式转变成为自然营养物，或者可以通过再制造过程转变成为技术营养物。

➢ 战略是建立以提供服务为特征的经济模式即服务经济（service economy）[53]。传统制造业的企业模式通常是销售商品，而在自然资本论中价值实现的途径是提供服务。服务经济的模式蕴涵着一个新的价值观，即不再把获得物质产品作为衡量富裕的手段，而是希望持续地满足对质量、效用和绩效的不断变化的期望。这样做的最大好处就是减少了物品的过度周转，从而减少了资源消耗，提高了经济效益。

➢ 战略是向自然资本的再投资（investing in natural capital）。传统资本论的基础是要求企业把收入再谨慎地投入到生产性资本之中以维护和扩大再生产，而自然资本论则强调经济过程和生产过程必须向最重要的资本形式——人类自己的栖息之地和生物资源基础即自然资本进行再投资。长期以来，人们忽视经济活动对生态系统造成的危害，然而现在这种情况正在发生变化。如果人类再不对自然资源进行有强度的再投资，生态系统自然资源和服务功能的短缺就有可能成为影响今后经济繁荣和人类发展的限制因素。

在漫长的岁月中，人类赖以生存的是自然资本所产生的利息，而目前人类正在消耗着这些资本本身。人类已经建立了一种环境泡沫经济，其经济产出依靠人为地过度消耗地球自然资本而膨胀。当今人类面临的挑战是在泡沫破碎之前加以紧缩。这四项战略为解决环境问题、实现可持续发展提供了一种全新的思路：环境与经济确实是可以协调发展的。在经济发展中起主导作用的产业经济中融入生态学理念显得尤为重要。

2.3 循环经济理论的研究进展

2.3.1 循环经济的起源

人类对于自身及周围环境的认知是一个漫长的变迁过程，现在我们正处于这一过程的中途[54]。纵观这一变迁过程，美国经济学家肯尼思·E·鲍尔丁（Kenneth E. Boulding，1966）将人类已走过的开放式的经济发展模式比喻为“牧童经济”（cowboy economy），这种经济模式就像一个可以由牧羊人任意放牧的草场，人们通过生产和消费，高强度地把地球上的物质和能源大量地提取出来，然后又把污染和废物大量地弃置到空气、水系、土壤、植被这类被当做地球“垃圾箱”的地方。随着人类对资源开发速度的加快使得人类“还能从矿物燃料中获得大量能量投入的时日已不多了”[7]。鲍尔丁受当时发射的宇宙飞船的启发来分析地球经济的发展。他认为，宇宙飞船是一个孤立无援、与世隔绝的独立系统，靠不断消耗自身资源存在，最终它将因资源耗尽而毁灭。唯一使之延长寿命的方法就是实现宇宙飞船内的资源循环，如分解呼出的二氧化碳为氧气，分解出尚存营养成分的排泄物为营养物再利用，尽可能少地排出废物。当然，最终宇宙飞船仍会因资源耗尽而毁灭。同理，地球经济系统如同一艘宇宙飞船。尽管地球资源系统大得多，地球寿命也长得多，但是，也只有实现对资源循环利用的循环经济，地球才能得以长存。这种思想被人们称为“宇宙飞船经济观”，看做是循环经济思想的萌芽。

鲍尔丁的“宇宙飞船经济观”有两个特点：① 承认地球资源和环境承载力的有限性；② 关注以现有的技术和消耗水平这艘“飞船”供养人类使用时间的持久性。这种具有循环经济理念的思想在当时并没有引起更多人的关注与探讨，因为当时世界各国关心的问题仍然是污染物产生之后如何治理以减少其危害，即所谓环境保护的末端治理方式。20 世纪 80 年代，人们注意到要采用资源化的方式处理废弃物，思想上和政策上都要有所升华。但对于污染物的产生是否合理这个根本性问题，是否应该从生产和消费源头上防止污染产生，大多数国家仍然缺少思想上的认识和政策上的举措。总的说来，七八十年代环境保护运动主要关注的是经济活动造成的生态后果，而经济运行机制本身始终落在人们的研究视野之外。

20 世纪 90 年代，源头预防和全过程治理替代了末端治理成为西方发达国家环境与发展政策的真正主流，人们在不断探索和总结的基础上，提出了以资源利用最大化和污染排放最小化为主线，逐渐将清洁生产、资源综合利用、生态设计和可持续发展等融为一套系统的循环经济战略。

2.3.2 循环经济的内涵

2.3.2.1 循环经济定义

目前，国内对循环经济（Circular Economy，CE）的研究进展较快，许多学者对于循环经济的概念、内涵、发展及实践等方面进行了研究（诸大建[55]，1998；冯之浚[56]，2003）；也有一些学者从生态学角度论证了循环经济的合理性（曹凤中[57]，2003；王如松[58]，2006；左铁镛[59]，2006）；还有少数学者利用数学模型的方法论证循环经济可行性及运作机制（陆钟武[60]，2003）。学者徐奉臻[61]（2006）从物理学概念“熵”的角度，认为“循环经济”的称谓是不科学的，或至少是不充分的。循环仅仅是外在的表现形式，低熵化才是其内在的根本属性。因此，这种经济模式归根结底应该是“低熵经济”。

关于循环经济的定义有若干种[62]，总的来说，对于循环经济所强调的在发展经济的同时注重资源的高效利用和循环利用，注重减少因废弃物的排放而造成的环境损害等方面，都具有共识。但在循环经济的概念界定上，特别是循环经济所包括的范围上，却有着不同的理解。归纳起来，包括广义循环经济和狭义循环经济两种界定。

广义的循环经济包括经济、自然环境及社会 3 个方面的相互作用及相互衔接。在资源投入、企业生产、产品消费及其废弃的全过程中，不断提高资源的利用效率，把传统的、依赖资源净消耗线性增加的发展，转变为依靠生态型资源循环来发展，从而维系和修复生态系统的经济[63]。循环经济要求把经济活动组织成为“自然资源→产品和用品→再生资源”的反馈式流程，所有的原料和能源都能在这个不断进行的经济循环中得到最合理的利用，从而使经济活动对自然环境的影响减少到尽可能小的程度[55]。冯之浚（2003）认为，循环经济本质上是一种生态经济，它要求遵循生态学规律，合理利用自然资源和环境容量，在物质不断循环利用的基础上发展经济，使经济系统和谐地纳入到自然生态系统的物质循环过程中，实现经济活动的生态化。发展“循环经济”是实现可持续发展的战略选择[56]。广义循环经济模式如图 2-11[64]所示。

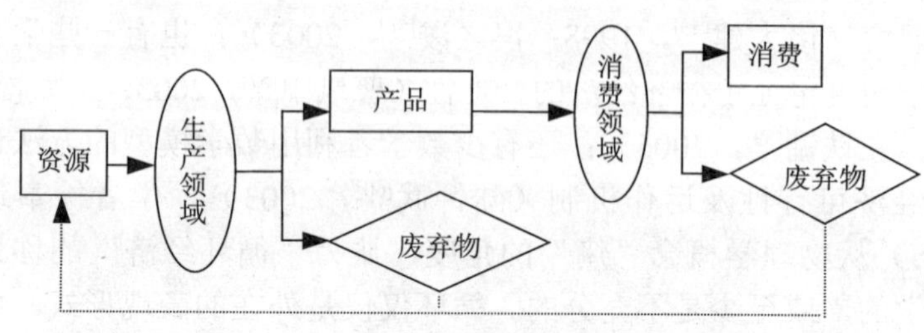

图 2-11　广义循环经济模式

狭义循环经济强调经济与自然环境之间的协调发展，是对物质闭环流动型经济的简称，是以“减量化”（Reduce）、“再利用”（Reuse）和“再循环”（Recycle）为原则（简称“3R”原则），以低消耗、低排放、高效率为基本特征，符合可持续发展理念的经济增长模式，是对大量生产、大量消费、大量废弃的传统增长模式的根本变革[65]。狭义的循环经济，是以经济发展的可持续为中心，从生产环节入手，包含能源、矿产等不可再生资源的利用、生产过程之内的循环使用，以及所产生的废弃物对环境的排放等，兼顾经济与环境之间的协调和互利。狭义循环经济模式见图 2-12。

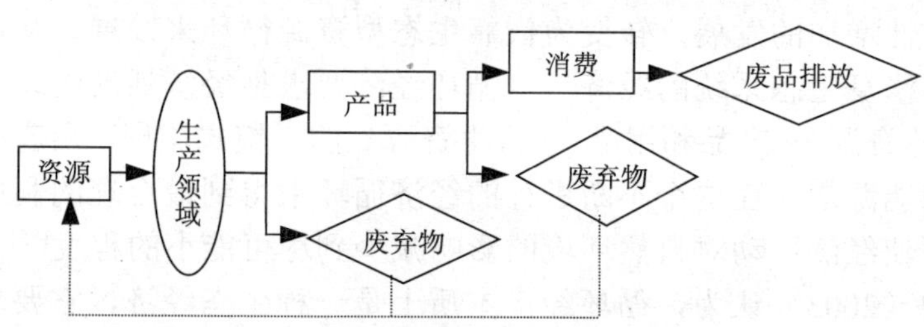

图 2-12　狭义循环经济模式

综合上述两类定义，其共性都将人类经济活动纳入整体生态系统中，在物质利用方面都提倡充分和反复利用，但要寻求对环境的“零排放”或实现“完全循环”，这还是一个理想的目标。从生态学观点看，在地球生态系统中，任何生物都不可能做到“封闭式的零排放”。在自然生态系统中，自然生物排放的废弃物参与的是“生物—地球—化学循环”，而不仅是封闭式的“种间循环”和“种内循环”。同样，人类经济社会活动的废弃物，一部分可在人类自身的经济社会活动中循环，另一部分则需排放于自然界，参与“生物—地球—化学循环”。因此，物质在人类经济社会活动中的流动，永远不可能在自身中封闭。所以，笔者认为，循环经济是指运用生态学规律，将人类社会的经济活动组成一个“资源—产品—再生资源”的反馈式流程，以达到资源尽可能循环利用的一种社会经济运行模式。循环经济的核心内容是物质资源的循环利用，建立的反馈式流程包含生产过程、流通过程和消费过程，将这一理解用图 2-13 显示。

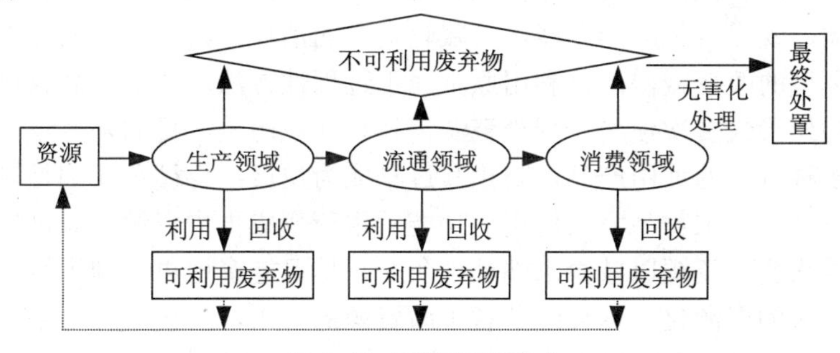

图 2-13　循环经济模式

图 2-13 更加清晰地显示社会经济活动中的物质流动，在不同的领域中，都会产生废弃物，将可利用的废弃物利用与再利用，或资源回收利用与回收副产品等方式，连同新注入的资源一起，构成各领域所消耗的物资资源，可以在很大程度上减少物耗和对自然资源的依赖；对于不可利用的废弃物，经过无害化处理，排向外界，而此时对外的排放物一是从量上减少，二是对环境的危害减少，可以大大缓解人类在经济发展中与资源短缺和环境承载力有限性的矛盾。

2.3.2.2 循环经济原则

循环经济的根本目的是要求在经济流程中尽可能减少资源投入，并且系统地避免和减少废物，废弃物再生利用只是减少废物最终处理量。大多学者都将循环经济原则用“3R”表示，即上述的“减量化”、“再利用”和“再循环”。

从“3R”的重要性看，这三者的排列是有科学顺序的，体现着循环经济主要的实际操作过程。循环经济的根本目标是要求在经济过程中系统地避免和减少废物。因此，在循环经济的实施过程中首先要考虑用尽可能少的原材料，生产出尽可能多的产品，尽可能少地产生废弃物，再利用和循环都应建立在对经济过程进行了充分的源削减的基础上。

从“3R”的过程上看，减量化原则属于输入端方法，是从源头节约资源和减少污染，旨在减少进入生产和消费过程中物质和能量流动，既保持生产的发展，又减轻资源的消耗，减少废物的排出，使环境的改变减慢；再利用原则属于过程性方法，要求产品或包装以初始形式多次使用，减少资源消耗和环境污染，目的是尽量多次或多种方式的使用产品，防止其过早成为垃圾；再循环原则是输出端方法，要求物品完成使用的功能后重新变成再生资源，通过把废物再次变成资源以减少末端处理负荷，尽可能多地再生利用垃圾，即垃圾的资源化，这样既节省了新资源的开采，又使废弃物数量减少，降低了末端治理的费用。见图 2-14。

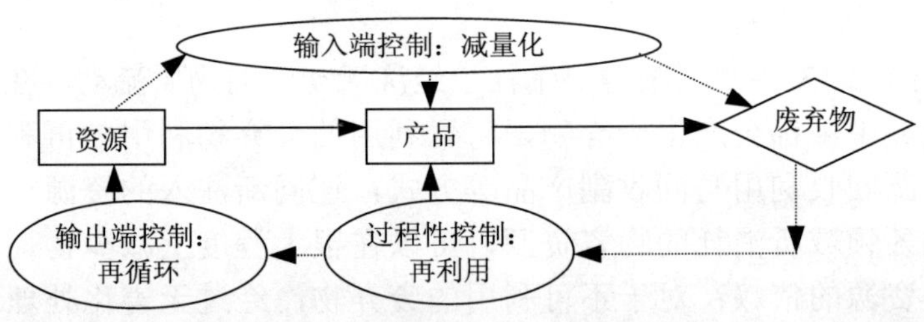

图 2-14　循环经济的“3R”原则

从“3R”的运用层次上看，体现在产品绿色设计和物质资源开发利用上。产品设计包含了各种设计工作领域，凡是建立在对地球生态与人类生存环境高度关怀的认识基础上，一切有利于社会可持续发展，有利于人类乃至生物生存环境健康发展的设计，都属于绿色设计的范畴。绿色设计具体包含了产品从创意、构思、原材料与工艺的无污染、无毒害选择到制造、使用以及废弃后的回收处理、再生利用等各个环节的设计，也就是包括产品的整个生命周期的设计。要求设计师在考虑产品基本功能属性的同时，还要预先考虑防止产品及工艺对环境的负面影响。在资源开发阶段考虑合理开发和资源的多级重复利用；在产品和生产工艺设计阶段考虑面向产品的再利用和再循环的设计思想；在生产工艺体系设计中考虑资源的多级利用、生产工艺的集成化标准化设计思想；生产过程、产品运输及销售阶段考虑过程集成化和废物的再利用；在流通和消费阶段考虑延长产品使用寿命和实现资源的多次利用；在生命周期末端阶段考虑资源的重复利用和废物的再回收、再循环[59]。

现在学术界提出了“4R”[66]、“5R”[63]和“6R”[67]原则，如除“3R”外加上“再组织（reorgnization）”、“再思考（rethink）”、“修复（recovery）”、“可替代（replace）”等，我们认为这些原则是针对某些不同层次或领域，如管理层面、意识层面或某些行业领域提出的更加具体、具有针对性的原则，具有合理性，但不能取代“3R”原则的基本性和普遍性。

2.3.2.3 循环经济特征

吴季松（2003）在论述循环经济特征时归纳为以下 4 点：新的系统观、新的价值观、新的生产观、新的消费观[68]。这些新观念是以传统经济模式为参照物提出的。就人类与环境的关系而言，人类社会在经济发展过程中经历了 3 种模式，即传统经济模式、“生产过程末端治理”模式和循环经济模式。

传统经济模式突出特点是“三高一低”，即对物质资源的高开采、高消耗、废弃物的高排放、资源重复利用低，人们又称其为线性经济模式。在早期阶段，由于人类对自然的开发能力有限，以及环境本身的自净力较强，所以人类活动对环境的影响并不凸显。但是后来随着工业的发展、生产规模的扩大和人口的增长，环境的自净能力削弱至丧失，这种发展模式导致的环境问题日益严重，资源短缺的危机越发突出。

“生产过程末端治理”模式开始注意环境问题，但其具体做法是“先污染、后治理”，强调生产过程的末端采取措施治理污染。这是一种被动式的经济模式。由于没有从源头上解决高消耗和高排放的问题，使得后期治理的技术难度很大，不但治理成本极高，而且生态恶化难以遏制，经济效益、社会效益和生态效益都很难达到预期目的。

循环经济模式，它的突出特点是“三低一高”，即对物质资源的低开采、低消耗，废弃物低排放，资源重复利用高的经济发展模式。它是一种积极主动适应环境，合理利用自然资源和环境容量，在物质不断循环利用的基础上发展经济的模式，循环经济由此得名。表2-3为传统经济模式与循环经济模式的对比表。

表2-3 传统经济模式与循环经济模式对比

比较项目	传统经济	循环经济
理念	征服自然，改造自然	创造性地适应自然
物质流动	资源→产品→废弃物	资源→产品→再生资源
资源使用特征	高开采、高消耗、高排放、低利用	低开采、低消耗、低排放、高利用
对环境的影响	对生态环境破坏较大	对生态环境影响较小
环境治理方式	末端治理	源头治理，全过程控制
环境成本	不考虑	计入成本
追求目标	经济利益	经济利益、环境利益与社会利益
经济增长方式	数量型经济增长	质量型经济增长
评价指标	单一经济指标（GDP等）	绿色核算体系（绿色GDP等）

循环经济模式与传统经济模式相比有不可比拟的优势，然而，这只是从理论角度的阐述，有待进一步加以验证。

2.3.3 循环经济的层次

几乎所有循环经济研究的学者和实践者都一致认为，循环经济的实施具体体现在经济活动的 3 个层面上，分别通过运用“3R”原则实现企业、区域、社会 3 个层面的物质闭环流动，形成一体化的循环经济体系。这些层次是由小到大依次递进的，前者是后者的基础，后者是前者的平台[69]。

2.3.3.1 企业层面（小循环）

这是以单个企业内部物质和能量的微观循环作为主体的企业内部循环经济产业体系。例如，企业中上游工序产生的废料，经过处理成为下游工序的有用资源。企业要从生产源头节约原材料和能源，以减少废弃物的产生；企业对产品，要求减少从原材料提炼到产品最终处置的全生命周期的不利影响；对服务，要求将环境因素纳入设计和所提供的服务中。企业层面循环经济运行模式见图 2-15。

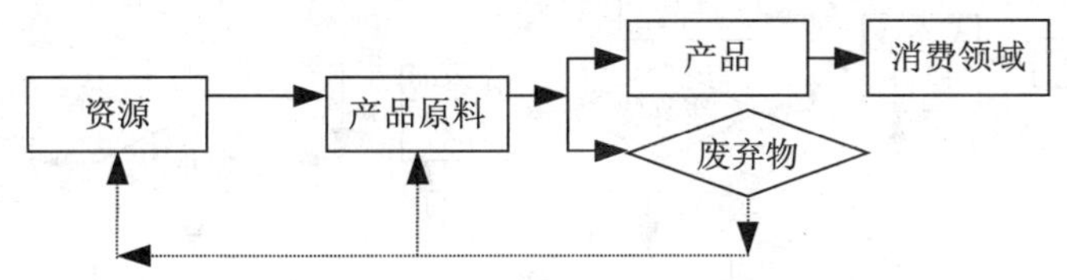

图 2-15　企业层面循环经济模式

企业是资源消耗和产品形成的地方，是发展循环经济的主力军，西方许多企业在微观层次上运用循环经济思想进行了有益的探索，并形成了一些良好的运行模式。在这方面美国杜邦公司是比较典型的代表。杜邦公司在经营活动中推行“企业环保哲学”，积极支持环保运动和可持续发展战略。在整个 20 世纪 90 年代，杜邦公司在企业环保业绩和可持续发展创新方面一直处于领导地位。杜邦也是全球第一家追求“零目标”的企业，并因此而荣获联合国以及美国政府的嘉奖。我国山东鲁北集团以石膏制硫酸联产水泥等关键链接技术为基础，形成了磷铵硫酸水泥联产、海水一水多用、盐碱电联产三条高度相关的生态工业链，其系统结构特征与自然生态系统具有较好的可比性，形成了准循环物质流动模式，成为我国企业层面循环经济具有代表性的企业。

2.3.3.2 区域层面（中循环）

这是企业之间的物质循环，按照生态学原理，通过企业间的物质集成、能量集成和信息集成，把不同的企业联合起来形成共享资源和互换副产品的企业共生组合。例如，某下游企业的废物返回上游企业，作为原料重新利用；或者某一企业的废物、余能送往其他企业加以利用。通过组合体中的物流和能流，模拟自然生态系统，建立产业生态系统的“食物链”和“食物网”，实现物流的“闭路再循环”，达到物质、能量的最大利用。区域层面循环经济运行模式见图 2-16。

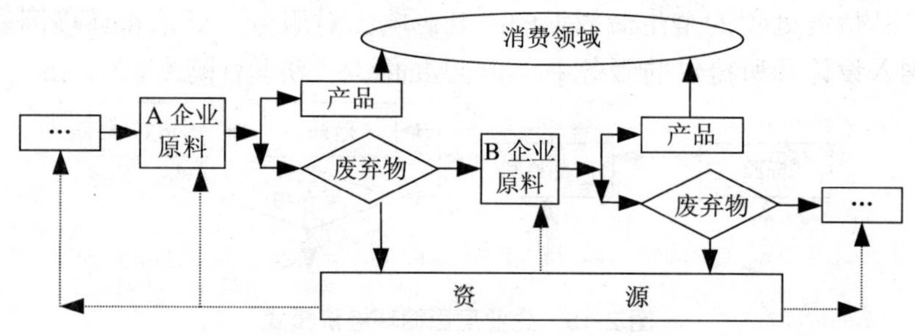

图 2-16　区域层面循环经济示意图

在区域层面，EIP 是一种新型工业组织形态，通过模拟自然生态系统来设计工业园区的物流和能流。园区内采用废物交换、清洁生产等手段把一个企业产生的副产品或废物作为另一个企业的投入或原材料，实现物质闭路循环和能量多级利用，形成相互依存、类似自然生态系统食物链的工业生态系统，达到物质能量利用最大化和废物排放最小化的目的。比较典型的工业园区，国外有丹麦的卡伦堡工业生态园区。该园区以发电厂、炼油厂、制药厂和石膏板厂为核心企业，通过贸易方式把另一个企业的废弃物或副产品作为本企业的原料，建立工业共生关系，实现园区污染的最小排放。我国比较典型的是广西贵港国家生态工业示范园区。该园区由 6 个系统组成，各系统内分别有产品产出，各系统之间通过中间产品和废弃物的相互交换而互相衔接，从而形成一个比较完整和闭合的生态工业网络。

2.3.3.3 社会层面（大循环）

这是在城市和社会层次，通过废弃物的再生利用，实现消费过程中和消费过程后物质与能量的循环。社会层面循环经济的实施要求人们从生产到消费各个环节改变思想观念，要求社会从物质方面、体制方面、价值方面实行全方位的变革，以提供法律支撑、经济奖励、税收优惠和相应的社会中介组织，并需要公众的积极参与。社会层面循环经济运行模式如图 2-11 的广义循环经济模式图。

在社会层面的循环经济有两方面的交互作用：既有政府的推动作用，也有市场的拉动作用。学者吴季松在其所著《循环经济综论》一书中指出[58]，这两方面的作用是相辅相成的，在循环经济运作初期以政府推动为主，中后期以市场拉动为主。政府的作用主要体现在宏观政策的引导，而市场拉动则体现在社会和企业的主客观行为上。政府制定的政策应该通过市场起作用。

循环经济就是立足于企业、区域、社会 3 个层面，陆钟武院士[60]（2003）认为，对以上 3 个层面的循环都要重视。然而，比较起来，一般更加重视的是大循环，因为在经济规模基本稳定的情况下，大循环在提高资源效率方面的作用很大。然而，由于中国经济正处在高速增长期，对以上 3 种循环持同等重视的态度，可能是较为正确的。

2.3.4 循环经济的实践

2.3.4.1 循环经济的国外实践

发展循环经济已成为各国的共识，具体实施要有立法为依据，我国这方面的工作起步较晚，一些发达国家的实践经验可以借鉴。

（1）德国的实践。德国在发展循环经济方面始终走在世界的前列。无论是环境立法方面还是实施方面，均有成效。德国循环经济的关注点是对废弃物的处理，从其思路上看，是从最后环节的垃圾利用，逐步向前一个环节推进，包括对包装物的处理条例，生产者回收废弃物的条例颁布等。为使社会层面的循环经济真正循环起来，德国制定了一系列法律法规，如《废弃物处理法》（1972）、《包装条例》（1991）、《循环经济与废弃物管理法》（1994）、

《可再生能源促进法》（2000）等。这些法律条例，规定了预防优先和垃圾处理后重复使用的原则，设定了包装物再生循环利用的目标，促进可再生能源的开发和利用。到目前为止，德国有 8 000 余部联邦和各州的环境法律和法规，还有欧盟的 400 多个法规在德国也具有法律效力，德国已经形成了一套较为完善的循环经济法律体系。针对社会层面的循环经济是将消费终端废弃物收回利用的特点，德国成立了双元回收体系（Duales System Deutschland，DSD）专门组织。这一非政府专门组织的主要任务是对各种废弃物进行回收利用，由产品生产厂家、包装物生产厂家、商业企业以及垃圾回收部门联合组成。双元回收体系专门组织受企业委托，组织收运者对废弃物进行回收和分类，然后送至相应的资源再利用厂家进行循环利用，能直接回用的废弃物则送返制造商。

（2）日本的实践。20 世纪七八十年代，日本主要采取“末端治理”、“管端预防”的方式防止环境污染和控制生态破坏。2000 年，日本政府颁布《推进形成循环型社会基本法》，从法制确立建设循环型社会的行动准则。21 世纪初，提出“环境立国”战略，即创建循环型社会的国家目标。在上述战略和立法下，日本实施“谁生产销售，谁回收利用”的法规。其中规定，消费者报废电器时应支付废旧家电收集、再商品化等有关费用。废旧电器经过商家回收又重新回到生产企业。同时，在日本大阪有关部门建立起了一个畅通的废品回收情报网络，专门发行旧货信息报《大阪资源循环利用》，介绍各类旧物的有关资料。旧货信息报及时向市民发布信息并组织旧货调剂交易会，如旧的自行车、电视机、电冰箱等都可拿到交易会上交易，为市民提供一个淘汰旧货的机会。这样的信息中介组织可以使市民、企业、政府连成一体，通过沟通信息、调剂余缺，推动垃圾减量运动的发展。

（3）美国的实践。美国于 1976 年就制定和颁布《固体废弃物处置法》。美国加州于 1989 年通过《综合废弃物管理法令》，要求在 2000 年以前，50%废弃物通过源削减和再循环的方式进行处理，未达到要求的城市将被处以每天 1 万美元的行政罚款。美国 7 个州规定新闻纸的 40%～50%必须使用由废纸制成的再生材料。2003 年，美国城镇产生的废弃物为 5.5 亿 t，回收利用率达到 40%。另外，1995 年，美国设立了“总统绿色化学挑战奖”，以奖励和支持那些具有基础性和创新性、并对工业界有实用价值的化学工艺新方法。

综上所述，德、日、美等发达国家将发展循环经济的重点领域放在废弃物的回收再利用方面。西方发达国家经历 200 多年的工业化发展，在资源和能源的利用率方面达到相当高的水平，通过废弃物的再资源化以减少对原生资源的消耗，同时也减少废弃物的排放对生态环境的破坏。

2.3.4.2 循环经济国内实践

我国循环经济还处于起步阶段，实践中仍存在不少问题和障碍[70]。在借鉴和总结了国内外污染防治、资源综合利用、废弃物回收利用、循环经济发展经验的基础上，我国在 1989 年颁布了《环境保护法》、1995 年颁布了《固体废物污染环境防治法》、2002 年颁布了《清洁生产促进法》。2004 年和 2005 年相继出台了《环境影响评价法》和《可再生能源法》等，均提出了发展循环经济相关方面的要求。《废旧家电及电子产品回收处理管理条例》《清洁生产审核暂行办法》《中国节水技术大纲》等法规相继出台。在关于废弃条件的设置、强制回收和回用名录的建立、回收和回用率的确定、经济刺激机制的系统化和可操作化、工艺标准及技术性规范的设立、循环信息的公开等问题上，上述法律保障体系有待加以明确和完善。

2.4 熵定律的研究进展

笔者通过阅读杰里米·里夫金（Jeremy Rifkin）和特德·霍华德（Ted Howard）所著的《熵：一种新的世界观》（*Entropy*: *A New World View*，1981）一书，对书中的核心内容——熵，产生了进一步了解的愿望。该书作者将“熵”这一物理学概念，从哲学的角度，涉及当时世界许多重大的问题，以一种全新的观点加以诠释。笔者尝试利用熵定律对本书中提到的循环经济进行再认识。

2.4.1 熵定律的含义

2.4.1.1 热力学定律

热力学第一定律告诉我们，能量既不能被创造又不能被消灭，但它何以从一种形式转化为另一种形式。我们力所能及的只是把能量从一种状态转化成另一种状态[71]。做功和热传递是改变系统内能的仅有的两种方式。

在自然界中，热量不能自动地从低温物体传向高温物体；或者说其唯一效果是热全部转变为功的过程是不可能的。从而科学家们得出了一切与热现象有关的实际宏观过程都是不可逆的规律。这个说明自然宏观过程进行的方向的规律被德国物理学家克劳修斯（Clausius）称为热力学第二定律。

热力学第二定律告诉我们，物质只能沿着一个方向转换，即从可利用到不可利用，从有效到无效，从有秩序到无秩序。熵（entropy）就是对宇宙某一子系统中由有效能量转化而来的无效能量的衡量。所以热力学第二定律又被称为熵定律。

宏观不可逆过程在能量利用上的后果总是使一定的能量从能做功的形式变为不能做功的形式，即成了“退化的”能量，所以从这个角度说：熵的增长是能量退化的量度。一般而言，熵值愈大，对应的宏观态愈加无序。自然过程中所有实际过程都是不可逆的，是沿着熵增大的方向进行的，这便是熵增加原理。

将热力学两个定律用一句话来表达，就是“宇宙的能量总和是个常数，总的熵是不断增加的”。第一定律记录热力学系统在过程中能量的收入或支出，而熵却决定着过程是否能够自发进行和过程进行的方向和限度。

2.4.1.2 熵定律的本质

熵的原意是热量被温度除的商，相同热量时温度高则熵小，温度低则熵大。通过熵值的计算，可以判断自发过程的方向和限度。熵的本质内涵是变化，即热量转变为功的程度，熵小转变程度高，熵大转变程度低。孤立体系中，它是表示状态混乱度的函数，越是熵少的体系，其有序度越高，反之，其混乱程度就高[72]。学者杜维钧（1988）从哲学角度论述熵定律的实质是：凡涉及热现象的宏观自发过程都是不可逆的，过程所产生的效果无论用任何曲折复杂的方法都不可能完全消除，即不可能使系统完全恢复原状而不引起其他任何变化[73]。熵是从本质上揭示了资源耗费、环境污染的不可逆转性、不可再生性和稀缺性。资源的这种质的稀缺性，是人类生产发展的根本制约。

2.4.2 熵定律的表述

2.4.2.1 熵定律的相关概念

熵定律分析中，主要涉及以下 3 个相关概念：

（1）系统。系统是人们所观察和研究的对象[74]。是由一组相互依存、相互作用和相互转化的客观事物所构成的具有特定功能的整体，作为它的组成成分，相对来说被称为子系统[75]。系统可以分为 3 类：孤立系统（与外界既无物质交换又无能量交换）、封闭系统（与外界有能量交换但无物质交换）和开放系统（自由地与外界进行物质和能量的交换）。如图 2-17 所示。

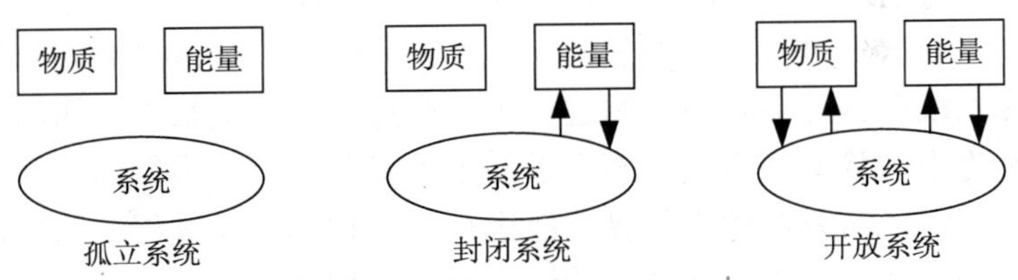

图 2-17　系统类型

若站在宇宙空间的角度来考虑，则地球虽然不是一个完全的封闭系统，但可以近似地将之看成是一个封闭系统。本书主要研究经济系统与资源环境的关系，所以，在上述界定的基础上，将经济系统看做一个开放系统，用图 2-18 描述各系统组织结构。

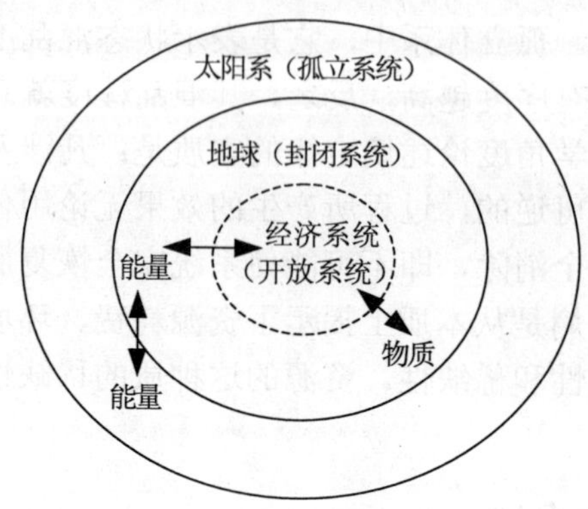

图 2-18　系统结构示意图

它的界线是活动的（用虚线表示），因为它随经济活动为经济体增加和减少原材料而变动。地球环境（经济体的生命维持靠它，生产的原材料供给靠它，废弃物的吸收靠它），可以看做是一个封闭的系统，因为它在得到太阳能并发射热量的同时，从周围空间得到的物质数量相对微小。相对地被广袤的星际空间所孤立的太阳系，从周围的环境中得到的能量或物质几乎没有，因此实际上可以被认为是一个孤立的系统。从这一角度看可持续发展问题，实际上是研究与地球系统相比经济系统该有多大[76]较为适宜的问题。

（2）自发过程。系统从某一状态变化至另一状态之间的全部经历称系统在该两端状态之间进行了一个过程。两端状态之间的一切状态为中间状态。系统若不需借助于外界而能自动进行的过程称作自发过程。需要借助于外界才能进行的便称非自发过程。例如，水能自动地从高处流向低处，故这种水流过程就是自发过程；但水从低处流向高处则必须借助于外界才能实施，故这样的水流过程即非自发过程。大自然中进行的一般是自发过程[35]。

（3）不可逆性。系统从初态 *A* 变化到终态 *B*，系统经历了一个 *A*—*B* 的过程。若能不论用什么方法或手段使系统再从 *B* 沿着原先 *A*—*B* 所经历过的所有中间状态逆复回 *A*，且系统与其外界都又完全回到了原来 *A* 态时的一切情况，好像 *A*—*B* 被 *B*—*A*“抹去”了，没有发生过一样而没留下任何一点变化或的痕迹或影响，便说 A—B 是一个可逆过程。否则，就是一个不可逆过程[74]。如图 2-19 所示。

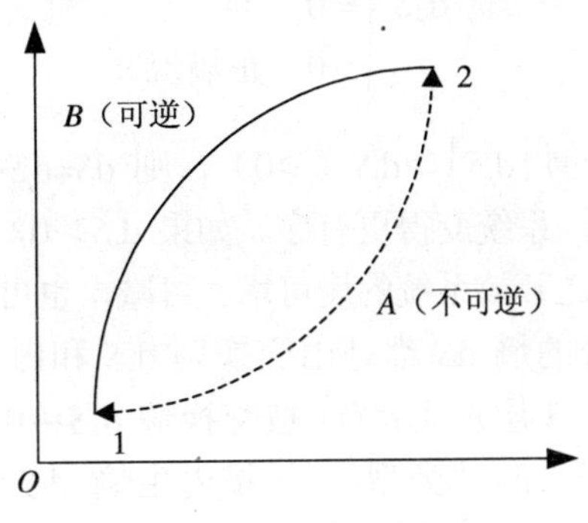

图 2-19　封闭系统不可逆

经济系统就是复杂的不可逆过程系统。

2.4.2.2 熵定律的数学表达

对于开放系统，熵的变化 dS 可以分为两个部分，见公式（2.1）：

$$\mathrm{d}S = \mathrm{d}_i S(\text{熵产生或内生熵}) + \mathrm{d}_e S(\text{熵流或交换熵}) \qquad (2.1)$$

式中 $\mathrm{d}_i S$ 是系统内部的不可逆过程所引起的熵产生，总有 $\mathrm{d}_i S \geqslant 0$；而 $\mathrm{d}_e S$ 则是系统与环境进行能量及物质交换时的熵流，$\mathrm{d}_e S$ 可为正、负和零。不同系统的熵的变化有不同的含义。

（1）孤立系统。孤立系统与环境既没有能量交换，也没有物质交换，故 $\mathrm{d}_e S=0$。因此，熵变动见公式（2.2）：

$$\mathrm{d}S = \mathrm{d}_i S \geqslant 0 \quad \begin{pmatrix} >0 & \text{自发过程} \\ =0 & \text{可逆过程} \end{pmatrix} \qquad (2.2)$$

这表明若进行自发过程，必引起熵的增加，直到达最大值。这就是孤立系统的熵增加原理。

（2）开放系统。对于开放系统，$\mathrm{d}_e S$ 项可正、可负或零，见公式（2.3）：

$$d_e S \begin{cases} <0\text{（负熵流）} \\ =0 \\ >0\text{（正熵流）} \end{cases} \tag{2.3}$$

如果 $d_eS<0$，且 $|d_eS|>d_iS$（$\geqslant 0$），则 $dS=d_iS+d_eS<0$，负熵流可使开放系统熵减少，系统变得更有序。如果 $d_eS>0$，则 $dS=d_iS+d_eS>0$，使系统更混乱。总之开放系统的熵可增、可减，也可以是零。

由于任何系统的熵 dS 都是由交换熵 d_eS 和内生熵 d_iS 组成的，按照熵定律包括的 3 层意思：① 按交换熵 $d_eS=0$ 还是 $d_eS\neq 0$，将系统分为封闭和开放两种类型；② 按内生熵 $d_iS=0$ 还是 $d_iS>0$，将系统分为平衡和不平衡两种形态；③ 将两者组合起来，系统分为下列 4 种结构形式：

静态结构：$d_eS=0$，$d_iS=0$

稳定结构：$d_eS\neq 0$，$d_iS=0$

耗散结构：$d_eS\neq 0$，$d_iS>0$

封闭结构：$d_eS=0$，$d_iS>0$

上述 4 种结构系统的熵按①②③④的顺序不断增加。从熵的角度来说，无论自然系统，还是人工系统都从属于这 4 种系统结构形式。平常人们所说的封闭系统即为①、④，其中①是平衡性封闭系统，表现为静态；④是非平衡型封闭系统，表现为混乱态。而人们所说的开放系统即为②、③，其中②是平衡型开放系统，表现为稳定态；③为不平衡型开放系统，表现为耗散态。

利用熵定律观察地球和地球上所进行的活动，就会对地球以及地球上的活动内容和活动过程有一个不同的认识。由于地球相对于宇宙来说是个封闭系统，地球的熵值不断增大，这意味着，有效能量不断减少。每当一件事情发生，一定的能量就转化成了不能再做功的无效能量，被转化成了无效状态的能量构成了污染。每当人的能量、机械能及其他能量创造出有价值的产品的时候，整个环境中便会出现更加严重的混乱，产生出更多的垃圾。就连我们制造的有用产品最终也会变成垃圾或多耗能量。

当一个开放系统处于非平衡稳定态时，其状态的特征是 $dS=0$，即 $d_eS=-d_iS$，因为这时系统内部由于不可逆过程产生的熵补充到外界的熵了，开放系统要与外界不断地变换能量和物质，生物体可以处在非平衡的稳定态中，这期间生物体不断发生着一些生命现象有关的不可逆过程。因此生物体内的熵产生项 $d_iS>0$，这时就必须有足够的负熵流向 $d_eS<0$ 供给生物体来抵消正的熵产生。生物体是开放系统，它能够不断地从外界吸取和积累能量，这时就产生负熵。动物从食物中取得的能量，绿色植物从阳光中获得的能量等都说明"生物赖负熵为生"。

2.4.3 熵定律的渗透

熵定律发展到今天，已经远远超出了最初严谨的科学应用，使一个单纯描述微观世界的热力学的物理概念，变成了一个自然与社会统一的概念。一些学者开始尝试在社会科学中引入熵概念，对社会问题进行分析；还有一些学者将熵理论用于经济资源环境问题的研究中。熵定律为我们揭示了一个浅显的真理：世界上发生的任何行为均会受到以前发生的行为的影响，就如现在发生的行为将会影响未来一样。现结合本书的研究背景：经济—人口—资源—环境这一主线，将学者的这些思想归纳如下 4 个方面，如图 2-20 所示。

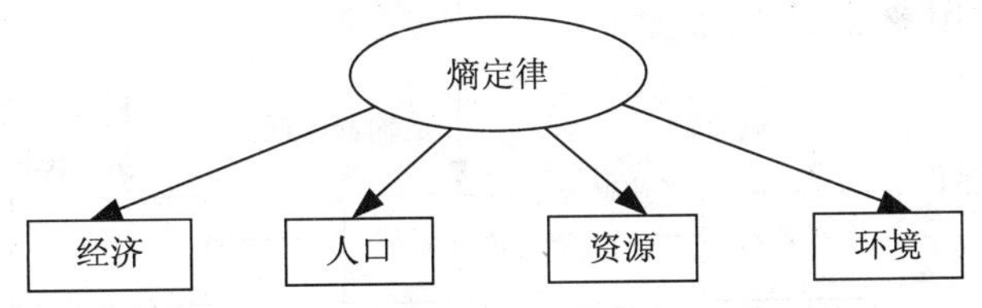

图 2-20 本书中熵定律的应用范围

2.4.3.1 经济增长中的熵定律

将经济增长分析中融入熵定律可以追溯到 20 世纪 20～30 年代。英国著名科学家索迪就提出要重视财富的物理侧面，主张把经济学的出发点放在热力学第一定律和第二定律的基础上[77]。但当时他的观点未引起重视。60 年代，美国经济学家鲍尔丁（Boulding，1966）将熵的概念应用到经济领域的研究。他将人类经济系统比作一个开放系统，这个开放系统与外界发生着物质、能量、信息的交换。他发现，“向经济系统输入的能量远远大于我们依靠现有技术从太阳或地球自身所能获取的有效能量，而这些补充的能源毕竟是可耗竭的。”[54]他提出了自然环境对社会活动的制约作用，明确了经济学的发展必须立足于自然环境与社会经济活动相统一的基础上。与此同时，罗马尼亚的著名经济学家尼古拉斯·乔治库斯罗根（Nicholas Georgescu-Roegen，1906—1994）把物理熵的概念引入到经济学当中[79]。他从物理学的熵概念出发，认为财富是在以低熵物能的消费为开端并以向环境排出等量的高熵物能为重点的流通过程中产生出来的。随后，将熵引入到经济学的研究越来越多。

国内有的学者（杨国政[78]，1992）用熵来看待经济停滞、市场疲软和通货膨胀，认为这都是经济熵值超过某个阈值的结果。人们无法避免这个熵增，所能做到的只是降低熵增的幅度。一些学者（朴昌根[80]，1992；于伟佳[81]，1992）则从再生产活动过程，根据每一个环节进行熵流的分析。人类社会的经济过程包括 3 个子过程：生产过程，流通过程和消费过程，在生产过程前还存在一个资源开采过程，每个过程都是导致“熵”增加的过程。笔者将这几个子过程熵流变化用图 2-21 显示如下。

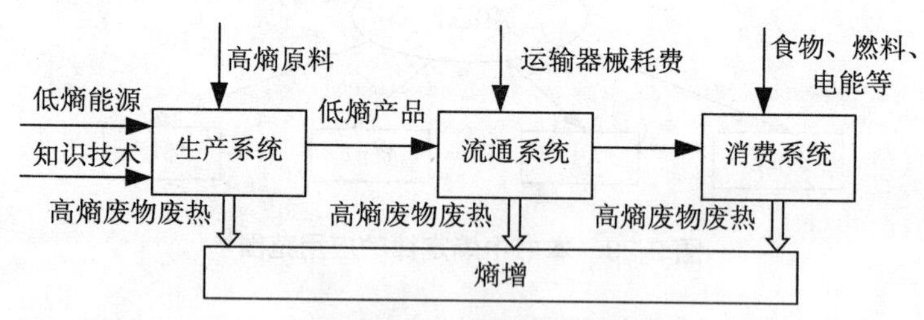

图 2-21 经济系统熵流图

在生产过程中，高熵的原料资源转化为低熵的产品，但是生产过程并不是减熵过程，而是增熵过程，因为生产过程的输入包括原料资源和低熵资源，生产过程的输出包括产品和废物废热，从而生产过程的熵关系式可写成如公式（2.4）。

$$S_{原料资源} + S_{低熵资源} < S_{产品.} + S_{废物废热} \tag{2.4}$$

在流通过程中，运输器械耗费大量的燃料和电力，运输器械与道路、铁路、海水、空气等的摩擦产生大量废热，从发电厂到用户的输电线上一部分电能变成废热等说明流通过程也是增熵过程。

在消费过程中，食物变成粪便、燃气变成废气废热和电能变成废热等都是典型的增熵过程。

若将经济发展的4个阶段从熵角度分析，其特点如表2-4所示。

表2-4 从熵原理角度分析各发展阶段的特点

阶段	狩猎-采集社会	农业社会	工业社会	后工业社会
主要能源	木材	煤炭	石油及核燃料	可再生能源
特征	经济增长和熵增加均极为缓慢	经济增长和熵增加加快	经济增长和熵增加均较快	经济增长缓慢，熵增加继续加快
熵时间流逝	几百万年	几千年	几百年	不确定

将这种特征用一坐标系表示，如图2-22所示。

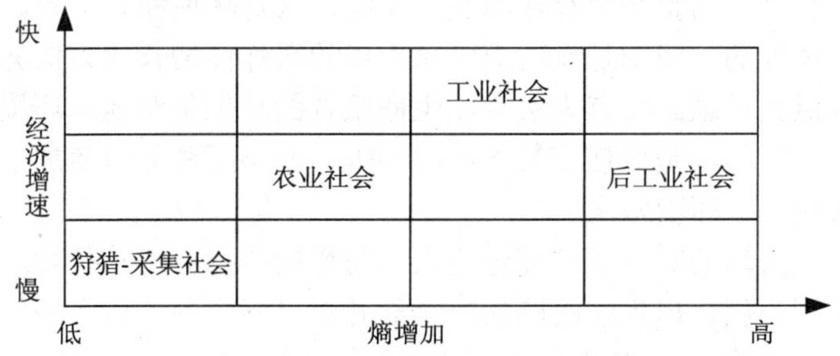

图2-22 从熵原理角度看各发展阶段特点

目前人类处在第3阶段，并且正在向第4阶段发展。人类曾经为从农业社会向工业社会过渡付出了巨大代价，而现今的工业社会如不采取适当措施来抑制熵增加，将付出更大的代价。可见，能源的不合理开发和利用，人类经济生活增加了熵，恶化了环境，危害了人类。

2.4.3.2 人口增长中的熵定律

世界人口的增加是地球熵值增大的主要原因。在地球封闭系统内，每一个生命都在耗散着有效能量，它从周围环境摄取有效能量使自身能够朝着与熵增过程相反的方向发展，即完全依靠制造周围环境的混乱来维持自身的秩序[75]。

学者袁嘉新（1998）认为，人类的繁衍增长过程本身就是转化、消耗地球资源的过程，也是吸收周围环境中的营养物质的过程。由于地球资源是有限的，周围环境中的营养物质是有限的，因此，人类的繁衍增长必须要由人类自身进行自觉的控制，否则人类将会随着周围环境中的营养物质的耗竭而衰亡[82]。

从每个个体生命来说，其生命成长过程是一个从无序变有序的过程，而同时也是在使其他的一部分生存环境从有序变无序的熵增加过程，每当他攫取其所需的热量时，都使一些物质最终变成垃圾，使资源中减少一部分有用能量。当一代人逐渐长大又逐渐死去时，这期间使巨大的有用化为腐朽，有序变无序，总熵由小变大。单个生命有序，而整个生存环境变得混乱，人对环境和地球资源的掠夺是破坏性的。特别是发展中国家人口的爆炸性增长成为世界熵增加作了巨大贡献。所有大量有序生命组合的结果是对地球环境资源的有序的吸收，是促使变为无序的动因，熵不可避免地增加了，生物圈被破坏，环境恶化了[83]。

从人均消耗资源角度论述人口与熵的关系。特别是发达国家，以美国为例，出生在美国的一个婴儿对世界资源的压力是发展中国家的 200 倍。尽管这些发达国家人口出生率低，但其资源消耗量却相当大。正如在本书第 1 章中分析的结果，美国虽然只占有世界人口的 4.6%，却消耗了世界 22.49%的初级能源。因此地球容量是个相对概念，如果按美国人的生活方式，那么全世界连 10 亿人也养活不了。若按发展中国家的生活方式却可养活 100 亿人[83]。所以，使得熵增的人口因素可以分为两个：① 人口绝对数的增加；② 人均消耗能源的提高。这种关系如图 2-23 所示。

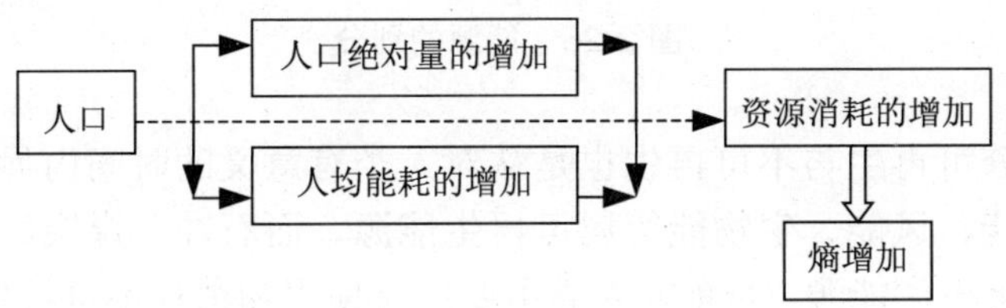

图 2-23 人口增长中的熵定律

2.4.3.3 资源消耗中的熵定律

（1）资源的分类。资源是指资财的来源，一般指天然的财源。本书研究中，从自然资源角度，将资源按照可再生性和可重复利用性划分，如图 2-24 所示。

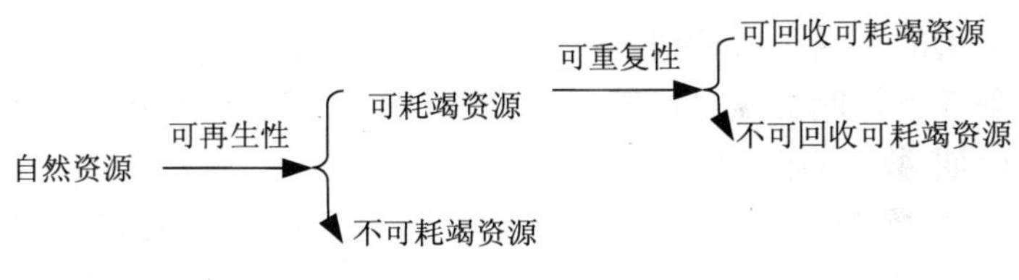

图 2-24 资源的划分

资源是人们社会生活、工作中可供使用的物资、材料及素材。按照其可再生性，可以把资源划分为可耗竭和不可耗竭资源，是假定在任何对人类有意义的时间范围内，资源质量保持不变，资源蕴藏量不再增加的资源称为可耗竭资源。

在本书研究中还会涉及能源的概念。“能源”即能量的来源，简单地说，能源是自然界中能为人类提供某种形式能量的物质资源。一些学者将其划分为两大类，如图 2-25 所示。

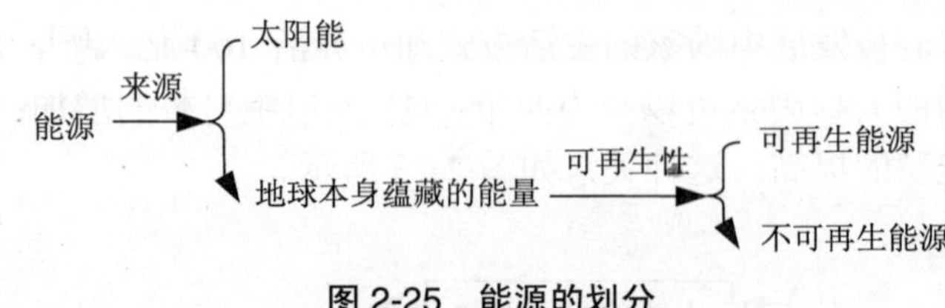

图 2-25 能源的划分

划分可再生与不可再生也是从对人类有意义的时间内界定的。例如水能、风能、生物能等属可再生能源，而石油、煤炭、天然气则属不可再生能源。目前，人类主要广泛使用和消耗不可再生能源。

（2）资源消耗中的熵定律。地球作为一个封闭系统，资源利用的转变过程与熵增过程是一致。人类经济系统的基本活动在于消费资源，生产出对人类有用的产品。学者张真（2006）从经济增长与资源消耗关系的角度，分析认为，由于经济的高速增长以及人们对科学技术的崇拜和放纵，世界上非再生能源和物质资料的耗散正在加速增大，两者的熵已经到了一个非常危险的水平。地球上的低熵物质（如矿物、森林等资源）总量是有限的，它们绝不是取之不尽、用之不竭的。当下我们研究问题的焦点，就是要在一定量的低熵资源的条件下，制造出尽可能多的低熵产品，排出尽可能少的高熵废物，以期节省有限的资源[84]。

学者于伟佳（1992）则从资源利用和资源的转变过程，分析熵增加的原因。从资源的集中地区通过市场等作用，使得资源优化地向一定的宏观区域分配，虽然这一转变并没有过多地涉及资源自身，但通过运输、储存等形式，还是使活动过程中的熵增大了。资源使用过程，是积极地利用资源所固有的转化能力的过程，这一次转变实现了资源所蕴涵着的潜在熵差能量，由“潜能”到“现实”，是典型的熵增过程。熵是热力学的一个状态量，由于利用资源的过程是一个综合的熵变过程，而不是孤立系统的简单熵增过程，所以，熵也可以在几种状态中相互迁移，最终使总体熵增大[81]。

从不可逆过程看，任何资源生产产品是一个不可逆转的过程，因为任何资源的耗费都不可能无代价地返回到原始状态，即资源不可失而复得。笔者将资源消耗过程中的熵的变动通过图 2-26 表示如下。

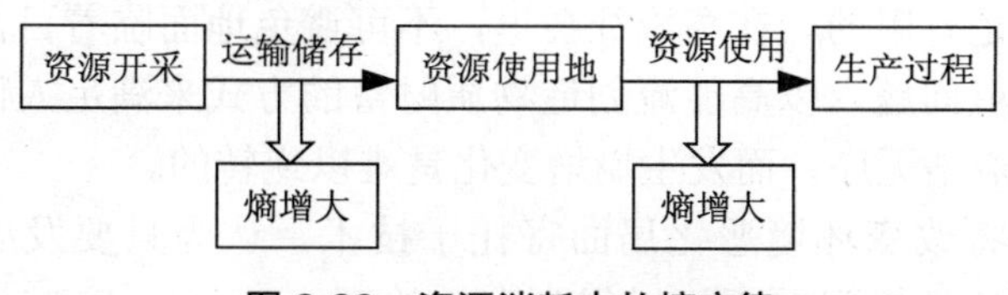

图 2-26　资源消耗中的熵定律

（3）启示。综上所述，现代工业社会消耗资源速度相对于资源恢复来看，是不成比例的。消耗这些物质的速度远远大于其恢复的速度。而人类要回收被耗散的物质（假如这些物质都能够回收的话），则需要以更大的能量消耗为代价，而这只能导致周围环境的进一步混乱和熵值的剧增。美国经济学家 Jeremy Rifkin 和 Ted Howard（1981）针对人类面临的能源危机设想了新能源的开发、稀有矿产资源的替代和物质资源的回收利用上。根据现有的技术水平，人类可以利用核能，但存在成本高、安全性差、处置难度大等诸多不利因素；利用较常见的矿产代替较稀有的矿产，又存在替代品不如被替代的材料那么有效，因此要完成某一特定功用，它需要更多的能量；回收物质资源是个不错的选择，但回收过程也是受热力学第二定律的制约，在某种矿产的回收过程中，它的一部分必然会不可挽回地损失掉，并且这一过程还会带来新的污染和消耗更多的能量[71]。

面对种种选择的障碍，Jeremy Rifkin 和 Ted Howard（1981）认为人们应当回到低熵社会，或低消耗社会，减缓地球上的熵增加过程。从某种角度看，这种低熵生产生活方式受到现有技术水平的制约和人们固有生活方式的抵触，但从可持续发展观点看，低熵生产生活方式的选择是不容回避的问题。

2.4.3.4 环境恶化中的熵定律

由于人口增加、经济快速发展，导致人类对资源需求量急剧上升，一方面，使得资源趋于耗竭，另一方面，由于人类向自然环境中排放过多的废弃物，使得环境容量趋于极限。社会物质产量的增加，在某种程度上是以资源和环境为代价换取来的，而资源与环境承载力却是有限的。在高熵社会里，不可避免地面临着日益恶化的资源与环境问题，以高能流创造物质财富的方式来满足人们的欲望必然导致熵增无序，而发生熵增变化是难以逆转的。

有人将改变环境恶化局面寄托于技术，认为只要发展适当的技术，一切环境问题都可以得到有效治理。Jeremy Rifkin 和 Ted Howard（1981）是这样看待技术的。他们认为，技术不仅不能创造，而且还要耗费有效能源。一种技术的规模越大，技术本身就越为复杂。它所消耗的有用能量也就越多。技术无非是转换器而已。技术现代化的进程越快，能量转化的速度也就越高，有效能量的耗散得越多，混乱程度也就越大[71]。

的确，人类的活动对环境的负面影响越来越引起各国政府的重视，并采取措施治理污染，但是，不容忽视的问题是，在污染治理过程中都要耗散另外的有效能量。这种局部环境污染通过治理得到的环境效益和社会效益，都使其他地方消耗了更多的有效能量，从而使整个环境熵的总值增加得更多。图 2-27 显示环境中熵增的内在联系。

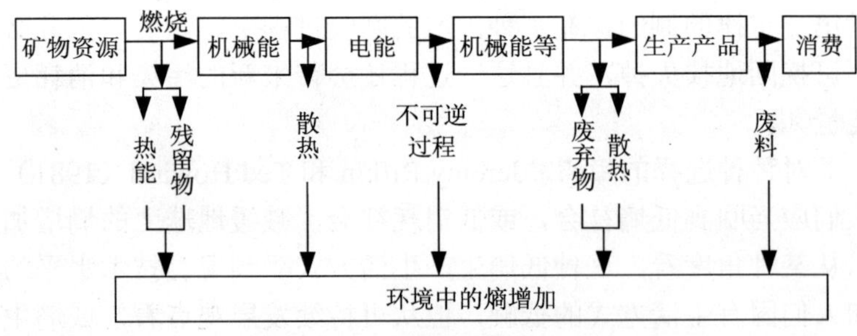

图 2-27　环境中熵增加的来源

这是一个较为完整的人类活动过程图示。人类首先开采矿物资源，通过燃烧变为机械能，此时获得部分负熵，同时通过热能的耗散和燃烧残留物的排放，进入到环境中，导致环境的熵增；再将机械能转换为电能，付出的代价是由散热引起的环境熵增；接着将电能转换为变成机械能、光能、热能等，而这一过程为不可逆过程，是典型的熵增过程；再后，利用这些能量生产产品，由此形成散热和废弃物并排放到环境中，形成对环境的污染，并使得环境熵增发生。因此，从这一变化周期过程看出，最初采出的不可再生的资源全部变成了“高熵废料”永不逆还，致使自然环境中的熵永远增加。

2.4.4 熵定律的思考

根据上述分析，人类虽然不能改变人类活动造成的不可逆转的熵增，但可以改变熵增的幅度和速度。从宇宙角度看，地球是个封闭系统，对于其自发过程的熵变化，$\mathrm{d}S>0$，即熵增原理；对于经济系统这样一个开放系统，$\mathrm{d}S=\mathrm{d}_iS+\mathrm{d}_eS$，由于 $\mathrm{d}_iS>0$，而 d_eS 可正、可负、可为零，所以 $\mathrm{d}S$ 的变动方向主要取决于 d_eS。熵增意味着不能转化为功的热能[85]，减缓熵增的速度途径有两条：一是降低 d_iS，即降低熵产生；二是增加负熵流的流入，即加大 $-\mathrm{d}_eS$ 的绝对值。具体在经济活动中从以下两方面入手以实现这一目标。

2.4.4.1 降低 d_iS 的途径

经济系统可以看做是一个开放系统，在开放系统中由于 $\mathrm{d}_iS>0$，如何减小 d_iS 达到降低 $\mathrm{d}S$ 的增速。

降低 d_iS 的途径之一是适当降低经济发展速度　学者龚建国（2004）主张降低经济发展速度，以减少 d_iS 的数值，为此提出“中速”发展的建议。他认为高速发展常常是以资源与环境的大量耗损为代价的，由此造成的生态严重失衡经常会难以预知和弥合。特别是我国有 13 亿多人口，人均耕地面积仅为世界平均水平的 1/2，人均林草地面积只有世界平均水平的 1/5，且农业后备资源不足，其他资源的人均水平也较低，而我们又无足够的能力从国际市场上取得经济发展所需的足够资源。这样，通过牺牲大量稀缺资源来推动现代化发展的战略，是不合理和不切实际的[86]。

降低 d_iS 的途径之二是开源节流　学者张卓德（1990）从开源

节流角度以达到减少熵增的目的。开源主要是指开发、研制和利用新的能源。他相信科技的作用，但这需要时间。于是提出节流的问题。节约使用现有能源，控制有效能量的随意流失和消耗[87]。学者李丹（2005）把节约的观念提升为世界观的认识，是因为从熵定律上讲，节约是对熵化的减慢[88]。当今重提节约，它体现了对自然界的善待，关系到人类的长远利益。特别是对资源的浪费现象，它会加速有限的自然资源的消耗速度，减少或从根本上杜绝浪费资源，对缓解地球熵值递增十分有益。

降低 d_iS 的途径之三是降低人口数量 学者滕业龙（1992）从人口角度论述了减熵的可能。他注意到世界人口的增加是地球熵值增大的主要原因，有研究数据表明，食物链的每一个环节，平均仅有 10%～20%的有效能量被吸收后留在体内，再被转化到食物链的下一个环节，而占吸收有效能量的 80%～90%的有效能量则完全被浪费，并以热量或功的形式损失在生物圈以外了。据测算，仅维持一个人活着每年就要消耗大约 1 000 t 青草所蕴藏的有效能量[71]。针对发达国家与发展中国家存在的差异，提出对发达国家应尽量降低人均耗能水平，而对于发展中国家，应有效控制人口数量的增长。

降低 d_iS 的途径之四是改变经济发展模式 学者钟海燕等（2004）从经济发展模式的改变来实现熵减或保持熵值稳定[89]。提出建立循环经济模式，组成“资源—产品—再生资源”的物质反复循环流动过程。通过建立废弃物循环系统，使废弃物不断纳入新的生产体系中，就等于从环境系统向社会经济系统输入了负熵流，既可延缓熵值的增加过程，又增长了社会的物质财富，提高系统的有序性。

2.4.4.2 增加 d_eS 绝对值的途径

按照热力学第二定律，系统由有序进入无序的状态，称为熵值增加。反之，系统由无序走向有序的状态，称为负熵值的增加。当一个系统与外界交换物质、能量、信息后，若系统的总熵减小，或者系统的总熵保持不变，或者系统的总熵变小于系统内部的熵增时，就可断定该系统产生了负熵流[89]。

增加负熵流的途径之一是利用生物运动　物质存在的 5 种方式中，物理运动、机械运动、化学运动、原子运动的一些规律已被人们所了解，利用它们将不可再生资源变成有序负熵的商品同时，人类又不得不生产了大量的正熵废物，造成危害。而对生物运动人类尚未充分认识，有许多生物现象的奥秘待揭示。如果在生命科学方面有所突破，就会实现以最小代价获取"负熵"了。

增加负熵流的途径之二是改善企业管理模式　学者柳士顺（2006）则是从企业管理角度说明企业对负熵流引入的问题。他认为，在企业的实践之中，正熵的生成在某种程度上带有自发性与主动性特征，甚至可以认为，在企业之中，正熵的产生是企业运行的一个必然结果：只要存在有企业的经营管理，就一定会产生不利于维持企业经营管理秩序的正熵。但企业负熵的产生并不如此。企业要想生成用于抵消正熵并以此来强化企业管理的有序度的负熵，则必须依赖于人为因素的强制作用。因此，负熵的导入带有明显的强制性。在企业中，有助于负熵增加的措施有：建立创新机制；加强对外的交流等[90]。

2.4.4.3 对循环共生的再认识

通过上述分析，笔者对第 1 章中所分析的经济、资源、环境等问题进行了新的审视，进一步提出为了达到人类经济系统中减缓熵增的目标，就要改变传统的生产模式，建立新的经济运行模式，就是循环经济。以熵原理的视角，对循环经济的运行路径及其目标有了一个新的认识。

（1）对循环经济物质循环路径的再理解。熵增原理的一个先决条件是运行体的不可逆性。正如前面分析的结果，人类社会经济运行是一个不可逆的演化过程，不断地从一个阶段发展到另一个阶段。循环经济运行同样也是不可逆过程，在物质资源循环利用过程中，各个循环环绕组成的是一个不可逆转的非完全循环过程，熵增大明确地指出了这一方向。如果将循环经济中物质循环模式用一条路径描述的话，这种路径不是一个个周而复始的圆圈，而是一条带有方向性的不断延伸的波动曲线，后一个循环过程不是前一个过程的简单重复。这是经济运行的不可逆性所决定的。以循环经济运行模式为例，从不可逆运行过程看，应将循环经济物质循环轨迹描述，如图 2-28 所示。

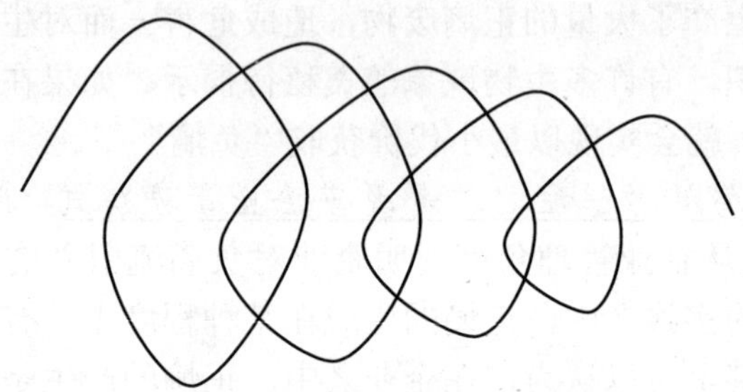

图 2-28 循环经济物质循环轨迹

图中的环并没有真正环起来，而是类似一个螺旋曲线，正是这一螺旋曲线，显示了物质循环轨迹的延长以及整个对外排放形成熵增的降低。

（2）对循环经济物质利用能级的再理解。循环经济运行模式的主要特点是资源耗费的减量化和资源利用的循环化。特别是作为循环经济在区域层次上的实践模式——EIP，强调园区企业间的资源与废弃物构成的循环链或循环网。一个理想的 EIP 的运作模式应该是企业和企业之间的资源利用的上下游关系，最大限度地减少向园区外排放废弃物，达到资源利用程度的最大化。毫无疑问，这种链状园区企业合作模式会在一定程度上实现这个目标，但从循环物质实际利用级别看，这种逐级利用的物质呈现的是一种“降级循环”。所谓“降级循环”是指园区下游企业在利用上游企业提供的副产品作为本企业的原料使用时，从某种程度上看，降低了该副产品的原有质量，若要恢复其原有的质量水平，一是现有技术很难做到，二是即使能够做到，要耗费更多的资源，并形成更高的熵值。比如，塑料在回收利用时，往往产生一种质量较低的混合物，这种混合物接着被制成某种难以归类和价格低廉的东西，诸如公园长椅或者减速路脊。所以笔者根据上下游企业循环利用物质质量水平，将这种循环利用分为 3 种：升级循环、等级循环、降级循环。本章前面提到循环经济再循环，根据目前的技术水平，大多指的就是这种降级循环利用。

（3）对循环经济目标的再理解。循环经济是指以资源的高效利用和循环利用为目标，其目的是通过资源高效和循环利用，实现污染的低排放甚至零排放。我们可以从时间角度理解循环经济的目标。如果世界上的资源消耗得越快，世界上所剩下的使用资源的时间也就相应的越来越少了。也就是说如果我们增加资源的消费，我们不但不能节省时间，而且会更快地失去时间。虽然我们无法逆转时间或熵的过程，然而我们可以运用自由意志来决定熵的过程的发展速度。人类在这个地球上的一举一动都直接影响到熵的过程的缓急。我们可以通过对自身生活与行为方式的选择，决定世界上有效能量的耗散速度[71]。如果我们能够做到这一点，能够给自然再生过程以足够的时间来医治我们给地球带来的创伤，那么人类和其他所有形式的生命在这个地球上居留的时间就能更长一些[71]。

笔者从熵定律角度说明循环经济的目标，如果将图 2-28 中的螺旋状物质循环路径拉长，其目的就能够清晰地显示出来。物质循环路径的延长可以表明物质的反复利用，同时也说明了其使用时间的延续。正是这种物质能量的多次利用形成的延长路径，在地球资源有限的大前提下，延缓了资源耗竭的时间，同时也赢得了人类到达资源耗竭之前开发出新能源的宝贵时间。正如 Jeremy Rifkin 和 Ted Howard（1981）所提醒的那样，资源总量的多少我们是无法改变的，能够改变的是我们利用资源的方式与时间。所以从这个角度看，循环经济的目的就是延长物质资源的使用时间。

2.5 本章小结

本章对 EIP 相关理论研究进行了较为系统的综述。之所以企业间可以通过共生形式组合在一起，构建模拟自然生态系统的工业生态系统，是因为内外部因素制约共同作用的结果。通过对企业共生理论和产业生态学理论的论述，梳理出企业的内部驱动因素，即企业自身利益的驱动。无论企业采取何种形式，首要条件是企业要获利，而借助企业共生，构建工业生态系统恰好是实现了企业这一目的，并且在实现这一目的的同时，起到了减缓对大环境压力的作用，可谓是一箭双雕。通过对循环经济理论和熵定律的论述，阐明了企业的外部制约因素，即资源储备与环境承载力的有限性的制约。人类生产生活活动的结果总是使得熵增，熵增的极限是地球出现“热寂”，这或许离我们十分遥远，但按照循环经济理论，要考虑代际公平，从熵定律角度重新理解循环经济的含义和目标，就是延缓资源耗竭的时间，赢得人类到达资源耗竭之前开发出新能源的宝贵时间。

第 3 章　生态工业园区起源与发展研究

劳爱乐（Ernest Lowe）在其所著《工业生态和工业生态系统》中有这样一段描述：阿波罗飞船登月这一创举，使人类有机会从月球上观看地球。通过电视，数以百万计的人们身临其境般地看到我们的家园——地球，像广袤空间中的一个孤岛。从中我们体会到，在这个“孤岛”上，我们无法扔弃我们制造的废物，并且我们家园的资源的确是有限的[92]。基于此，人们开始做各种尝试和实践，以寻求可持续发展。建立 EIP 的生产模式，就是这种实践中缓解人类经济发展与环境资源矛盾的有效途径，已经被越来越多的国家、政府和企业所认可和采纳。笔者从 EIP 起源入手，分析 EIP 的含义及各国的实践情况，在此基础上，对 EIP 的发展障碍因素进行探析。

3.1 生态工业园区起源

3.1.1 工业园区的演变

EIP 的建立和发展是建立在工业园区基础上的。工业园区（Industrial Park，IP）是“二战”后一些发达国家为发展经济、改善城市布局，所采取的一种重要的园区建设方式。根据联合国环境署工业与环境中心技术报告中对工业园区的定义，认为工业园区是一种包含工业性质企业的限定地理区域，这些企业可以是类似的或各异的、最新型的或相对不尖端的，但其基本要素是，该工业区是由一个有管辖权的单一主管当局管理的。我国学者王辑慈（1992）从企业地理学角度，研究工业园区空间区位的形成和变动，是价值链把每个企业看做在设计、生产、销售过程中所进行的种种活动的集合体[92]，将它们相互串联起来，形成包含若干类不同性质的工业企业的相对独立的区域。这些串联起来的工业企业，位置相对集中，可以最大限度地减少区划的问题，并把活动集中在规划区内，降低了基础设施和公用事业的成本，而且各种互补性工业企业和服务企业可以对周围地区产生放大器效果，从而进一步刺激经济发展。

我国工业园区随着经济体制改革，从数量和规模上都有较快的发展，其活动范围主要在经济开发区范围内。自 1980 年，批准深圳、珠海、汕头、厦门 4 个城市建立经济特区，随后逐步扩展到东南沿海沿江一带，进一步向内陆城市实行对外开放。伴随着开放城市的增加，各类经济开发区也得到迅速的发展，开发区内企业数呈现直线上升趋势，见图 3-1。

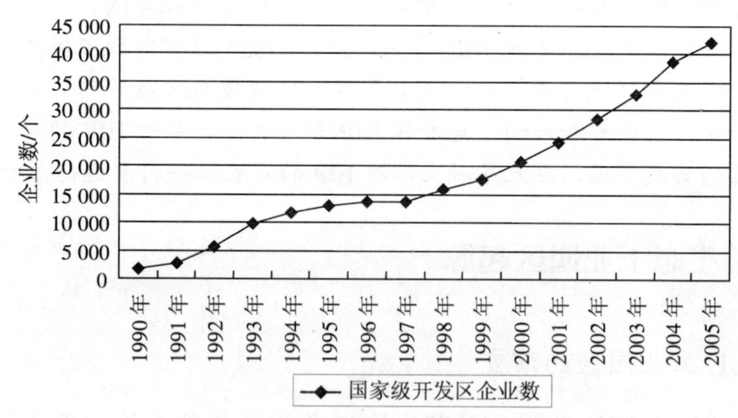

图 3-1 我国国家级开发区企业数

资料来源：中华人民共和国科学技术部网站。

目前，全国经国务院批准的经济技术开发区有 232 个，省级批准的有 1 019 个，国家级开发区企业数由 1990 年的 1 652 个，增加到 2005 年的 41 990 个，年均增速为 24%，其中有相当的部分为工业园区。

工业园区的开发与建设是许多国家经济发展战略的重要组成部分，对该国经济发展发挥了巨大作用。然而，它也存在许多弊端。加拿大学者 Raymond Cote 和 J.Hall（1995）认为工业园区的生产模式是利用原材料生产销售的产品外加扔弃的废物[93]。美国学者 Audra J.和 Potts Carr（1998）认为，由此造成比较突出的问题是资源利用的浪费而带来的环境和经济成本的提高[94]。我国学者王豪（1991）从工业园区发展与环境生态问题之间的关系分析，认为二者是相互影响制约的[95]。学者 Sumita Majumdar（2001）从有限的观念出发，认为地球不论是从原材料的拥有数量还是对污染废弃物承受能力上，都是有限度的[96]。相对这两方面的限度，目前经济发展模式是不可持续的。

3.1.2 工业生态系统的建立

资源的枯竭与环境的不堪重负，迫使人们不得不另辟蹊径。在本书 2.2 中论述的产业生态学是将工业系统预想为生态系统的一种特例，因为在本质上，不论是生态系统还是工业系统，都是按“取自环境—生物体（企业）—返回环境”的方式运作，表现为物质、能量以及信息的流动与储存，是一种代谢过程。不仅如此，工业系统是建立在生物圈所提供的资源和服务的基础上的。因此，把生态系统的含义从自然推及人工系统，将工业系统（所有同产品和服务的生产和消费有关联的活动）视为工业生态系统（Industrial Ecosystem，IE），是生态系统的一个子系统，是一个合理的类比和推论。

上述的产业生态学从概念、理论到实践，完成了这一从相互割裂的工业与环境关系到相互联系的工业与环境关系的转变。生物圈是我们所知的复杂生命系统中唯一能持久生存的例子，所以，研究和模仿自然生态系统的运行是符合逻辑的。

因此，从某种程度上说，正是工业生态学催发了生态工业园，而传统的工业园又为生态工业园的构建提供了“外壳”，催生了这种新型的工业组织形式——生态工业园的诞生。它既是工业生态学具体实践应用的结果，也是生态工业的实践，更是实现生态工业的最佳组合模式。

在人类生存的“孤岛”上，与我们密切相互的生态系统依旧保持其固有的稳定与平衡状态。在自然界中，一种生物的废物就是另一种生物的养料。营养物质是在不停地循环之中。如何把这样一种运动方式尽可能好地移用到经济模式中[1]，笔者将人类经济运行系统与自然生态系统进行对比，观察其异同点，从中获得启示。

3.1.3 工业生态系统与自然生态系统的类比

在企业生产产品的整个生命周期中，与不同方面都会产生关联。Graedel 和 Allenby（1994）认为，从企业材料供应商到商品使用者，以及到最后商品的废弃，企业要与不同的合作者、消费者、环境等存在着错综复杂的关联[97]。人类这种生产与消费方式，从资源消耗角度看，是一种线性模式。而在生物系统中，一些有机体利用阳光、水和矿物质生长，并产生自身的废物。这些废物又成为其他生物体的食物，其中一些生物体将废物转换为矿物质被初级生产者使用，还有一些生物体在复杂的加工网络中相互消耗，其中产生的任何东西都被其自身代谢所使用[98]。若将工业系统中每一个加工和网络环节看做是一个更大总体相互依存的一部分，将这种工业企业的关联与自然生态系统资源消耗循环模式进行类比，会发现两者的异同，以期从模拟自然生态系统运行模式中获益。

3.1.3.1 与自然生态系统的相同点

（1）食物链的类比。在自然系统中，物质、能量通过绿色植物（生产者）、动物（消费者）和微生物（还原者）循环流动。植物所固定的能量通过一系列的取食和被取食关系在生态系统中传递，这种传递关系称为食物链。

工业生态系统中，同时存在的多种资源通过类似于生物食物营养联系的生态工艺关系相互依存、相互制约，这就是“工业生态链”。它既是一条能量转换链，也是一条物质传递链。能源流和物质流沿着“工业生态链”逐级逐层次流动，原料、能源、废物和各种环境要素之间形成立体环流结构，能源、资源在其中反复循环获得最大限度地利用，使废弃物资源化，实现再生增值。表 3-1 将自然生态系统食物链与工业生态系统食物链进行对比。

表 3-1　自然生态系统食物链与工业生态系统食物链的比较

参加者	自然生态系统	工业生态系统
生产者	利用太阳能或化学能将无机物转化成有机物，或把太阳能转化为化学能，供自身生长发育需要的同时，为其他生物种群（包括人类）提供食物和能源。如绿色植物、单细胞藻类等	初级：利用基本环境要素（空气、水、土壤岩石、矿物质等自然资源）生产初级产品，如采矿厂、冶炼厂、热电厂等 高级：初级品的深度加工和高级产品生产。如化工、肥料制造、服装和食品加工、机械、电子产业等
消费者	利用生产者提供的有机物和能源，供自身生长发育，同时也进行有机物的次级生产，并产生代谢物，供分解者使用。如动物（草食、肉食等）、人类	不直接生产“物质化”产品，但利用生产者提供的产品，供自身运行发展，同时产生生产力和服务功能等，如行政、商业、金融业、娱乐及服务业等
分解者	把动植物排泄物、残体分解成简单化合物，再生以供生产者利用。如分解性微生物、细菌、真菌及微型动物等	把工业企业产生的副产品和“废物”进行处置、转化、再利用等，如废物回收公司、资源再生公司等

资源生产部门在功能上相当于生态系统的生产者。正如生态系统的初级生产者——绿色植物通过光合作用为整个生态系统提供最

初的能量和食物来源一样，资源投入部分为工业生产提供了动力和原材料来源。当然，某一个工业生产系统资源常常是另一个工业生产系统的产品。

加工生产部门在功能上相当于生态系统中的消费者。其作用是将资源生产部门提供的初级产品加工转换成满足生产和生活需要的各种工业品。

还原生产部门在功能上相当于生态系统中的还原者。其主要作用是将各种污染废弃物质再资源化，或得到无害化处理，或者再被加工转换成某种新的产品。还原生产可以表现为某一工业流程，也可以存在于某一种产品的整个生产过程，或表现为某一工业企业的环保部门和综合利用部门[99]。正是由于存在这 3 种不同的身份，使得系统中的物质循环和能量流动得以实现。

（2）发展类型的类比。自然生态系统可以分为 3 个发展阶段，或称为 3 类生态系统，现将自然生态系统各阶段特征类比工业生态系统模型，观察在工业生态系统发展的 3 个阶段的 4 种相互的关系模式，见表 3-2。

表 3-2　自然生态系统食物链与工业生态系统发展阶段的比较

类型	自然生态系统	工业生态系统
Ⅰ级	资源丰富，生命体少，对可使用资源没有造成影响[98]，见图 3-2A	传统工业生产模式
Ⅱ级	材料流动是大量的，但是，出入这个范围的流量有限，物质流动加大，单向，系统“渐衰”[98]，见图 3-2B	末端处理模式
Ⅲ级	完全循环，资源与废物的概念不再对立[98]，见图 3-2C	理想的工业生态系统模式，见图3-2D

将自然生态系统 3 种类型与工业生态系统 3 种模型对比，用图形加以描述，见图 3-2。

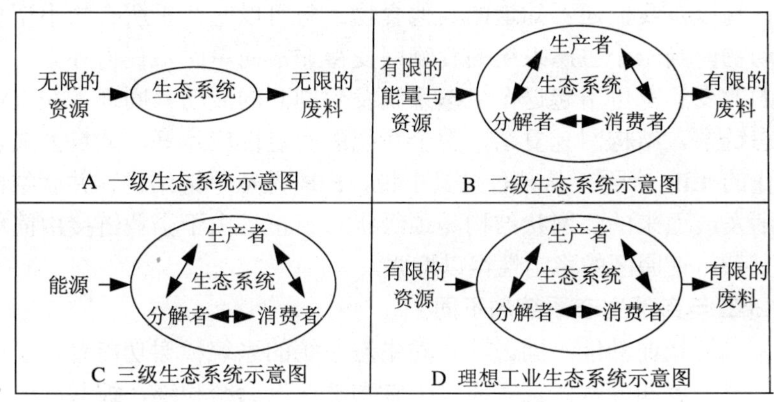

图 3-2　各级生态系统

资料来源：柯金虎.工业生态学与生态工业园论析.科技导报，2002（12）：33-35。

图 3-2D 中显示了理想工业生态系统的模式。此模式由两个系统构成：工业子系统和嵌入工业系统的母生态系统。输入这个系统只是来自太阳的能源，输出系统的只是废热。输入到工业系统只包括可再生资源和可循环物质。从工业系统排放到自然系统的产出只有让自然界承受或在其自身运作过程中再利用了[100]。

（3）共生需求的类比。生态系统内的各要素之所以能组成一个系统是因为各要素均有着自己的“需求”[101]。狼吃掉兔子是为了自己的生存和繁衍，而不是为了控制兔子数量的多少以保持草场不至于因过度被啃食而退化。同样，在一个工业生态系统中的各个企业的存在目的主要不是为了吃掉另一个企业的废物从而减少进入环境的垃圾量，而是为了减少自己的经营成本，其根本的或者说是主要的目的在于降低成本，从而能更好更有利地占领市场。两者在共生中求得自身生存的前提下，获得了对“他人”的有利，这一共生的副产品，正是工业生态系统所寻求的目标。

（4）稳定性规律类比。无论是自然生态系统还是工业生态系统，其食物链链接简单者脆弱，链接越复杂，系统抵抗外力干扰的能力越强。自然界中极少有消费者仅仅以一种生物为食。蛇吃青蛙、老鼠、鸟以及我们还不知道的其他食物；狼可以吃几乎所有的小型食草动物。当一个生态系统的食物网变得非常简单时，任何外力（环境的改变）都可引起这个生态系统发生剧烈的波动。同理，在工业生态链中，结构网越复杂，整个系统的稳定性应越好，从目前成功运作的 EIP 来看，从某种意义上说，EIP 是从单链结构、并联结构逐渐发展而来的，网状结构是顶级状态。正是由于企业链接由简单到复杂，使园区的稳定性得以增强。

3.1.3.2 与自然生态系统的不同

（1）代谢功能不同。从自然生态系统的系统代谢功能看，生产者、消费者和分解者三者通过“食物链网”紧密相连，彼此间的物质传输仅需要少量能量。而在目前的产业生态系统中三者基本上是分离的，在物质传输与转换中需要消耗大量能量。如果从能流、物流的流量看，在自然生态系统中主要能流、物流直接从生产者到分解者进行循环，而仅有少量通过生产者—消费者—分解者进行循环。分解者在自然生态系统中起着非常重要的作用。而产业生态系统中，最大的物流、能流则是通过生产者—消费者进行单向传输，循环再生者的作用微乎其微，消费者在产业生态系统中起着核心作用[40]。

（2）制约因素不同。工业生态系统生态不仅受到生态学规律的约束，同时还受经济学中市场规律的制约。工业生态系统中的企业不仅要考虑到原材料是不是使用了其他厂家的废物而对环境有利，还必须要考虑到生产的产品是否能卖得出去以及卖了什么样的价格从而对企业的生存与发展有利。一个生态学上合理而经济学上不合理的工业生态系统是无法存在下去的。EIP 中各个企业存在的目的不是为了吃掉另一个企业的废物从而减少进入环境的垃圾量，而是为了减少自己的经营成本，从而能更好地占领市场。只有在市场上有立足之地，企业才有生存的可能，才能保持系统稳定。

（3）人为参与的不同。工业生态系统的具体运作有人的参与，利用人类的聪明才智对科学技术工业园区进行有计划地设计改造，使之合乎人的目的，过程中贯穿了人为因素，保持系统的稳定性需要政府的支持、法律的支撑，还要有良好的商业信誉。园区内企业、政府和社区之间有着紧密、高效的合作和交流关系，企业间的物流交换是以市场经济规律性为依托，以诚信为保证，对希望购买或售卖废物的个人和商家保持良好的通达性[102]。这点与自然生态系统也是有差异的。

综上所述，工业园区为 EIP 建立提供了条件，自然生态系统有效的模式为 EIP 提供了借鉴。建立 EIP 可以在很大程度上解决工业污染和提高资源效率的问题。在 20 世纪 90 年代以后，生态工业园项目开始在世界各地出现，成为工业园区发展领域的新主题。

3.2 生态工业园区发展

3.2.1 生态工业的含义

EIP 是在生态工业研究的基础上建设并发展起来。人们对生态工业的关注为时不短。在过去的几十年里，人们尝试着建立生态工业，但都无果而终。直到 20 世纪 90 年代初，一些工程师联手美国国家工程院又开始了对生态工业的研究探讨[103]。

众多学者对生态工业的定义一致认为是 Frosch R.A. 和 Gallopoulos N.E. 在《管理地球生产策略》一文中首先提出的。文中写道，在工业活动的传统模式中，个体生产过程投入原材料，生产出用于销售的产品和扔弃的废物，应将这种模式转变更加集中的模式——工业生态系统。在这一系统中，可以优化能源和材料的消费……一个生产过程流出的能源和材料被用作另一生产过程的原料[104]。随后，关于生态工业的提法越来越多。1997 年春季，美国麻省理工学院出版了《工业生态学》杂志，这是世界上第一本专门介绍该学科的学术刊物[105]。2000 年成立的工业生态学国际学会认为，工业生态学提供了一个强有力的多视角工具，通过它，可审视工业和技术的影响及其在社会和经济中相关的变化。工业生态学是一个正在形成的领域，它研究产品、过程、工业部门和经济活动中的原料和能源在局地、区域和全球范围的使用与流动，它关注工业通过产品生命周期及与之相关的问题在减少环境负荷方面的潜在作用[106]。

其实，我国学者早在 20 世纪 70 年代，就对人类活动对环境造成的影响有所论述。学者余谋昌（1979）根据我国的做法，分析了改造自然的得与失[107]。我国学者在 80 年代初，从生态工程角度提出向生态系统学习的想法。学者马世骏（1983）通过分析生物群落对自然资源利用的高效率，把自然生态系统中此种高经济效能结构原理，应用到工农业生产系统中，在保护生态环境的前提下，充分利用某些自然资源，模拟生态系统原理建成生产工业体系[108]。从中就包含了生态工业的思想。

近几十年来，国内外学者从不同的角度定义生态工业，笔者将国内外学者对生态工业概念归纳如表 3-3 所示。

表 3-3 生态工业概念的归纳

提出者	时间	内容
Frosch R.A. et al.	1989 年	在工业活动的传统模式中，个体生产过程投入原材料，生产出用于销售的产品和扔弃的废物，应将这种模式转变更加集中的模式——工业生态系统。在这一系统中，可以优化能源和材料的消费……一个生产过程流出的能源和材料被用作另一生产过程的原料[104]
C. Kumar N. Patel	1992 年	生态工业最好定义为在不同产品和环境工业活动之间关系全部或范式。传统生态活动关注工业活动和环境之间两方面相互作用——过去和现在。生态工业，是从系统观点观察未来的环境[109]
Graedel，Allenby et al.	1993 年	经济系统不再被看成孤立于环境系统，而是位于其中。在工业运作中，一个企业寻求从为开发原料到原料的消耗、到零部件、到生产、到副产品、到废弃物全过程的优化，被优化因素包括资源、能源和资本[98]
席德立	1993 年	无废工艺是从物质转化的角度出发，以原料的综合利用为中心，考察原料开发—产品设计—生产—消费—回收二次资源的全过程，实现物料在各个可能层次上的闭合循环[110]

提出者	时间	内容
Graedel，Allenby	1994 年	生态工业意思是人类能够自觉理性地采取措施，保持一个理性的承载能力，得以经济、文化和技术改革的可持续性。工业系统与其环境系统紧密相连，像生物系统一样，所有的材料都可以用不同的形式，以极高的效率再利用[97]
Lowe，Ernest，et al.	1996 年	生态工业是设计和运作工业系统的环境。它在寻求日益显露的局部和全球生态制约条件中的环境和经济的平衡。它支持产品加工的生命周期的平等设计[111]
王如松	1998 年	工业生态的特征：① 它是一种系统观；② 它强调一种整体观；③ 它提倡一种未来观；④ 它倡导一种全球观[112]
Reid Lifset	1999 年	生态工业是至少有两种生态理念。首先，这一领域看似用于工业活动模式的非人工“自然”生态系统。其次，生态工业将人类技术活动——最大限度的工业——在更大的生态系统支持背景下，检测社会中使用资源的来源和化解废物的接纳量[113]
Knut Erik Solem，et al.	1999 年	对于公司，生态工业可以获得经济和环境短期收益，长期的可持续性需要改变，这种改变比增量进步更具有深远意义，增量提高是目前生产方法和生产系统能够带来的[114]
Braden R. Allenby	1999 年	生态工业是对工业和经济系统以及以自然系统为基础相关联的交叉学科的研究，是对全部经济活动的系统观察，经济活动包括消费者和生产者行为以及对自然系统在时空范围的影响[115]
金涌等	2001 年	生态工业是指工业发展应模仿自然生态体系运行的法则，通过多种产业的综合协调发展，使某一产业的副产物或废料成为另一产业的原料资源加以利用，进而形成物流的生态产业链或生态产业网[116]
David Gibbs	2002 年	生态工业试图明确在工业中将工业系统类比生态系统以促进环境改善的潜在作用。加工过程看做是相互作用系统而不是孤立部分[117]

提出者	时间	内容
李有润等	2003年	生态工业基本思想是仿照自然界生态系统中物质流动的方式来重新规划工业生产、消费和废物处置系统。它从整体出发，通过成员的互利共生、绿色技术的使用及信息的共享等手段，实现系统内的物质循环和能量高效利用，达到环境与经济效益的双赢[118]
John Ehrenfeld	2004年	生态工业实际上包含一个领域。或者它是观念和方法新的集合，这一集合在一些早已建立的知识领域的延伸或扩展。它是由一交叉学科组成，借助其他学科来勾画其理念和技术[119]
David Gibbs，Pauline Deutz	2005年	生态工业的生产为与不同废品生产、工厂或企业连接成一个运作网络提供了基础，这一网络使得工业材料最小化、废弃物排放最小化或供给中间过程使用。问题焦点由最小化废弃物、由单独一个生产过程或能力变为整体更大系统的废弃物最小化，减少材料的流入[120]
李京文	2006年	所谓生态工业，就是以生态理论为指导，从生态系统的承载能力出发，模拟自然生态系统各个组成部分——生产者、消费者、还原者的功能，充分利用不同企业、产业、项目或工艺流程等之间资源、主副产品及废弃物的横向耦合、纵向闭合、上下衔接、协同共生的相互关系而形成的部门[38]
David T. Allen	2007年	生态工业是这样一个领域，工程师在其中能够作出杰出贡献。生态工业的本质内容是如何重复利用或化学方法化解，循环使用废物——使得废物变为原料[121]

对这些定义进行分析，可以归结成以下几个特点：① 强调其综合性和系统的思想。IE 是一个目标，是对工业和经济系统及其与自然系统联系的多学科研究；采用系统的观点看待工业社会的物质和能量的使用及其对环境的影响；IE 是一门利用系统方法研究工业有机体与其环境关系的跨学科研究。② 强调 IE 是实现可持续发展的重要手段。IE 是可持续性的科学和工程，它为可持续经济提供科学和技术；IE 是环境管理领域的新概念，是一种可持续战略；IE 是一种实现经济、文化、技术与环境持续演化的途径。③ 强调工业生产的生态化。IE 是一种关于工业生态体系所有组成部分及其同

生物圈关系问题的全面的、一体化的分析视角；IE 是指运用一系列从生态学中吸收的工具、原则和观点，分析工业系统及其能流、物流和信息流对社会和环境的影响。

学者们对工业生态的研究涉及面从最初的理念到最后的实施，从不同的角度对生态工业的提出→设计→实施→效果等方面进行了详尽的论述，使得生态工业建设逐渐成为一门跨多学科体系的学科。生态工业的想法与措施被越来越多的国家所接受，如何具体实施，在工业运作过程中如何体现这种思想，生态工业园区的建立能够做最好的诠释。

3.2.2 生态工业园区的含义

生态工业是对创建生态工业系统的理论阐述，EIP 则是对创建生态工业系统的实践模式。早在 20 世纪 90 年代初，在一些学术论文和会议报告中开始出现了“生态工业园区”（Ecological Industrial Park，EIP）的概念，它是工业生态系统的具体体现，也是工业生态学理论的实践之一。由于工业生态学自身尚不完善，EIP 的定义也不统一，有从副产品利用角度，有从对环境影响的角度，还有从工业代谢的角度[103]界定 EIP，但众多学者（Raymond P. Cote[122]，1998；Terry Tudor，Emma Adam，Margaret Bates[123]，2007；David Gibbs，Pauline Deutz[117]，2005）都以可持续发展总统委员会和 Indigo 研究中心对 EIP 的定义为准。几种主要的定义见表 3-4。

上述定义均强调了 EIP 与社区的合作，这对从整体上提高生态系统的效率是非常重要的。EIP 的突出特点正如著名工业生态学家埃尔克曼在其《工业生态学》（1999）一书中描述的那样：“在一个园区中，各企业进行合作，以使资源得到最优化利用，特别是相互利用废料（一个企业的废料成为另一个企业的原料）”[124]。由于工业生产中使用的资源形成是长期的，将生产废弃物排向环境的代价是高昂的，因此，将使用过的材料和产品应被看做为剩余，而不是废物，还要意识到废物不过是目前经济水平还没有学会有效利用的剩余[97]。

表 3-4 生态工业园区概念的归纳

提出者	时间	内容
Cote. RP，Hall J.	1995 年	EIP 是保存自然和经济资源，减少生产、材料、能源、保险、治理费用和负债，提高运作效率、质量、员工健康和公众形象，提供来自废料利用及其规模的收益机会的工业系统[125]
Lowe，Ernest A.et al.	1996 年	是由制造业企业和服务业企业组成的群落，他们力求通过在能源、水和材料合作来提高环境效益和经济效益。通过合作，寻求一种集体效益，这种效益大于只优化其个体表现就会实现的个体效益的总和还要大。这样的加工与服务商务社区即 EIP[126]
Pierre Desrochers	1997 年	EIP 遵循工业生态原则，污染防护和可持续设计，与非环状运作相比，EIP 可以减少原材料的使用，减少污染，提高系统能源效率，减少废弃物，提高产出和市场价值[127]
PCSD	1996 年	EIP 是一个相互合作，与当地社区有效分享资源（信息、材料、水、能源、基础设施和自然栖息地），以取得经济收益、提高环境质量和服务于当地社区的商务社区[128]
William	1997 年	EIP 关键点是它包含了一个公司的网络，公司之间通过产品和副产品交换链接起来，有共同的经济、工作和环境目标[129]
康奈尔研究所	1999 年	EIP 概念包括一系列不仅接近，而且还有副产品输入输出关系的商务群。在其发展中，“经济和环境运作看做是在同一个飞船上，相互补充，走向成功。一个过程中产生的副产品成为另一个过程的原料。”达到促进经济活跃、减少废弃物和污染的目的[130]
美国环保署（EPA）	2000 年	EIP 是一种由制造业和服务业所组成的产业共同体，它们通过联合来共同的管理环境与物资流动（包括能量，水和资源）从而致力于提高环境与经济绩效。通过联合运作，产业共同体可以取得比单个企业通过个体的最优化所取得的效益之和更大的效益[131]
钱易	2000 年	EIP 是计划在企业间进行资料和能源交换，降低能源和原材料使用，减少水排放，建立经济、生态和社会关系的可持续发展的工业系统[132]

提出者	时间	内容
柯金虎	2002 年	EIP 是对工业生态学的具体运用，是指在一个园区范围内，各企业进行合作，以使资源得到最优化利用，特别是相互利用废料（一个企业的废料当作另一个企业的原料）。EIP 作为一个工业系统，它有利于保存自然和经济资源；减少生产、物质、能量、风险和处理的成本与责任；改善运作效率、质量、工人的健康和公共形象，而且它还可提供由废物的利用和销售来获利的机会[133]
Indigo	2005 年	从广义看，EIP 将随着企业规模的发展获取对环境和社会投资的回报。工业发展模式是地区可持续发展的中心内容。从狭义看，EIP 就是在公司网络内，以副产品利用为具体目标[134]

综合各家所述，笔者认为，EIP 是一个包括自然、工业和社会的地域综合体，是依靠循环经济理论和工业生态学原理而设计成的一种新型工业组织形式，是生态工业的聚集场所。它通过成员之间的副产品和废物的交换、能量和废水的逐级利用、基础设施的共享来实现园区在经济效益和环境效益的协调发展。

3.2.3 生态工业园区的发展

3.2.3.1 生态工业园区的特点

根据 Raimund Bleischwitz 和 Ulf-Manuel Schubert 两位德国学者在其所著《连接环境管理的政府》[135]一文中对 EIP 特征进行了较为详尽的描述，主要包括：EIP 具有明确主题，在设计 EIP 时要通盘考虑，不仅考虑自身，还要考虑社会；它通过毒物替代、二氧化碳吸收材料交换和废物统一处理来减少环境影响或生态破坏；通过共生实现能力效率的最大化；通过回用、再生和循环对材料进行可持续利用等。将 EIP 与传统工业进行比较，可以通过表 3-5 说明。

表 3-5　传统产业与生态工业园区的比较

类别	传统产业	生态工业园区
目标	产品经济	功能经济
资料开发利用方式	高开采、高消耗、高排放	低开采、低消耗、低排放
对技术产品要求	经济效益	经济效益和生态效益
产业结构和布局	区际封闭式发展	系统开放性和相对封闭性
系统构成	主要是采掘业和加工业	资源开采、加工生产、还原生产
经济增长方式	线性增长方式	循环增长方式
结构	结构链式、刚性	网状、自适应型
废弃物处理	向环境排放，负效益	系统内资源化，正效益
社会效益	减少就业机会	增加就业机会

资料来源：[136] [38]。

EIP 的最主要特征是：生态园区中各组成单元间相互利用废物，作为生产原料，最终实现园区内资源利用最大化和环境污染的最小化。据一份调查报告显示，生产和消费过程中所产生的大量废料和垃圾中，至少有 60%的材料是可以再循环加以利用的。全世界钢产量的 45%、铜产量的 62%、铝产量的 22%、铅产量的 40%、锌产量的 30%、纸制品的 35%都是利用废旧资源生产的，既节约了资源，又减少了污染。EIP 克服了在单个企业层面上推行清洁生产发展循环经济的局限，因此，日益受到重视。实践证明，建立 EIP 是实现循环经济的一种有效方式。园区内企业上家的废料成为下家的原料和动力，尽可能把各种资源都充分利用起来，做到资源共享，各得其利，共同发展。园区内企业间通过物质、能量和信息的流动与储存，并通过工业代谢研究，利用生态系统整体性原理，将各种原料、产品、副产物乃至所排放的废物，利用其物理、化学成分间的相互联系、相互作用，互为因果的生态产业链，组成一个结构与功能协调的共生网络经济系统[137]。

3.2.3.2 生态工业园区的原则

在 EIP 发展建设中需要遵守如下原则。

（1）人工生态系统的设计。要将每一个工业园区设计为小的生态系统，提高其自身效率，将现有线性资源流动系统转换为自我循环系统。首要是降低资源的消耗和提高资源循环利用水平，将现有资源线性流动系统，比如土地、空气、能源、食物和材料，改变为自循环系统。

（2）内外部环境的设计。提高 EIP 的自身效率意味着企业改变以往园区建设环境单一风格，同时保持和提高自然栖息地的质量和数量。

（3）工业共生网络的建立。规划 EIP 意味着建立一套有效的工业共生网络。发展 EIP 的基础的问题是建立有效信息和资源分享网络，体现循环利用资源的增效作用。

（4）文化个性创造的体现。提高 EIP 自我满足度，意味着提高社区归属意识，它在各种文化活动和创造能力条款中得以反映，这一创造能力能够促进园区内的交流活动。

上述 EIP 概念和 EIP 发展概况如图 3-3 所示。

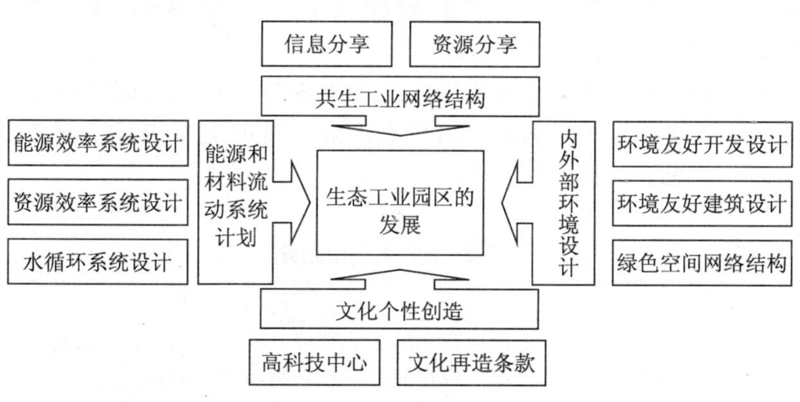

图 3-3　EIP 发展概念图[138]

图 3-3 显示了 EIP 在发展基础上的概念模式。一般工业园区追求经济效益的最大化而不顾环境保护、资源消耗降低和社会发展等深层次的问题，EIP 与之不同的是，EIP 发展是面向经济、社会和环境可

持续发展，在园区范围内计划和设计策略。

3.2.3.3 生态工业园区的分类

康奈尔环境研究中心[139]在 1999 年对 EIP 的研究，提出了两种划分类型：一是聚集型 EIP，二是虚拟型 EIP。这种划分主要是根据构成园区企业空间位置界定的。聚集型 EIP 的成员在地理位置上聚集于同一区域，可以通过管道设施进行成员间的物质、能量交换。虚拟型 EIP 不严格要求其成员在同一地区，由园区内和园区外的企业共同构成一个更大范围的工业共生系统。有些园区是利用现代化信息技术，通过园区信息系统，首先在计算机上建立成员间的物质、能量交换关系，再付诸实施，区内企业既可以彼此交换也可与区外企业发生联系。

原国家环保总局根据中国实际情况，按照园区企业的行业特征，将 EIP 分为 3 种类型：分别是行业类园区、综合类园区和静脉产业类园区。

其他有的学者从产业结构划分[140]，将园区划分为农业、工业、混合和资源回收型；有的学者从政府角色[141]，分为政府服务型和政府主导型。

笔者在综合以上研究成果及近期国内外产业生态园区建设实践的基础上，从不同的角度对生态产业园区的类型进行不同角度划分[141]。见表 3-6。

表 3-6　EIP 的类型划分

分类依据	类型	内容
原始基础	现有改造型	对现已存在的工业企业，通过适当的技术改造，在区域内成员间建立起废物和能量的转换关系。如美国 Fairfield EIP
	全新规划性	是在良好规划和设计的基础上从无到有地进行建设，主要吸引那些具有“绿色制造技术”的企业入园，并创建一些基础设施，使得这些企业间可以进行废水、废热等的交换。这一类工业园区投资大，对其成员的要求较高。如 Cape charles EIP

分类依据	类型	内容
产业结构	联合企业型	以某一大型的联合企业为主体，围绕联合企业所从事的核心行业构造工业生态链和工业生态系统。如包头铝业 EIP
	综合园区型	园区内存在各种不同的行业，企业间的工业共生关系更为多样化。与联合企业型园区相比，综合型园区需要更多地考虑不同利益主体间的协调和配合。如天津泰达 EIP
区域位置	实体型	成员在地理位置上聚集于同一区域，可以通过管道设施进行成员间的物质、能量交换。很多园区均属于此类型
	虚拟型	虚拟 EIP 不严格要求其成员在同一地区，它通过建立计算机模型和数据库，在计算机上建立起成员间的物料或能量联系。其优点是可以省去一般园建所需的昂贵的购地费用，避免进行困难的工厂迁址工作，具有很大的灵活性和选择性。其缺点是可能要承担较高的运输费用[133]。如 Brownsville EIP
所有权关系	自主实体型	指参与企业都具有独立的法人资格，双方不具有所有权上的隶属关系，均是独立的，合作关系不是依靠上级公司的行政命令来约束的，完全是受利益机制驱动的，在利益得不到满足时，它们可以结束这种合作关系。当然，随着企业业务的扩展，为了满足其发展的要求，它们也可以寻找更多的伙伴加入到这一“共生系统”中。如丹麦卡伦堡 EIP
	复合实体型	指所有参与共生的企业同属于一家大型公司，它们是该大型公司的分公司或某一生产车间。这种共生模式的和与散完全取决于总公司的战略意图，或者是出于总公司优化资源、整合业务的需要，或者是迫于对环保要求的压力而进行的，参与实体往往没有自主权。如贵糖 EIP[37]
成员构成	行业类	是以某一类工业行业的一个或几个企业为核心，通过物质和能量的集成，在更多同类企业或相关行业企业间建立共生关系而形成的 EIP。如鲁北 EIP
	综合类	是由不同工业行业的企业组成的工业园区，主要指在高新技术产业开发区、经济技术开发区等工业园区基础上改造而成的 EIP。如天津泰达 EIP
	静脉产业	是以从事静脉产业生产的企业为主体建设的 EIP。如青岛新天地 EIP

资料来源：笔者根据相关资料整理得出。

3.2.4 生态工业园区的影响

由于 EIP 是一个合作群体，从物质循环上，以对外产生的影响最小为目标，获取经济、社会、环境“多赢”。在这一合作群体中，由于相互之间存在的资源利用与再利用关系，不但对群体内部产生影响，还会对社区及环境起到一定的积极作用。这种作用可能是显现的，也可能是潜在的，可能是短期的，也可能是长期的。笔者将这种影响列表说明如下。见表 3-7。

表 3-7 生态工业园区发展的潜在收益[142]

企业	社区	环境
高收益	扩大当地商务机会	
提升市场形象	提高纳税基数	
舒适的工作环境	社区满意	
提高效率	降低废弃物处置成本	
加强金融服务	改善居住条件	不断改善环境质量
灵活的规章	吸引高质量的企业	减少污染
发展者的更高价值	改善员工和社会健康	开创新的环保技术
削减运作成本	与商务合作	提高自然生态系统的保护
降低排放成本	基础设施影响最小化	高效率利用自然资源
增加副产品的收入	改善生态工业周围的生活	
减少环境成本	质量	
提高公共形象	美好社区	
提高员工生产率	满意的工作	

资料来源：Maile Deppe（1999）。

工业活动是造成环境污染与资源枯竭的主要根源，为了既满足人类社会发展的要求，又保证自然生态系统的健康发展，工业系统与自然环境的关系是环境与发展的关系中最重要的一环。显然，应寻求一种新思路，将工业活动与环境保护这对看似矛盾的两个方面统一起来，平衡环境和经济发展的关系，最终实现整个人类的可持续发展。而生态工业园区则是将这两者相结合的最好实践形式。

3.3 生态工业园区实践

自从 EIP 的理念被越来越多的机构和政府所认识和接受，几十年来，一方面继续对 EIP 问题进行更为深入的研究，另一方面并没有将此研究仅停留在概念上，而是着手将这一理念体现在企业的生产实践中，关注的焦点在企业与企业副产品的交换上，这实际上也是创建 EIP 的初衷[134]。特别是 20 世纪 90 年代以后，生态工业园项目在世界各地出现，开始成为工业园区发展领域的新主题，并取得了令人瞩目的成就。由于国情不同，各国生态工业园发展模式也不尽相同，所取得的效果也就有所差异。笔者选择一些发展较为成功的案例进行分析，并与我国 EIP 建设进行比较，为我国的生态工业园的建设提供可资借鉴的经验和教训。

3.3.1 丹麦生态工业园区实践

很多工业生态学家一致认为，丹麦卡伦堡是历史上最早的 EIP。卡伦堡 EIP 是在不同的独立商业伙伴之间的合作协议基础上于 1987 年建立起来的。在 20 世纪 60 年代初，卡伦堡火力发电厂和炼油厂已经开始了工业生态合作模式的探索，截至 2006 年，园区企业发展到 6 家工厂和卡伦堡市政公司的两家工厂，它们分别是东北欧集团公司石膏板厂（GRPROC Nordic Ease A/S）、生物技术土壤修复公司（Bioteknisk Jordrens Soiorem）、E2 能源公司的阿索内斯（Asonaes）电厂、挪威国家石油公司炼油厂（Statoil）、国际科技（Novo Nordisk）制药厂与国际（Novozymes）酶制剂厂、卡伦堡市政公司废水综合处理厂（NOVEREN I/S）、卡伦堡市政公司垃圾处理厂[143]。最终形成了目前这种有益于环境的共生关系。其废物循环利用关系简图（图 3-4）。

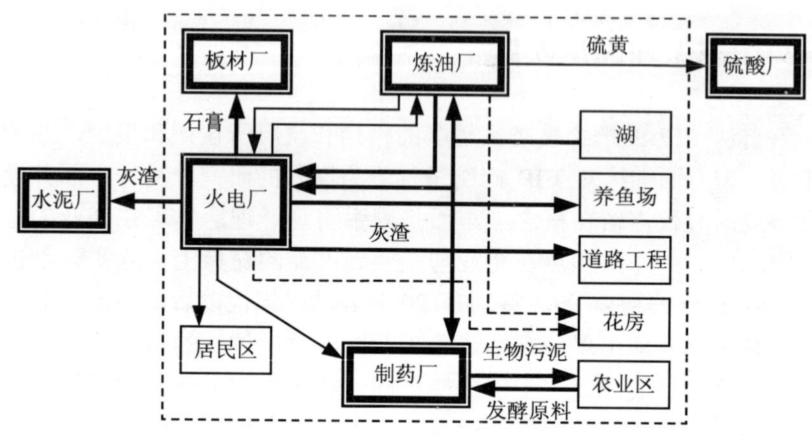

图 3-4 卡伦堡 EIP

丹麦卡伦堡共生体是世界上最早实现的 EIP，它的运作模式与生态食物网十分相像。它的原型工业生态系统始于 20 世纪 60 年代。企业之间彼此消耗废料和能源，形成相互依赖的关系。这些企业与政府间建立了颇为创新的生态共生关系，他们通过市场交易共享水、气、废气、废物等，并实现经济利益的共享。整个卡伦堡工业共生体系的废料交换的细节很复杂，其环境效益、经济效益已经得到公认，尤其是在减少资源消耗、减少环境污染、废料的再利用等方面具有显著的优势，使得卡伦堡体系中的主体包括各个企业和政府都是系统的受益者。物质交换虽然是在商业基础之上逐步自发产生的，但是也有其特殊的地理优势。企业之间距离近，联系紧密，拥有相互合作所必需的信任关系，这与卡伦堡作为一个小城市，人员之间相互熟悉有关；并且相邻的几个大型企业之间有较强的互补性，有足够的生产规模满足物质交换，这些保证了这种物质流动的经济性。总之，卡伦堡共生体系为 21 世纪新的工业园区发展模式奠定了基础。

卡伦堡 EIP 的特点：从系统中企业生态功能看，卡伦堡 EIP 具备从初级生产者到分解者的角色；互补性强；空间距离近；相互了解信任；参与者资源链保持稳定[144]；其共生体形成与其说是生态动机，不如说是关注公司的经济运作。

3.3.2 美国生态工业园区实践

20 世纪 70 年代以来，在美国环境保护署（Environmental Protection Agency，EPA）和可持续发展总统委员会（President's Council on Sustainable Development，PCSD）的支持下，EIP 项目应运而生，涉及生物能源的开发、废物处理、清洁工业、固体和液体废物的再循环等多种行业，各具特色。见表 3-8。

表 3-8　美国的生态工业园区[123]

EIP 项目	地址	涉及行业及特点
查尔斯角港口	弗吉尼亚州	可持续技术，自然的海岸特色
费尔菲尔德	巴尔的摩，马里兰州	现有工业区的转型，共生，废物再利用，环境技术
布朗斯维尔	得克萨斯州	废物交换和营销的区域或实际方法
河岸	柏林顿，佛蒙特州	城市环境中的农业工业园区，生物能源，废物处理
查塔诺加	田纳西州	内城和原有竣工制造设施的再开发，环境技术，绿色区域
Choctaw	俄克拉荷马州	资源丰富，废物资源化技术化，生态工业网
绿色协会	明尼苏达州	内城，小规模绿色产业孵化器，废物再利用
普拉兹堡	纽约州	大型军事基础的再开发，资源和废物管理，国际快邮服务
东海岸	奥克兰，加利福尼亚州	以资源再生为基础的园区，自然美化，提高能源效率
伦敦德里	新罕布什尔州	小规模的以社区为基础的园区
特梭顿	新泽西州	现有工业区的再开发，清洁生产

EIP 项目	地址	涉及行业及特点
Civano	亚利桑那州	商贸、住区一体化的新开发，环境产业，自然特色
富兰克林	卡罗来纳州	可更新农业和环境技术的商贸联合体
雷蒙	华盛顿州	幼树森林里的新园区，固体和液体废物的循环
遮荫边	马里兰州	现有设施的革新，就业稳定，小规模环境和技术产业
Skagit 县	华盛顿州	有着支撑体系和中心的新园区，环境工业

资料来源：在 Raymond P. Cote，E. Cohen-Rosenthal. Designing eco-industrial parks: a synthesis of some experiences 基础上加工整理。

美国 EIP 分布大多集中在东部和南部，在这些 EIP 中，有的是在原有的基础上改造而成；有的则是全新型的；还有的空间范围不在一个区域形成虚拟园区等。笔者重点归纳如下 4 个园区情况。

3.3.2.1 马里兰州巴尔的摩 EIP

巴尔的摩市东南部的费尔菲尔德，以石油和有机化学产品生产的工业企业为主，因而被视为一种“碳”经济。该园区尽力通过如下手段展示环境改善结果：扩大污染治理工程；整合创新环境技术；扩大商务网络等。

运用工业生态学原理改造现有的工业企业组成和结构是费尔菲尔德 EIP 的基本思路，一方面可以帮助现有成员进一步发展和扩大，另一方面招募那些适合于这种碳经济的、环境绩效显著与废物交易公司等。这将有助于创造就业机会，实现实质性经济增长而不产生新的环境影响。

2000 年，共有 13 家企业投资于该工业生态园，投资总额达 9 500 万美元。希望招募适合于生态循环的加工业（如化工厂、胶片公司）、环保技术、物料和废弃物的可交换的企业加入。巴尔的摩开发公司（BDC）根据本地的地理条件，提出不搞“闭合式”工业生态园，废料交换只是其中的一部分。工业生态园必须吸引更多的企业入住和扩展，同时加强各企业的环境意识，提高环境水平。

巴尔的摩 EIP 是通过康贝尔大学环境研究所和巴尔的摩经济发展合作共同开发的。这两个机构携手将一个现存的以费尔菲尔德闻名的工业园进行更新改造。这片拥有 20 多英亩①的园区聚焦在一个加工和从废轮胎中循环利用钢材和橡胶的公司。其目的主要是对巴尔的摩企业的组合，主要有化工、石油和沥青[94]。这为有机化合物的进一步循环创造了很大机会，也是生态工业园倡导者依然坚信巴尔的摩将成为一个未来工业发展模式的理由之一[145]。

3.3.2.2 得克萨斯州的布朗斯维尔 EIP

该园区位于美国与墨西哥交界的布朗斯维尔，由于特殊的地理位置，这个园区的范围也扩展到与布朗斯维尔相邻的墨西哥马塔莫罗斯（Matamoros）。该园区的合作者包括一个热电厂、石油冶炼厂、沥青厂、板材厂、塑料加工厂、纺织厂。主要交换发生在热电厂将蒸汽输送到炼油厂，热和硫输送到板材厂，沥青厂循环使用废沥青，纺织厂将废塑料传给塑料制造商[94]。

该园区的规划设计人员考虑把布朗斯维尔 EIP 建成一种“虚拟”EIP，其中位于同一地点的工业企业不一定要通过废物交换方式联系在一起，这样，能够相互共享物质与能源的各企业就不必进行搬迁而同样参与园区的运作，包括将招募新的工业企业来与现有企业互补和增强废物交换。这将有助于其实现以创造就业机会为头等优先、伴随着实质性经济增长而无新环境影响的目标。该计划要求采取积极的战略来确保高技能、高素质工作岗位，形成报酬高、效益好的 EIP。

虚拟型的布朗斯维尔 EIP 在原有成员的基础上，不断增加新成员来担当工业生态网的“补网”角色，如引入的热电站、废油、废溶剂回收厂等，如图 3-5 所示。

园区建设的关键点是工业加工数据的设计，它可以帮助企业识

---

① 注：1 英亩（acre）=0.404 856 公顷（hm^2）。

别在现存企业中潜在的链接和新的公司[128]。

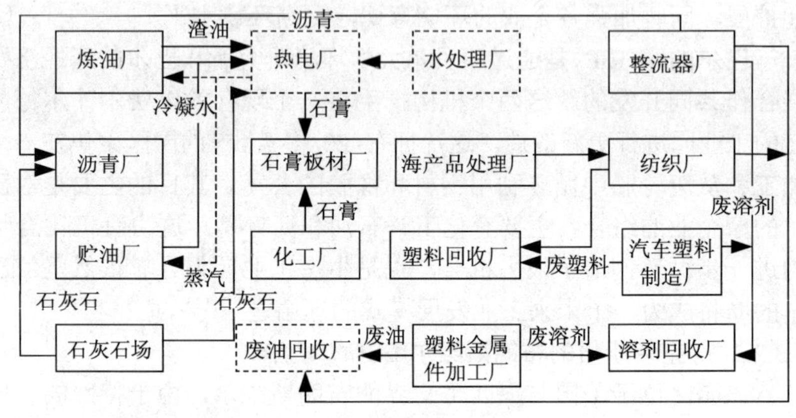

图 3-5 布朗斯维尔 EIP[140]

3.3.2.3 田纳西州的查塔诺加 EIP

查塔诺加占地 7 000 英亩，它的前身是生产 TNT 工厂。查塔诺加曾经是“美国污染最严重的城市”。然而近 30 年来，这个城市已经发生了巨大的变化。ICI 美国公司自从 1953 年开始管理这一园区，并将这一区域开放为商务使用，倡导将其发展为 EIP[146]。目标合作者包括仓储配送公司、重工业和轻工业制造业、关注环境服务的公司以及其他利用现有产品再制造和再利用的企业。其目的是到 2020 年，创建超过 10 000 个工作岗位，通过工厂开放，允许当地政府利用设施提供服务，来提高经济收益。ICI 美国公司正是利用“集群”的途径以提示企业通过废物交换，作为吸引和选择园区合作者的方法。

查塔诺加 EIP 的企业包括地毯制造、肥皂制造和环境技术企业。他们集中在布朗菲尔德发展（产业和城市再开发）环境商务和零排放制造。除了环境和经济问题外，查塔诺加 EIP 强调景观元素，比如林荫道、公园和开放地等[95]。

3.3.2.4 俄克拉荷马州的 Choctaw EIP

美国全新规划型的 Choctaw EIP 如图 3-6 所示。基于俄克拉荷马州大量的废轮胎资源，采用高温分解技术可将这些废轮胎资源化而得到炭黑、塑化剂和废热等产品，进一步可衍生出不同的产品链。这些产品与辅助的废水处理系统一起构成一张生态工业网。其特点是基于园区所在地丰富的特定资源，采用废物资源化技术构建出核心生态工业链，进而扩展成生态工业网。

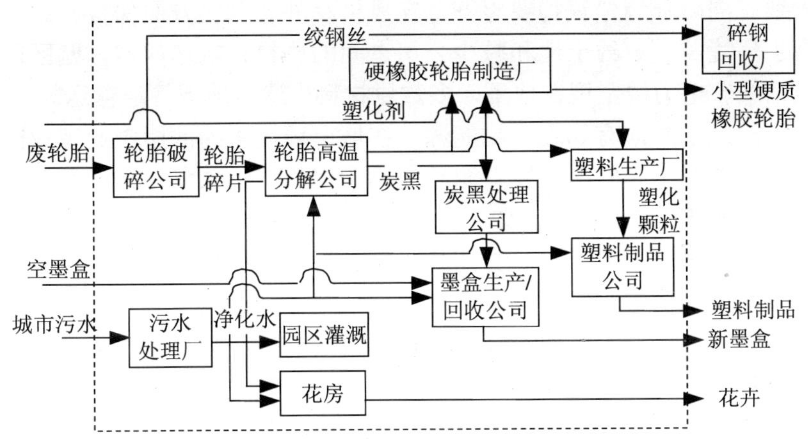

图 3-6　Choctaw EIP

回收的废旧塑料品作为原料，直接供给塑料制造公司。废旧轮胎先抽去其中的钢丝，然后粉碎成橡胶颗粒。钢丝集中处理后，可作为钢材再利用。橡胶颗粒通过传动带输送到联邦循环技术公司，进行高温热分解，得到塑化油（plasticizer oil）和炭黑。塑化油经管道输送到塑料制造公司加工处理，成为可用的塑料。塑料再经管道，穿过一条街送到两家公司。一家公司以此生产塑料标牌，另一家用来生产彩色胶片。

炭黑以浆的形式经管道送到碳处理装置，生产用于激光复印机和传真机的墨粉。炭黑和塑化油又经管道送到另一家公司，以此生产小型硬胶轮胎。这种轮胎广泛用于割草机、三轮车和军车。空颜料盒回收处理，装满颜料后再利用。轮胎公司释放的热输送到无土栽培植物大棚作暖气。城镇废水处理后，有 4 个用途：① 供给轮胎粉碎公司、塑料制造公司、网板印刷公司、彩色胶片公司作冷却水；② 供给水池，作为其他用途的备用水（如消防用水），同时制造喷泉、瀑布等人工景点，且循环使用；③ 供给无土栽培植物大棚，调配成植物生长营养液；④ 作为园区土地灌溉用水。

园区所有新建筑选址充分考虑到当地的自然景观，使两者和谐一致。同时强调建筑物要整齐，在风格和外观颜色方面保持一致。为了环境美、节约土地和减少公司之间的原材料输送成本，园区的电话线、电力线全埋在地下，多数原材料也通过地下管道输送。

除此以外，有利用生物能源、在城市环境中的河岸农业工业园区；有在军事基础上开发资源和废物利用的普拉兹堡 EIP；有以资源再生为基础的东海岸 EIP。

总的来看，美国的 EIP 还处于探索与尝试阶段。由于 EIP 的创建需要大量的资金投入，受到环境、资源、技术多方面的制约，所需时间较长。所以，比较经济快捷的做法就是在原有生产条件基础上进行改建，美国的一些 EIP 就是这样形成建立的。另外，布朗斯维尔 EIP 为虚拟园区创建做了有益的探索。从目前情况看，各国工业园区的建立有一定的历史，从园区物流网络看，若将其改建为在空间集聚的园区有很大的局限性。利用信息技术，借助于计算机模型和数据库，在网络上建立园区成员间的物流联系，成员进退园区灵活，不但节省了一般建园所需的昂贵的费用，更重要的是增加了园区网络的复杂性，使网络的稳定性增强。虚拟 EIP 是在园区建设中一个不可忽视的选择。

3.3.3 加拿大生态工业园区实践

从 1995 年以来，EIP 项目最早在加拿大多伦多的波特兰工业区展开。这一工业园汇集了由废物和能源交换潜力的多种制造和服务行业。据研究，加拿大 40 个工业园区中有 9 个被认为具备很强的生态工业发展的可能性，其中涉及的核心工业有蒸汽发生器、造纸厂、包装业、化学工业、发电、苯乙烯、聚氯乙烯、生物燃料、发电、钢铁、造纸厂、刨花板厂、热电站、石油提炼、工厂、水泥厂等多种组合。

除此之外，加拿大还有几个工业生态系统正在运转中。这些工业生态系统存在于石油冶炼、合成橡胶厂、石油化工、蒸汽发电站之间，而且在更多的企业之间建立更多的联系也是很有潜力的。见表 3-9。

表 3-9 加拿大 EIP[122]

地址	涉及行业及特点
范库弗峰，英属哥伦比亚	火力发电厂，纸浆厂，包装厂，工业园
萨斯喀彻温省堡垒，撒斯喀州	化学品，动力生产，苯乙烯，PVC，生物燃料
斯蒂玛丽盐湖城，安大略湖	动力生产，钢铁厂，纸浆，胶合板，工业园
安大略湖	供热站，炼油厂，钢铁厂，水泥厂，工业园
康沃尔，安大略湖	能源，纸浆厂，化学品，食品，电子设备，塑料，混凝土构件
魁北克省	化学品（H_2O_2、HCl、Cl、NaOH、烷基苯），镁，铝
东蒙特利尔，魁北克省	石化产品，精炼厂，压缩空气，石膏板，金属精炼，沥青
圣约翰，新布卢斯韦克	发电厂，纸浆厂，炼油厂，啤酒厂，制糖厂，工业园
波恩赛德，新斯托克省	纸浆与造纸，构件厂，炼油厂

资料来源：在 Raymond P. Cote，E. Cohen-Rosenthal. Designing eco-industrial parks: a synthesis of some experiences 基础上加工整理。

笔者从 EIP 构成机理角度，主要探讨波恩赛德 EIP 建设情况。

在 20 世纪 70 年代，在加拿大 Nova Scotia，Dartmouth 市政规划中的一个商业和轻工业发展基地建立了波恩赛德工业园。该园区走的是产学研合作的道路，由达尔胡西大学环境学院负责园区内部的生态效率中心的维护和管理，由当地政府和园区企业负责提供融资支持，在大学科研力量的帮助下开展物流和能流的优化工作，并促进企业之间的副产品交换及其他合作。

园区占地 1 200 hm^2，在 760 hm^2 的区域上兴建了各种商业公司。园区里主要是小型或微型企业（少于 20 名雇员），涉及数十个不同行业。在这点上就与那些基于大型企业的生态工业项目如丹麦的卡伦堡和得克萨斯州的布朗斯维尔有很大的不同。其主要目的在于向波恩赛德工业园内的工商企业提供有关废物最少化、污染预防和清洁生产的信息。废物评价是该中心的工作重点之一，每个废物评价都考察一家公司的投入、工艺、产出和废料，以确定可以借鉴的更高效地利用材料和削减废物的途径。

学者 Raymond P.Cote 和 Theresa Smolenaars 对波恩赛德 EIP 有较为详尽的说明[19]。波恩赛德园区有 36 家印刷厂，21 家油漆涂料及分销公司，19 家化工企业，20 家计算机组装与维修企业，32 家汽车修理设备厂，17 个金属加工公司。与这些企业公司的原材料来往的都是同样的小型公司。尽管这些企业都是同一行业，但是在不同的原料、产品和副产品上有很大区别。然而在减少废物原料排放上有很多相似之处。通过供应商和客户之间的协商可以保证有较高质量的供货。大型规模的公司群里，园区应该包括家具制造公司、塑料薄膜和纸板制造公司、电信公司。工业园区还涵盖各种各样的业务，例如餐饮服务、保健服务、通信、建筑、零售和运输部门。园区内已有和潜在的依存关系有：园区内的一家公司回收瓦楞板；一家包装公司回收包装计算机的聚苯乙烯；多家回收和再利用的公司，业务涉及彩色胶片，打印机色带上色、轮胎翻新和家具上光等。潜在的连接是在 21 家企业间建立油漆关系，因为他们都将使用油漆； 潜在的 19 家企业之间可以建立化工物质交换关系，他们都制造、供应和销售化工物品[147]。图 3-7 清晰地表明了波恩赛德 EIP 在企业中的作用。

Burnside 这种产学研合作的模式，有大学研究院的维护与管理，有政府和园区企业提供融资支持，促进企业之间的副产品交互及其他合作。由于该园区基本上由中小企业组成，而且行业分布广泛，非常类似于我国的工业园，所以其管理经验值得中国的工业园区借鉴。但是学者 A.J.D. Lamberta 和 F.A. Boons 认为，由于一整套一致和可靠的物流数据信息的可用性问题，园区设计的流程图没能付诸实践，致使该园区的物流并非通畅。在复杂混合工业园区材料和能源的交换中数据的获取被看做是主要的瓶颈之一[148]。

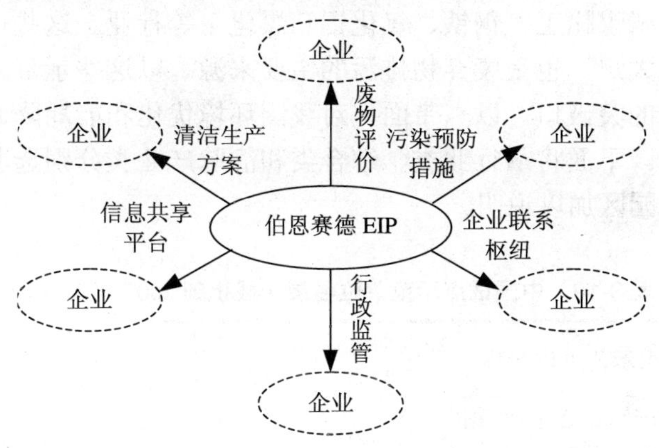

图 3-7　波恩赛德 EIP 模式图

深入分析国外这些 EIP 的成功运行，可以总结出以下一些基本规律：① 园区是在商业基础上逐步形成的，所有企业都从中得到了好处；② 几个既不同又能互补的大企业相邻；③ 环境保护法规起重要作用；④ 良好的商业信誉是成功建立 EIP 的基础；⑤ 完善的风险管理，即参与“废弃物到原料”的贸易对买卖双方都存在着风险，这种风险主要来自“原料”的生产过程，因此没有市政当局及社区领导的经济与政治上的支持，EIP 是很难成功的；⑥ EIP 的成功不仅在于其良好的环境效应，还在于它能满足市场的需求。

3.3.4 中国生态工业园区实践

我国 EIP 建设在最近几年有显著进展。截止到 2007 年 5 月，国家环保总局已组织专家论证通过了 29 个国家生态工业示范园区的建设规划，其中 26 个园区已得到了国家环保总局创建国家生态工业示范园区的批复。见表 3-10。

我国 EIP 建设虽然起步较晚，但行动较快。自 2001 年我国第一个 EIP——贵港 EIP 建立，到 2007 年 5 月止，我国已有 26 个国家（省）生态工业示范园区，包含综合类、行业类和静脉产业类，地区分布东部、中部和西部，行业涵盖制糖、电解铝、盐化工、矿山开采、磷煤化工、钢铁、氧化铝和煤化工等行业。这些行业既是能源消耗大户，也是废弃物排污的主要来源。以这些示范园区作为节能减排的突破口，以点带面，对我国环境优化和能耗降低会起到促进作用。下面将从行业类、综合类和静脉产业类分别选取一个代表性示范园区加以说明。

表 3-10　中国试点示范单位名录（截止到 2007 年 5 月）

序号	试点示范单位名称	规划通过论证时间	所属省（自治区、直辖市）	类型
1	贵港国家生态工业（糖业）示范园区	2001.6	广西壮族自治区	行业类（制糖）
2	南海国家生态工业示范园区	2001.10	广东省	综合类（环保产业）
3	包头国家生态工业（铝业）示范园区	2002.10	内蒙古自治区	行业类（电解铝）
4	长沙黄兴国家生态工业示范园区	2003 .1	湖南省	综合类（省级工业园区）
5	鲁北国家生态工业示范园区	2003 .2	山东省	行业类（盐化工）
6	天津泰达经济技术开发区国家生态工业示范园区	2003.12	天津市	综合类（国家级经济技术开发区）
7	苏州高新区国家生态工业示范园区	2003.12	江苏省	综合类（国家级高新技术产业园区）
8	大连经济技术开发区国家生态工业示范园区	2003.12	辽宁省	综合类（国家级经济技术开发区）
9	抚顺矿业集团国家生态工业示范园区	2003.12	辽宁省	行业类（矿山开采）
10	苏州工业园国家生态工业示范园区	2004.2	江苏省	综合类（国家级高新技术产业园区）
11	贵阳开阳磷煤化工国家生态工业示范基地	2004.6	贵州省	行业类（磷煤化工）

序号	试点示范单位名称	规划通过论证时间	所属省（自治区、直辖市）	类型
12	烟台经济技术开发区国家生态工业示范园区	2004.9	山东省	综合类（国家级经济技术开发区）
13	包钢国家生态工业示范园区	2004.11	内蒙古自治区	行业类（钢铁）
14	郑州市上街区国家生态工业示范园区	2005.3	河南省	行业类（氧化铝）
15	潍坊海洋化工高新技术产业开发区国家生态工业示范园区	2005.3	山东省	行业类（国家级高新技术产业园区）
16	山西安泰国家生态工业示范园区	2006.2	山西省	行业类（炼焦业）
17	青岛新天地生态产业园	2006.3	山东省	静脉产业类
18	张家港保税区国家生态工业示范园区	2006.9	江苏省	综合类（国家级经济技术开发区）
19	昆山经济开发区国家生态工业示范园区	2006.9	江苏省	综合类（国家级经济技术开发区）
20	福州马尾国家生态工业示范园区	2006.8	福建省	综合类（国家级经济技术开发区）
21	无锡新区国家生态工业示范园区	2006.9	江苏省	综合类（国家级高新技术产业园区）
22	绍兴袍江工业区国家生态工业示范园区	2006.8	浙江省	综合类（省级工业园区）
23	日照经济开发区国家生态工业示范园区	2006.8	山东省	综合类（省级工业园区）
24	上海市莘庄工业区国家生态工业示范园区	2006.12	上海市	综合类（省级工业园区）
25	扬州经济开发区国家生态工业示范园区	2007 .5	江苏省	综合类（省级工业园区）
26	青岛高新区市北新产业园国家生态工业示范园区	2007 .5	山东省	综合类（省级工业园区）

资料来源：国家环保总局，国家生态工业示范园区工作进展情况报告，2007-09。

3.3.4.1 行业类示范园区——包头铝业

包头铝业有限责任公司始建于 1958 年，是新中国成立后第一家电解铝企业，在全国铝业中以一流的管理、一流的技术人才著称。经过近 50 年的建设和发展，生产规模不断扩大，产品质量进一步提高。园区建设的主要目标是，以循环经济和生态工业理论为指导，以包铝集团为主要依托，建设以“铝电联营”为核心、电解铝及深加工为主线的具有高度载能、高技术、低污染的结构优化、布局合理、配套完整的生态工业（铝业）园区，为我国铝业和其他高载能、高污染产业的发展提供新的发展模式。

包头铝业生态示范园区以铝电联营系统为核心，形成铝深加工系统、铝合金铸件系统、建材系统和稀土高新产业系统等子系统。形成的主要工业生态链如图 3-8 所示。

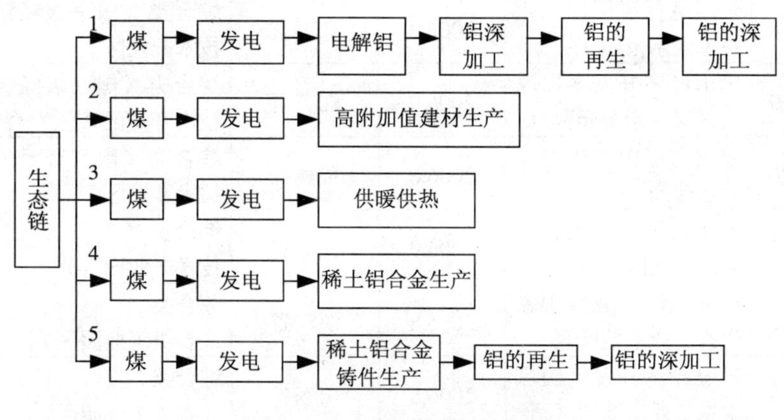

图 3-8　包头铝业 EIP 产业链

包头铝业 EIP 产业链有 5 条生态链，分别是：

生态链 1　利用包头周边地区丰富的煤资源进行发电，电厂产生的电力用于电解铝的生产，以原铝为原料，进行铝的深加工，铝产品使用过程中产生的废铝返回铝的深加工系统。

生态链 2　电厂发电过程中产生的废煤灰，用作生产高附加值建材的原料。

生态链 3　电厂热电联产产生的热水、蒸汽，用于工业、农业和居民供暖和供汽。

生态链 4　利用电能和包头市丰富的稀土材料，将稀土材料掺入铝中，生产稀土铝合金。

生态链 5　利用电能和包头市丰富的稀土材料，将稀土材料掺入铝中，生成稀土铝铸件，铝铸件使用后产生的废物进行再生，回用于铝的深加工系统。

包头铝业 EIP 中的 5 个生态产业链，形成发电和铝两大产业系统。在发电系统中，延伸出废煤灰制建材、居民供热、电厂蒸汽用于加气混凝土的高压蒸汽养护等产业系统。在铝系统中，主要有炭素、电解铝、铝的深加工、铝合金铸造、精铝等上、下游的产业系统，形成铝的产业链。两大系统之间通过电力和废水形成了横向耦合关系，使园区形成了以铝电联营系统为中心的网状结构。由于铝电之间形成的横向耦合，电厂有了自己的稳定用户，输电成本和电力损耗降低，铝厂解决了电价过高的问题，为铝业的持续发展奠定了基础，从而实现了“双赢”[149]。

3.3.4.2 综合类示范园区——长沙黄兴

湖南省长沙县黄兴国家生态工业示范园区基本上为一个全新规划型的 EIP，是我国第一个多产业的 EIP。园区的主导产业发展定位，包括电子信息产业、新材料产业、生物医药产业和环保产业 4 大类。园区建设规划将初步发展园区内 33 家企业和园区外虚拟的 10 多家企业，构建 12 条主要的工业生态链，今后还可以逐步丰富园区工业生态链网。整个工业生态系统中的 4 类不同行业，它们可以各自形成相对独立的工业生态群落，通过物质流、能量流和信息流相互连接在一起，构成了多种物质能量链接的生态链网络，基本形成生态工业雏形。另外，该园区不仅在园区内部构成了物质和能量的循环，还和长沙县周边区域内的工、农业相结合，组建区域的生态共生系统，其构建模式见图 3-9。

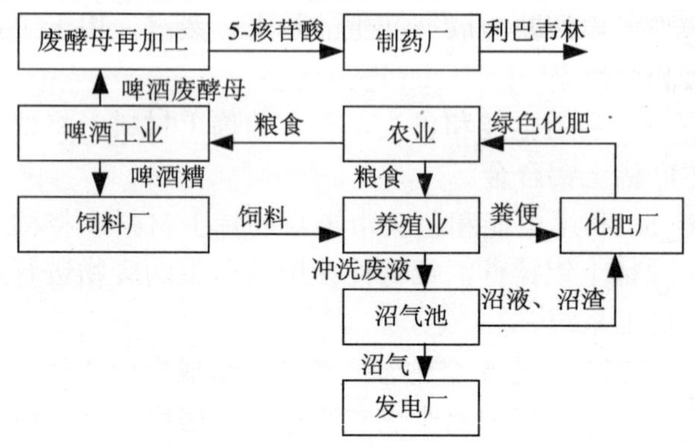

图 3-9 多产业的生态链示意图

黄兴 EIP 模拟自然生态的运行方式，通过物质集成、能量集成和信息集成，实现资源利用的最大化和废物排放的最小化，这正是该园区规划的指导思想，园区充分发挥当地的资源和产业优势，构建了多门类、多样式、虚实结合的新型 EIP[150]。

3.3.4.3 静脉产业类示范园区——山东新天地

青岛新天地生态产业园是原国家环保总局批准的国内唯一的国家级静脉产业类生态工业园。该园区的静脉产业集群与青岛市石化、造船、汽车、家电、电子和港口 6 大动脉产业集群共同组对，构成了一个完整且特色鲜明的“6+1”生态工业体系，形成了完整的从“资源—产品—再生资源”的青岛循环经济黄金链。青岛新天地静脉产业园作为国内唯一的静脉产业类 EIP，不但园区内的项目之间构筑了物质和能量交换的小循环，形成青岛新的经济增长点，同时园区与外部环境构筑了物质和能量交换的大循环，形成一种典型的循环经济发展模式。园区已建成的项目有：国家环境保护固体废物资源化工程技术中心、青岛危险废物处置中心、废旧家电和电子产品综合利用项目、青岛市医疗废物处置中心、工业固体废物填埋场、青岛市海上溢油（危险化学品）应急反应中心、海水源热泵空调。园区在建项目有山东省工业固体废物处置中心、污染土壤修复项目、废旧汽车拆解和综合利用项目。

目前，青岛危险废物处置中心项目和废旧家电及电子产品回收与综合利用示范项目作为重点项目已经初具规模，2006 年共接收处理处置废物 2.07 万 t，回收可利用物资 70.1 t，回收废旧家电及电子产品约 10 200 台。青岛新天地生态产业园区的建设，为我国静脉产业集群化、生态化发展探索了道路，具有十分重要的意义。

根据青岛新天地静脉产业类 EIP 总体规划，青岛新天地公司将在以下方面开展业务：电缆（电线）、电机、变压器等机电产品的综合利用，废塑料、废橡胶、废玻璃的综合利用，废日光灯管的处理，易拉罐的再生，废硒鼓、墨盒、电池的处理和综合利用，废纸及废纸板等的处理与再利用等。

随着以上项目的实施，青岛新天地静脉产业类生态工业园将逐步发展成为山东东部大量危险废物、工业固废和电子垃圾等的终端处理站，园内将形成完整的物质和能量代谢链网。

3.4 生态工业园区障碍

从理论分析看，EIP 建设对国家和地区的发展都会起到节能减排的作用，但在实践中并非一蹴而就。国外学者 William 和 Flora 等人（1997）认为在 EIP 建设中可能存在着 5 种障碍[129]：① 吸引投资的困难，由于 EIP 对一些投资人还是个陌生的领域，策划者和投资人对此行动会犹豫不决；② 园区再开发速度的压力，鉴于已建立的自然基础转换计划，使得传统策划 EIP 的复杂性难以在短期内接受，而推迟了再开发过程；③ 副产品交换组成的复杂性，使得进行副产品交换的复杂性会阻止 EIP 付诸于实际操作；④ 副产品供应的不稳定造成园区成员的脆弱环节，认为如果园区成员是通过相互依赖的副产品交换网络组织起来的，就会存在由于某个企业退出或产出的不稳定，给其他下游企业造成危害；⑤ 废物交换的法规障碍。英国学者 David Gibbs，Pauline Deutz 和 Amy Proctor[121]（2002）分析了 EIP 在其发展中一些潜在的障碍。特别提到 3 个障碍，① 技术障碍，包括当地企业不具有适合园区条件的可能性；

② 信息障碍，使得寻找废物使用很困难；③ 经济障碍，困难会阻止使用废物作为资源的动力。学者 Urmila Diwekar[151]（2005）在众多影响因素中分析生态工业面临最主要的障碍是链接网络的不确定性和资源利用边界的界定问题。

国内学者在分析 EIP 发展中障碍因素时，有全面论述，也有分某一侧面重点论述。学者周哲等[152]（2002）从以下 3 点说明生态工业发展的障碍：废物利用的困难性；工业生态链网的柔性问题；经济利益的分配问题。学者孟伟和罗宏[153]（2003）从技术、经济、政策三方面阐明了当前我国 EIP 存在的障碍。学者金涌[154]（2003）详细论述了发展生态工业所面临的技术挑战。学者吴鸣等[155]（2006）从公共政策分析的角度对我国 EIP 发展政策进行审视，归纳了我国现行政策的缺陷，提出了“指令+市场+科技+意识”的矫正方案；还有从成本价格方面分析障碍因素。

国外学者大多关注 EIP 发展中的链接技术问题，因为这是园区发展成败的关键所在。国内学者关注的视野扩展到园区发展的外部环境，比较注重政府在园区建设中的作用的发挥和相应制度的完善。笔者在结合上述学者的观点和我国目前发展 EIP 的情况，将 EIP 发展障碍因素分为两个方面，即园区内部障碍因素和园区外部障碍因素。

3.4.1 园区发展内部障碍因素

3.4.1.1 主观意识惰性因素

企业在其经营理念中，没有将自身融入社会经济环境发展的大环境中，对于更多的企业来讲，求生存比讲发展更为现实。对现存状况没有忧患意识，企业管理者的眼光更多局限在企业小范围，对于企业生产造成的环境生态问题改善能力有限，或者认为是国家的事情，是今后较遥远的事情。所以，从生产者主观进行减耗节排的积极性没有得到很好的释放，这种主观能动性的睡眠状态，影响了生态工业理念在工业生产企业各层次的落实。

3.4.1.2 “利己”和“利他”关系因素

主观惰性状态可以通过不同手段来激活，经济手段就是其中之一。园区企业组合在一起，进行资源、能源、信息等共享，达到节能减排，可以说是组成共生体副产品，使各共生企业获得更好的生存状态是第一目的。正如狼吃兔子不是为了使得物种平衡，而是为了其自身生存。园区运作首先要达到成员企业的“利己”，其次是“利他”。即 EIP 的合作中如果企业从中不能获取经济利益，这种合作是难以维持发展的。

3.4.1.3 废物利用代价因素

主要包含废物利用技术上是否可行、废物转换费用成本是否可接受、废物利用链是否可持久。实现物质循环和废物最小化是有一定难度的，比如在当今还没有一项综合技术可将具有放射性的废物应用化学原理转化为有用物质。要真正实现工业园区的生态化，还必须有 EIP 的特定技术作为支持。另外，如果生态工业中回收和利用副产品和废弃物发生的费用，大于购买新原料或废弃物达标排放所支付的排污费，则企业必然对此失去兴趣。再有，废物利用网链的复杂程度决定了其稳定程度，如果企业对网链形成的资源供应依赖性强，一旦链条的某个环节出现变化，都会对企业造成威胁。

3.4.1.4 食物链变动风险因素

园区各个成员企业之间为了维护副产品交换而加强了相互合作的需求，由于紧密合作容易造成某种依赖使单位企业之间合作变成是企业的命脉，失去了企业的部分自主权，这样增加了企业的风险。另外，企业在整个食物链中称为链条的各个节点，并与上下游企业有相对稳定的供需关系，节点供需关系的微小变动，可能会对整个链条产生影响，同时对于企业的技术创新也造成相当程度的影响。这对于企业是否愿意加入 EIP 起到了极大的阻碍作用。

3.4.2 园区发展外部障碍因素

3.4.2.1 政策制度制约因素

从外部障碍因素看，最大的障碍来自于目前的政策制度的制定和有效的制约措施颁布。生态工业园是一种依托于市场经济的开发模式，而我国刚刚建立起来的市场经济体制还存在着许多不完善的方面，市场规则也不明确，这不仅使在我国开发生态工业园缺乏行动纲领，而且还使建设生态工业园缺少确切的重构规则。从时间维度来看，政策出台落后于实践。从效果维度来看，政策是“灭火”而非“防火”。政府只会在建设 EIP 过程中出现了某种问题时才采取措施、出台政策，而不是在问题出现前就采取某种预防措施。这种滞后的政策制定没有起到积极推进 EIP 发展的作用。

3.4.2.2 信息交流对等因素

企业在做出进入 EIP 的决策时，需要掌握产业链的结构、技术创新、政策保障、园区规划管理、融资渠道、交易费用等方面的信息，这种信息障碍既有来自内部的，也有来自园区之外的。比如，废物的供需关系可能由于信息的不通畅无法实现互换和交流。相关信息的一点障碍就可能会影响到其他成员的生产安排或经济效益以致会影响到合作的积极性，最终将使企业对加入 EIP 失去信心。

3.4.2.3 绿色消费需求因素

消费是整个社会经济顺利运行不可缺少的环节，作为 EIP 也不例外。一般而言，生态工业生产的是绿色产品，绿色产品价格一般要高于非绿色产品，原因之一是绿色产品质量高于非绿色产品，使用时不会对人体和环境造成危害；原因之二是企业在生产过程中无法像生产非绿色产品一样以成本最小化原则进行资源配置，而是要充分考虑环境因素，价格中就包含了环境使用费用，因此价格要高于非绿色产品。由于我国居民的消费水平仍较低，从总体上对绿色产品的消费能力显得薄弱，这一问题是无法回避的。

3.5 本章小结

本章从研究 EIP 的起源，对工业园区的演变过程进行了描述，通过与自然生态系统的类比，对人工模拟自然生态系统建立的 EIP 进行了较为系统的研究，综观国内外各专家学者对 EIP 的研究现状，对 EIP 的界定进行了较为全面的综述，在此基础上，甄选国内外一些典型案例进行了剖析，为以后有关 EIP 运行机制研究等相关章节作铺垫准备，最后从园区发展内部和外部环境探究目前我国发展 EIP 的障碍因素。

从对废弃物处理方式上看，人类经历了随意排放→末端治理→清洁生产→生态工业→循环经济。方式的变化，显示了人类对此态度由被动变为主动，对此问题的重视是付出行动的前提。末端治理和清洁生产有其积极的一面，但没能从根本上解决能耗水平高、资源利用效率低的问题。EIP 超越了末端治理和清洁生产，另辟蹊径，有效地解决了生产的消耗、排放和成本问题。在 EIP，允许企业排放废物，从而降低了生产成本；废物可成为原料进入另外企业的生产过程，从而实现了资源的循环利用，在整个园区达到零排放。这样，既提高了资源利用率、防止污染，又降低资源的整体消耗水平。同时，园区企业布局的网络化，大大节约了工业用地。正如波茨卡（Potts Carr）所说：“EIP 不是一种发展的时尚，而是对传统工业土地利用的一种切实可行的选择。”[156]

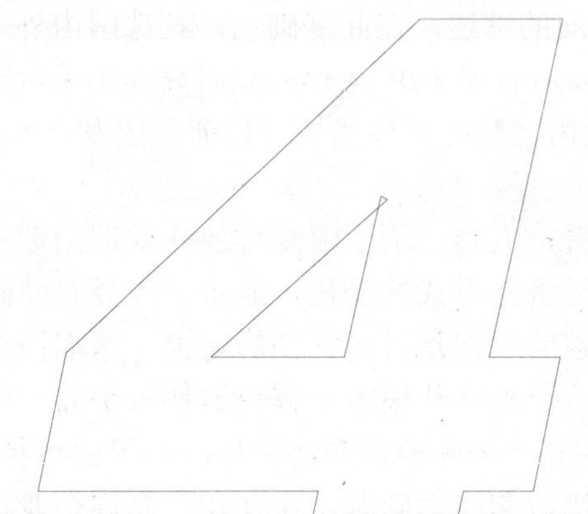

第 4 章　生态工业园区建设规划研究

从理论上理解与接受 EIP 并不困难，从原则上对 EIP 的设想也极为简单，但实施起来，情况并非如此。金涌院士[154]（2003）从技术角度论述了生态工业工程主要面临的挑战。因为 EIP 的组合是以产业链为特征，产业链建立的目的是对资源的循环利用，技术对园区的建立起到支撑的作用，对技术的要求体现为适用性、环保性、有效性。叶文虎教授[157]（2002）认为循环经济的建立存在诸多障碍，有技术层次的、管理层次的和观念层次的。左铁镛[158]（2007）强调循环经济是集经济、技术和社会于一体的系统工程。它不是单纯的经济问题，也不是单纯的技术问题和环保问题，而是以协调人与自然的关系为准则，模拟自然生态系统运行方式和规律，使社会生产从数量型的物质增长转变为质量型的服务增长，推进整个社会走上生产发展、生活富裕、生态良好的文明发展道路，它要求人文文化、制度创新、科技创新、结构调整等社会发展的整体协调。实施循环经济是有成本的经济。实施循环经济需要技术、投资，还有运行成本，是建立在资金流动基础上的。实施循环经济不仅要注意成本、资金要素，还必须注意连接物质、能量循环利用在时间—空间配置上的可能性和合理性。实施循环经济是以“3R”为基本原则，在一定条件下将物质、能量、时间、空间、资金等要素有效地整合在一起。学者 Ernest A. Lowe[159]（2005）在谈到 EIP 建设问题时提到要从以下几方面入手：选址规划、基础设施规划、企业设备规划、建筑设计规划等。Indigo 研究机构（2006）更为具体地说明在 EIP 建设中的策略：要与当地生态系统和谐统一，减少对环境的影响；通过设计规划，在园区内部形成物质循环，废物重复利用，极大限度地提高能源利用率；有效对物质流和水资源流进行管理。

笔者在本书 3.4 节分析指出，在构建 EIP 的过程中，会有来自内部和外部的障碍，在 EIP 建设中只有注意克服这些不利因素，根据我国工业发展的特点以及所建园区的环境，有针对性地创建个性化的 EIP，才能实现园区以及社会的可持续性发展。

EIP 建设是个系统工程，它需要从园区总体规划框架、园区基础设施建设规划、园区生态链规划以及园区软环境规划建设 4 个方面进行分析。只有这 4 个方面建设的顺利进行，才能更好地实现 EIP 建设的目标，即节约能源、减少污染、减少排放、EIP 的建设目标与国家的可持续发展的大目标是一致的。

4.1 生态工业园区建设的总体分析

EIP 的规划建设与传统的工业发展过程是不相同的，它具有自身的特性。与一般工业园区相同的是，它在开发过程中同样要经历几轮的规划和设计。在具体规划 EIP 时，首先要了解园区建设的主要模式、影响园区建设的主要因素和园区设计的主要框架。

4.1.1 生态工业园区建设的主要模式

本书的第 2 章已经对 EIP 的类型有所论述，有按照其所有权关系可以把 EIP 划分为自主实体共生 EIP 和复合实体共生 EIP。另外，还可以按照以下划分标志，将 EIP 分为不同的类别。

4.1.1.1 按照共生参与企业是否有核心企业划分

可以将其划分为关键型 EIP、优势型 EIP 和伴生型 EIP。关键型 EIP 是指在园区中包含有一个核心企业的 EIP。优势型 EIP 是指在园区中存在着一个或几个优势企业的 EIP。伴生型 EIP 是指没有核心企业和优势企业，而由数量众多的伴生企业建立各种废物的交换关系而形成的 EIP。

4.1.1.2 按照共生参与企业产业类别划分

可以划分为多样化产业 EIP 和单一产业 EIP。大多数专家均称卡伦堡的企业共生模式成功关键之一，在于汇集“不同”产业，因各有不同进料需求与不同副产品。若在相同产业中的公司，想要发展企业共生关系的机会可能会较受限制。本质上来说，具多样化产业类别似乎有着兼具稳定性及恢复力的优势。

4.1.1.3 按照共生参与企业形成条件划分

可以划分为自发型和规划型。卡伦堡案例是一个比较典型的自发型 EIP。这是受到其地理条件和环境背景的影响。自发型园区是有条件的，即园区企业要有副产品交换的需求和交换的收益。自发寻找其合作伙伴可能需要很长的时间。因而 EIP 的执行策略就是要掌握每一可能时机，强化这种实质与心理的“想象”，加速产业生态系统的合作。所以，EIP 是需要适度规划的。

4.1.2 生态工业园区建设的关键条件

以公认的视为共生典范的丹麦卡伦堡为例，卡伦堡企业共生体系 6 大公司之一的 Novo Nordisk 副总裁 Jorgen Christensen 认为，共生网络的建立需要满足以下几个条件：① 产业必须不同，但彼此有所需求的产业。② 共生体的组合必须是基于商业上合作，最好是可获利的。如果某种环境减废技术与机会存在，然而不是相关厂商的核心事业，厂商并不会去利用它。③ 发展必须出于自愿，并与法制机构密切配合。政府法规在卡伦堡企业共生体系中扮演极重要角色，如政府对于特定物质排放的法规限制，以及对于特殊物质处理给予奖励等，均促使厂商利用区内副产品衍生新技术。④ 伙伴间的实质距离要短，才会经济可行。在典型的产业生态学理论论述中，比较容易忽略此要点。⑤ 卡伦堡各工厂的经理人彼此熟识。在典型的产业生态学理论中，也常忽视社会网络与社群意识。

综合上述发展 EIP 的关键条件，企业共生的组合方式没有绝对规则，应视当地情况决定。此外，本研究与上述讨论中对于产业类别的不同看法在于，多样化的产业类别固然是关键，但因为并不是所有的企业共生关键都一定有复杂的网络关系，加上核心企业被视为可能促成企业共生的关键情况下，故有必要依据产业生态进展阶段与其所处环境条件不同，区分为“单核心”与“多核心”的核心企业，以此弥补过度强调“产业多样化”的缺陷。将上述关键条件列表如下。见表 4-1。

表 4-1　发展生态工业园区的关键条件

比较项目	关键因素	内容
核心厂商	单核心厂商	围绕核心厂商可以快速组成园区成员
	多核心厂商	可以形成较多资源化及副产品交换网络的可能
空间尺度	空间距离	共生企业间有较短空间距离，有利于运输的经济性
	心理距离	整体环境危机意识 私人信息交换网络 所有发展必须是自愿且与管理机构保持密切合作关系
法制与契约	奖励诱因与限制	通过法规创造财务奖励诱因
	私人契约	借助于双边基础协商，达成私人契约关系的约束

EIP 的类型多样，由于规划企业的背景和现有情况不同，采用的规划手段也不尽相同，所以，需要有针对性地进行个体化规划。

4.1.3 生态工业园区建设的实施途径

国外工业生态学家对生态工业园的实施提出了两种不同思路。

4.1.3.1 由下而上的方法

这种方法适宜的对象是能够相互形成生态链的企业群。在印度、瑞典、南非、荷兰、加拿大和美国都有类似的生态工业园项目。由下而上的方法最有希望的是“核心企业”（Anchor Tenant）模式，即在一个或两个已经存在的或规划的“关键”企业周围建设生态工业园。开发者要根据特定的资源流动筛选出作为“卫星企业”，使生态工业园为“卫星企业”提供有明显效益的废物资源，而这些“卫星企业”可以利用这些废物进行产品生产[160]。

4.1.3.2 由上而下的方法

由上而下的方法考虑的重心在于整个区域及其将来的发展变化，其中涉及多个层次的利害关系，而且它们各自还有自身发展的要求。在这种方法中直接利益相关者起到核心作用，而且首先要分析它们的责任与利益所在。其次是将这些利益转变成可测量的标准并估计它们的相关性和权重。然后进一步综合，再形成设计的方针。最终计划将由反复的规划、平衡过程产生。这一过程需要一个组织对整个系统负责。

EIP 规划与建设需要一种系统方法，涉及物质和能量流动的数量、物理化学特性、运行规范、经济与管理等诸多方面。本书只是阐述了生态工业园建设的基本内容。应该认识到，生态工业园的规划与运行的模式不是唯一的，一成不变的。在实际工作中还是应当把握工业生态学的精髓，因地制宜，灵活应用。

4.1.4 生态工业园区建设的主要框架

作为一个网络整体，形成有效运作的先决条件是，网络中各节点要明确；节点间网络链接要稳定；整个网络系统各路径要畅通。如果将园区企业看做是园区网络体系中的节点，企业间废物利用形成的上下游关系是网络链接，园区整体内部与外部的协调关系是网络系统，这三者为 EIP 建设中重点设计的内容，因为这三项内容设计得是否合理，关系到园区整体建设的成败。企业节点的建设涉及园区基础设施的建设，网络链接的形成涉及园区生态链的建设，园区内外部协调涉及园区软环境的建设。所以，笔者认为 EIP 建设规划设计的主要内容包括园区基础设施建设规划、产业链设计规划和园区软环境建设规划。基础设施建设包括园区的选址、园区的建筑和园区的规模；企业生态链建设是园区建设最为关键的环节，这里涉及三项内容：① 核心企业的确定；② 关键伙伴的确定；③ 关键集成网络的确定。在园区软环境建设中，包括政府角色的发挥和园区企业间信任度的形成。具体框架见图 4-1。

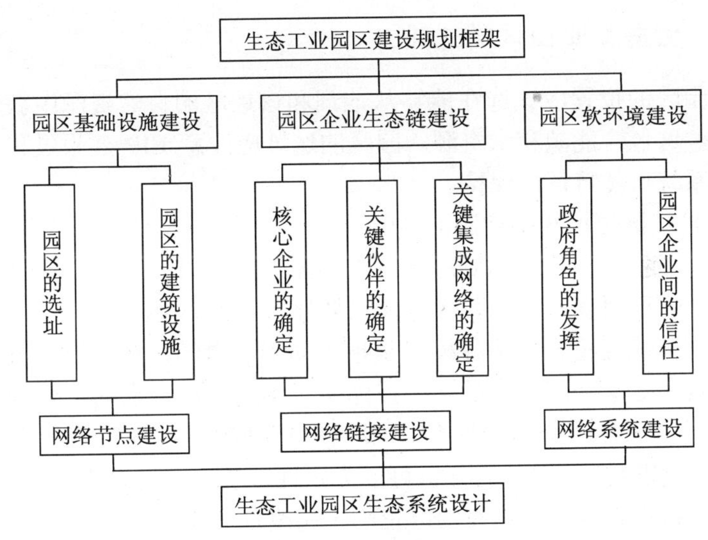

图 4-1　EIP 建设框架

EIP 的建设并不是简单地将一些企业组合在一起，要体现其运行特点，构建园区企业产品和副产品的相互利用产业链，这也正是设计 EIP 的关键点所在。所以，建设 EIP，特别是在进行园区网络链接建设中，首先，建立物质闭路循环，要考虑资源的循环利用和重复利用，充分体现“3R”原则；其次，注重能源的优化利用和可再生能源的开发，尽可能使用可再生能源，有步骤地回收利用生产和消费过程中产生的废弃物或副产品；最后，有效降低消耗性污染，这涉及采用源头控制和全过程控制污染物的产生。只有将这些因素在园区建设体现出来，才能称为 EIP 建设。

4.2 生态工业园区基础设施建设规划

根据上述园区建设框架，分两个方面论述。

4.2.1 生态工业园区的选址

园区的位置应该选在能够从地理和该地区的自然资源中获益的地区，这包含能源和水资源。园区的选址应注意 EIP 建设过程中对生态系统自然特征的保持。

4.2.1.1 从区位模式确定园区的位置

钟书华教授[161]（2006）从区位模式论述了 EIP 位置选择问题，从 EIP 建设角度，将园区区位模式划分为 4 种类型。

（1）选择模式。选择模式是指借助于逻辑学、数学等分析手段和工具，对某一区域内的两个或两个以上的备选地点的区位因子进行分析，选择一个综合区位因素相对较好的地点进行规划和建设 EIP。对园区区位因子的分析可以为定性分析，也可以为定量分析。定性分析是把各备选地点的区位因子粗略地分为好、中、差 3 个等级，通过对比，选择一个总体相对最优的地点作为园址。例如我国南海国家生态工业示范园区，建于广东省南海市灶镇中心城区西北部，南海市处于广东省中部、珠江三角洲腹地，该地区河流纵横，沃野平旷，气候温和，雨量充沛，环境得天独厚，有较好的工业基础，交通便利，信息发达，基础设施完善，综合实力居全国同级城市前列，区位优势明显。园区规划用地全部征用为工业区用地，地形较为方整，无农田保护区和需要保护的建筑文物，易于开发建设和形成整体的工业环境。周边设施齐全，水、电、气以及宽频网等线路可与周边市政主管线路接驳，依托这一优势条件，从而建设数字化工业园区。

（2）拓展模式。拓展模式是指根据规划中的 EIP 的产业特征，在具有区位因子优势突出的地点规划建设 EIP。要关注基础设施是否完备，以基础设施较为完备的区域作为园区选址，既可以大大降低园区的建设成本，又可以充分利用原有的设施；要关注交通是否便利，便利的交通优势有利于信息和物流的交换；要关注资源供应是否充足，特别是对于一些耗能大的园区建设，这是园区建设不可忽视的因素之一，否则，会给日后园区生产运行带来巨大负担。如国家包头生态工业示范园区，园区选址为原建材厂，部分厂房被园区粉煤灰建材企业使用；其轻轨铁路可继续使用，不需要投资再建厂区铁路专用线，为园区建设省却了大笔投资。另外，包头市地理位置优越，交通运输便利。京包、包兰等铁路在此交会，是我国西北地区重要的铁路交通枢纽。再有，包头及周边地区煤炭储量十分丰富，可为园内电厂提供充足的优质煤，从而为园区高载能产业的发展提供电力保障。园区紧邻黄河，附近的磴口水厂日供水能力可以满足园区工业用水和生活用水。天然气管道可为园区提供优质的清洁燃料。

有两个重要问题值得关注，一是如何利用优势区位因子构造园区企业，二是园区建成后，如何保持这种优势，这就需要在甄别成员企业时要考虑各企业的发展潜力以及各企业间的相互利用关系，在园区建成运作时要考虑保持固有优势，改善其他区位条件，之中需要政府的支持和资金的投入力度。

（3）营造模式。营造模式是指通过高强度的投入，显著地改善某一区域的区位条件，使之具有相对的优势，在此基础上规划和建设 EIP。例如我国第一个也是目前唯一一个国家级静脉产业类青岛新天地 EIP，该园区与中国环境科学研究院和青岛市环境科学研究所合作建设。中心的主要研究内容是：固体废物处理技术、危险废物鉴别技术、可利用固废的资源化技术、污染土壤修复技术、新能源开发技术，以及各种测试手段的建立、相关技术标准的制定、验证和人员培训等。随着这些内容的实施，青岛新天地静脉产业类生态工业园将逐步发展成为山东东部大量危险废物、工业固废和电子垃圾等的终端处理站，园内将形成完整的物质和能量代谢链网。该园区为我国静脉产业的发展起到了积极的促进作用。

（4）集聚模式。集聚模式是指在某一区域通过引入推动型产业之后，吸引共生关联企业加入，进行副产品交换和能源梯级利用以及其他工业共生活动，逐步形成 EIP，这就是集聚模式。例如我国鲁北国家生态工业示范园区，其前身只有 8 名职工、40 万元试验经费起步，现已发展成为拥有 50 亿元资产、52 个成员企业、5 300 名员工、占地 400 km^2，横跨化工、建材、轻工、电力等 10 个行业的绿色化工企业，是目前世界上最大的磷铵硫酸水泥联产企业，全国最大的磷复肥基地和全国化肥行业经济效益最好的集团企业。在鲁北集团发展过程中，以石膏制硫酸联产水泥等关键链接技术的研发产业为基础，多年来自发地培育、形成了 3 条高度相关的生态工业链，实现了生产的网络化和资源利用的循环化，使得园区总效益大于园区各企业效益之和[149]。

4.2.1.2 从环境绩效确定园区的位置

劳爱乐等[162]（2003）从环境、经济、社会效益角度对 EIP 选址问题进行了说明。在开发建设 EIP 时，要考虑到当地的生态系统的特征，所选地点用于工业开发的适合性和开发模式的潜在限制。在此基础上，他提出了两种具体方案。

（1）明确环境绩效目标。EIP 的选址涉及政治和经济问题，它关系到园区内的所有企业和园区周边的社区环境。为此，劳爱乐建议园区的设计者要明确园区建设的环境和经济绩效目标，使得园区选址工作有据可依。

（2）利用已开发的土地。已经开发的土地包括已经运行的工业园、已经关闭的军事基地和大型的公共用地，尽量避免城市的扩张和占用农业良田，并且可以改造现有不配套的设施，给当地带来新的发展机会。例如，波多黎各的资源回收工业园就选择了一个废弃的工业土地作为发展用地。开发商研究了先前在此运作的企业性质，在此基础上，决定新企业的类型。如该项目在原有的一个被废弃的造纸厂的土地上重新设计了一个再生纸工程。

4.2.1.3 从带动周边发展确定园区的位置

在园区整体规划问题上，EIP 与工业园区有相似之处。园区的建设要从长远着想，并考虑其带动本地区的发展。比如，美国的硅谷，是建立在美国西海岸的旧金山以南，原为一片荒凉的圣克拉拉山谷，后来在得克萨斯州达拉斯建立的硅原，在丹佛建立的硅山，在佛罗里达建立的硅牧场，以及在犹他州建立的仿生谷等，都是在未开发地区建立起来的。日本自 1980 年公布了建立日本科技城的设想，到最后所选定的 19 个候选地区都是避开工业发达地区，远离中心地带的地方[163]。

不论从区位模式选择，还是从环境绩效确定，笔者认为园区的模式并非统一，园区与园区可以有借鉴作用，但不能全盘照搬，因为园区的建立是与当地环境紧密相连的。所以，在建设园区时，特别是在园区位置选择问题上，一方面要考虑现行方案的可行性，另一方面要关注园区今后发展的拓展性；既要考虑园区内部合作的高效性，又要注意园区建设给周边带来的影响。

4.2.2 生态工业园区的建筑设施

在 EIP 建设中，对于建筑物的构建，既要考虑其生产功能，又要注意其环境效果；既要考虑新建建筑物问题，又要考虑其拆除问题。这些问题具体体现为 EIP 发展建设中的建筑设计、工业设施设计和园区景观设计等问题。

4.2.2.1 建筑物的规划设计

EIP 建设的生态理念不但体现在生产过程中，还应体现在园区建设中的不同方面。对于园区建筑物规划设计，应符合绿色建筑的要求，它能够最有效地使用原材料和自然资源，保护环境和促进可持续 EIP 建设。绿色建筑是指在建筑的全生命周期内，在适宜条件下，最大限度地节约资源（能源、土地、水资源、材料等）、保护环境和减少污染，为社会生产和人们生活提供安全、健康和适用的使用空间，与自然和谐共生的建筑。

对于 EIP 建筑设计首先要提出环境要求，对环境影响最小；同时要根据当地气候条件，充分考虑建筑物使用中的节能，对建筑材料的使用可以通过特定产品（如钢铁和铝）的重复利用，或形成再造材料（如石膏、玻璃或碾碎水泥），可以使废弃物重新进入建筑过程中；再有，从生产使用功能上应该实现土地、热能和水的利用，在重新使用或拆除现有建筑时，使物料的浪费最小化，并要考虑新建筑和社区开发的环境影响。在 EIP 建设过程中的“3R”原则具体表现为建筑设计过程的合理节能、建筑施工过程的材料利用充分、建筑使用过程的对环境影响最小、建筑拆除过程的建筑材料的回收利用。

4.2.2.2 工业设施的规划设计

在 EIP 建设中，工业设施建设是非常重要的环节，它不仅会对区域生态造成长久的影响，而且还会直接影响到园区物质流、能量流和物种流，决定园区运行的成败。另外，投资固定资产要沉淀大量资金，对于园区建成后的生产经营费用、产品、服务质量以及成本都有极大而长久的影响，任何决策的失误都会带来难以消除的后果。

从目前情况看，园区厂区建筑和办公建筑的设计往往和工业设施的设计相脱节，又由于工业设施的规划设计专业性很强，涉及专利信息等经营秘密，所以工业设施的规划设计者很难从其他行业的专业人员那里得到有益的帮助。这就要求园区规划者和设计者针对本园区生产流程特征和环境条件，以全局或整体的观念，进行个性化设计本园区工业设施建设，实现园区企业间物流通畅、资源共享、产业链稳定，最终达到降低成本、减少对环境影响的目的。

4.2.2.3 园区景观的规划设计

园区景观规划设计是应用景观生态学原理及其他相关学科的知识，通过研究景观格局与生态过程以及人类活动与景观相互作用，对原有景观要素进行优化组合或引入新的成分，提出景观最优利用方案，调整或构建合理的价格格局，使价格整体功能最优，达到人的经济活动与自然过程的协同进化。在 EIP 建设中涉及的景观规划主要是指 EIP 中的绿化问题。

EIP 中的绿化除具有一般绿化所具有的作用与功能外，还应具有一些特殊功能[140]。园区企业在生产过程中，往往是各种有害气体和噪声的生产源，因此一个有着合理的绿化规划设计的工业园区，可以起到减轻有害气体的危害、阻隔与吸收噪声、杀菌等作用；同时，根系发达的植物对土壤的稳定和加固有良好作用。因此，在景观规划时，应根据园区生产性质、规模、环境条件等对绿化的不同功能要求进行设计。

4.3 生态工业园区企业生态链建设

根据当地自然资源状况、政府发展目标、生态环境质量等综合条件，确定园区地址的基础上，更重要的问题是设计园区企业生态链。生态链涉及主要有以下 3 项内容：核心企业的确定、关键伙伴的确定和共生产业链的培育。

4.3.1 核心企业的确定

核心企业的英文是 anchor tenant，有的学者将其称为“锚定厂商”、“关键企业”等，本书称其为“核心企业”。

4.3.1.1 生态链中的“链核”

“核心企业”就是指这样一些企业，在企业群落中，它们使用和传输的物质最多、能量流动的规模最为庞大，带动和牵制着其他企业、行业的发展，居于中心地位，也是生态产业链的“链核”，它对构筑企业共生体，对生态工业园的稳定起着关键的重要的作用。如著名的卡伦堡生态工业园，其 Asnaes 发电厂即为该园区“核心企业”。如我国的包头铝业国家工业生态示范园区，包铝集团是园区的核心部分，对于园区的稳定发展具有重大意义。

Ernest A. Lowe[164]（1997）认为核心企业可以利用其威望，对其供应商和消费者产生影响，园区核心企业的投入和产出可帮助园区寻求能够利用其副产品的下游企业，比如造纸厂、食物生产线或发电厂。一旦第一个核心企业签约园区，其合作伙伴就会加入进来。随着公司的加入，使得交换可能性增加，为下一个新的合作提供可能。生态工业园从产业角度考虑，无论是联合企业型还是综合企业型，准备建设的园区内必须拥有一个或多个大型或者特大型企业作为构造能量和物质循环链的一个或多个核心，并辅以其他中小型企业或者生产线，以补充、完善能量和物质循环链，实现能量和物质在不同企业间或者生产线间交换、循环的目的。因此，拥有一个或者多个核心企业是建设生态工业园的关键。

4.3.1.2 生态链中的物流源

EIP 中不能缺少核心企业，与核心企业相关联的附属企业组成园区企业，可称其为园区中的节点，节点的连接需要节点间的生态链，这些生态链利用园区企业产生的副产物和废弃物作为再生资源，进行生产，构成开环和闭环循环共存的复杂的生态链网，有效地提高生态工业系统的运行弹性，同时较好地体现出生态工业系统物质循环与能量有效利用的理念。具体来讲，构筑园区生态链，主要包括：物质循环、能量梯级利用、水循环利用和信息共享。

（1）物质集成。物质集成主要是根据园区产业规划，确定成员间上下游关系，并根据物质供需方的要求，运用过程集成技术，调整物质流动的方向、数量和质量，完成工业生态网的构建。尽可能考虑资源回收利用或梯级利用，最大限度地降低对物质资源的消耗。如丹麦卡伦堡 EIP，发电站的飞尘可被水泥厂利用，Asnaes 发电站的直接脱硫单元产生石膏，这些石膏可被 Gyproc 石膏板工厂用作制造墙板，精炼厂的直接脱硫可产生纯硫黄，将硫黄运至 Kemira 生产硫酸，药物过程以及养鱼场水处理植物所产生的软泥可被附近农场用作肥料，Novo Nordisk 厂生产胰岛素剩余的酵母可卖给农户作饲料。这个循环可再生系统可发生新的收入；为相关公司节省费用；防止对空气、水、土地的污染。

（2）能源集成。能源集成不仅要求园区内各企业寻求各自的能源使用实现效率最大化，而且园区要实现总能源的优化利用，最大限度地使用可再生资源（包括太阳能、风能、生物质能等）。在某些情况下，园区总能源消耗量甚至可能减少 50%。一种途径是能源的梯级利用。根据能量品位逐级利用，提高能源利用效率。在园区内根据不同行业、产品、工艺的用能质量需求，规划和设计能源梯级利用流程，可使能源在产业链中得到充分利用。另一种途径是热电联产。在园区中，应因地制宜地利用工业锅炉或改造中低压凝汽机组为热电联产，向园区和社区供热、供电，从而达到节约能源，改善环境，提高供热质量的作用，同时节约成本、提高经济效益。如卡伦堡 EIP，其能量流程为：Asnaes 发电站向 Novo Nordisk（除去新添的锅炉）、卡伦堡城市供热和精炼厂输送电，Asnaes 发电站通过使用煤和煤气向卡伦堡镇提供电、蒸汽和区域加热器（代替 5 000 个家用加热器），发电站剩余能量在低温下被养鱼场使用，精炼厂提供剩余煤气给 Gyproc 石膏板工厂，Statoil 精炼厂组建硫黄回收单元，将清洁的煤气提供给发电站作为增补燃料。

（3）水系统集成。水系统集成是物质集成的特例。水系统的目标是节水，应考虑水的多用途使用策略。目前，将水的质量水平分成饮用水、中水和废水。生态工业示范园区中，可以将水细分成更多的等级，例如超纯水（用于半导体芯片制造）、去离子水（用于生物或制药工艺）、饮用水（用于厨房、餐厅、喷水池）、清洗水（用于清洗车辆、建筑物）和灌溉水（用于草坪、灌木、树木等景观园艺）等。由于下一级使用的水质要求较低，因而可以采用上一级使用后的出水。例如目前许多企业采用的水循环利用系统，即“清水—第一次清循环水—第二次浊循环水”的循环过程以及蒸汽冷凝回用、间接冷却水循环利用、封闭水循环等技术，都可以在 EIP 中跨企业采用。这样既可以节约水资源，又可提高水的利用率。

（4）信息共享。信息是 EIP 内进行物质、能量、水顺利交换的基础，配备完善的信息交换系统，或建立信息交换中心，是保持园区活力和不断发展的重要条件。园区内各企业之间有效的物质循环和能量集成，必须以了解彼此供求信息为前提，同时生态工业园的建设是一个逐步发展和完善的过程，其中需要大量的信息支持。这些信息包括园区有害及无害废物的组成、废物的流向和废物的去向信息，相关生态链上产业（包括其辐射产业）的生产信息、市场发展信息、技术信息、法律法规信息、人才信息、相关工业生态其他领域的信息等。

总之，依据工业系统中物质、能量、信息流动的规格构筑生态链，以实现园区内物质循环利用、能量高效利用、废物排放最小化和系统的稳定性。

4.3.1.3 生态链中的主导力

作为生态工业链中核心资源应具有稳定性，核心企业应具有发展前景。以此为基础，才有可能将其他类别的产业与之链接，组成生态工业网络系统。如果生态工业链中的核心资源短缺或者核心企业属于被淘汰企业，那么进行此生态组合就没有意义，即使建立起来也是不可持续发展的。因此，在选择 EIP 建设时，必须充分考虑核心资源的稳定性和核心企业的发展前景这两大重要因素。

4.3.2 关键伙伴的确定

生态工业园应能吸引客户，它们应是与工业园和社会的发展目标一致的客户，如何确定与选择园区中企业，同样是构建 EIP 生态产业链的关键所在。

4.3.2.1 生态链中企业角色的确定

工业生态系统中的企业是构成生态工业链网络的物质基础。对于一个全新规划的工业生态系统，应根据当地区域资源、产业等特色，结合相关规划、政策及市场供求等方面寻找和确定由核心企业派生出一系列以物质或能量交换为纽带的企业，从而构建园区的工业生态系统。

一个理想的 EIP，园区中的企业应有 3 种角色，即资源生产（生产者）、加工生产（消费者）和还原生产（分解者），这是模拟自然生态系统所必需的。正如上述分析，生产者主要是指物质生产者和技术生产者。物质生产者指利用基本原料生产直接消费品或生产初级产品供给其他厂家作为原料的企业。而技术生产者，不以可见的物质产品为目标，通过对园区各企业提供无形的技术支持，更加丰富和完善企业和整个生态链。消费者是指不直接生产“物质化”产品，但利用生产者提供的产品，供自身运行发展，同时产生生产力和服务功能等。分解者是指把工业企业产生的副产品和“废物”进行处置、转化、再利用等[140]。但在实际构建中，一个 EIP 中很难完全具备这 3 个角色的企业，为进一步模拟自然生态系统，园区管理部门应该鼓励建立维修维护企业，类似于自然生态系统中的清道夫和分解者，这就需要 EIP 在创建后不断补充能起到相应角色的企业，加以完善。

4.3.2.2 生态链中合作伙伴的匹配

在构建 EIP 中，除了上述园区企业角色定位外，还要注意园区企业间的匹配问题。园区的组织是有着市场供需关系的成员在地域上的邻近，园区成员间是否具备供需关系以及供需规模、供需的稳定性均是影响 EIP 发展的重要因素。特别是废物、副产品的供需关系影响到园区的废物再生水平，如果供大于需，即废物的产生量大于相关企业的需求、消纳能力或者是种类上不匹配，废物减量化目标将难以实现。因此，EIP 设计的关键是企业、行业的匹配。在区域已有的企业中或者是区域有发展潜力的行业中找出已有或可能的废物流动关系，通过专家分析，筛选出类别、规模、方位上相匹配的设计或改造方案[20]。

4.3.2.3 生态链中合作伙伴的补链

引入的补链企业作为生态产业链的一个重要节点，其生产规模应匹配与其产业对接的企业，并建立长期合作伙伴，同时补链企业在满足其对接企业需求的前提下，应建立原材料多方供应渠道，满足生产，从而稳定生态产业链。通过发展关键补链项目和创建资源回收型企业来丰富工业系统的多样性，以增强工业生态系统的稳定性，提高区域产业整体竞争能力与实力。

4.3.3 共生产业链的培育

笔者在本书 2.3 节分析了企业共生的理论与类型，在后面的 5.1 节中，笔者将从企业共生律角度分析共生链形成机制，得出企业共生产业链的形成实际上是一个复杂的系统过程，它是企业生态链上各节点企业寻求一种生存成本最低的生存模式而建立的一种依存关系。通过产业链的建立达到园区企业价值链最大化，前提是共生产业链的稳定性和柔性的增强与共生产业链的不断发展。

4.3.3.1 增强共生产业链的柔性和稳定性

所谓产业链的柔性是指产业链长期运作的潜力，特别是抵御外界变化的恢复力，如果链中的某个环节特别脆弱，适应能力差，有可能使生态链断掉，威胁到 EIP 的生存。学者林云莲等[165]人（2007）将影响 EIP 柔性和稳定性的因素归纳为技术、结构、经济、制度 4 个因子，除了这些因素外，园区还会面临若干风险。笔者结合这些因子提出增强园区共生产业链柔性的措施。

（1）增加园区链接技术的支撑能力。园区企业生态技术涉及产业链中上下游企业，这就要求企业之间的技术对接，包括两方面的对接，① 技术手段的对接，上下游企业一方的技术变动，相应企业应及时调整本环节技术；② 技术信息的沟通。

（2）提高园区外界变动的适应能力。园区共生链柔性的还有赖于园区对外界环境变动适应能力的增强。注重对核心企业稳定性的培育，采取人才留住措施，提高企业的关联度。

（3）注重园区经济收益的获取能力。园区共生链形成的重要因素之一是利益的驱动，所以，园区经济收益获取能力水平的高低成为园区能否持续生存的首要制约因素。开拓园区产品市场，推行共生产业链的合作营销，实现园区产业链整体价值的最大化。

4.3.3.2 推动共生产业链的发展

园区企业共生链一旦形成，并不是一成不变的，它随着环境的变化而变化，所以，企业共生链是处于一种动态变化过程之中的。Jouni Korhonen、Juha-Pekka Snakin[166]（2005）和郭莉等[167]人（2004）从产业生态化发展路径的角度提出产业生态化正在沿着两个不同的路径发展：① 从“线性”生产模式到生态工业园；② 从“线性”生产模式到区域副产品循环网络。笔者经过案例分析，通过管理手段、经济效益和环境效益的对比，发现两条路径各有利弊，最为理想的选择是将两者结合起来，在区域范围构建以经济效益和环境效益平衡发展为目标的产业生态网络。它将成为我国今后产业生态化发展的方向。对共生产业链的发展采用的是一种推理描述。2007 年 8 月 26 日我国《循环经济法》修订草案首次提请全国人大常委会审议，显示我国循环经济发展又前进了一步，从中可以看出，我国关注全社会的行为规范，注重循环经济发展的整体合力。而 EIP 共生网络顺应了循环经济发展对园区企业的要求。

4.4 生态工业园区建设中软环境设计

工业生态园区的建设是一项综合性、整体性的系统工程，它涉及极为广泛的多个层次和不同对象。园区的成功运作基础设施的构建以及园区产业链的设计组合这些硬件建设固然重要，但也离不开软环境的支撑，主要包括政府的支持和园区企业间的信任。

4.4.1 政府服务的角色

从目前情况看，在我国个人和企业创建 EIP 的能力还不够强，此时，政府应该扮演重要的角色。无论是在战略策划、技术和资金的提供，还是在扫清环境法规上的障碍，给予政策上的优惠，吸引工业生态园区的参与者等方面，政府都起到了决定作用。对于政府的作用问题将在论文第 5 章从园区运作机制角度探讨政府在 EIP 建设中的作用。

4.4.1.1 政府统一规划与政策扶持

像丹麦卡伦堡自发形成 EIP 的情况并不多见，因为它受多方面的制约，需要企业间长时间的磨合，即使企业间存在副产品利用的上下游关系，也可能是一种暂时的，极易受到内外部环境的影响而随时发生变化。所以，需要进行科学的规划和政策的引导。

政府规划的出发点是地区发展的目标，而目标的实现或许与企业现实利益产生矛盾，这就需要制定相关政策加以引导。比如，国家制定的排污标准，单个企业执行有难度，自然就促使企业间联手，投资改善生产环境，提高工艺，减少排污，通过政府制定相应的政策，如减免税费、土地租赁转让方面的优惠措施等，鼓励企业加入到园区中来，企业间建立各种工业共生关系。

4.4.1.2 政府企业间的有效沟通

政府必须有一个清晰的立场。市场机制为主，政府指导为辅是EIP 建设的政府基本立场。政府必须通过健全的市场保障机制、信息与合作平台、技术指导等公共服务，让企业认识到参与企业共生系统建设中的各方偏好与目的，并理解自己在 EIP 内发展所承担的义务与权利。

在政府指导下，地方企业之间是经常进行信息交流，并组织企业协会、生态工业园建设委员会。企业同政府之间的沟通也应该是非常充分的。企业协会、建设委员会之类的组织在生态工业园建设中起着催化剂作用，保证了园内企业对企业共生项目的积极性，从而使参与企业倾向于分享经营经验、生产信息、市场数据[168]。反观一些失败的美国生态工业园，政府往往是生态工业园的发起人，并只着重环境效益，政府与企业的沟通、给予的指导不足[169]。企业很被动地接受企业共生系统，企业间缺乏沟通与信任，使得企业的生产方式与企业共生系统不配套，而最终导致生态工业园的失败。

4.4.1.3 政府对园区的资金支持

EIP 本身建设成本较高，需要大量的资金支持，若完全由园区企业自己投资，由于这些投资成功充满着不确定性，势必会阻碍企业进入园区的积极性，并增强其风险性。所以，在园区建设初期，政府应承担相应的投资比例。比如，在一些成功的欧洲生态工业园建设初期，政府一般负担了规划投资资金 50%，企业只需筹集 50%，甚至可以让企业用人力、设备作为现金投资，即规划投资主要由政府承担。而在一些失败的美国模式中，项目实施的资金都是仅仅依靠企业自身进行融资筹集[168]。因此对于企业来说，把大笔资金投资到 EIP 前期规划中，具有极大风险，可行性不高；EIP 前期规划成本应该由政府负担大部分。

4.4.2 企业相互的信任

可以说，凡是有合作的地方，都需要信任。信任是合作关系的基础。特别是构建 EIP，企业之间的依存关系紧密，园区企业之间的信任表现在企业确信其他节点企业在交易中不会利用自己的弱点获利的一种自信心。在园区中，核心企业对其他节点企业的信任主要是一种忠诚信任，即他们能够信守合作协议，不会危害园区的整体利益；其他节点企业对核心企业的信任主要是一种能力信任，即核心企业有能力在不确定的市场环境下通过构建和领导现有的园区获取更大的市场份额、提高整体效益，并让自己分享收益。所以企业间的相互信任是构建 EIP 不可或缺的因素。

4.4.2.1 信任合作的影响

信任作为合作的一把“双刃剑”，并不一定总是带来好处，它也可能因为对方的不信任而遭受巨大损失。

通过信任博弈看出，如果只进行一次博弈的纳什均衡只有一个：即双方都采取不信任，所以双方合作不会成功。而互相信任会使每个企业都有收益，可以使整个合作的效益最大；但由于不信任，每个企业得到零，整个合作的效益最小。虽然选择不信任对单个企业是最优选择，但都选择信任可使双方都得益，从而“共赢”，对于整个合作是最优的。信任是一把“双刃剑”，可以带来“双赢”，也具有风险性。因为一方的信任极有可能被另一方所利用。而且一旦合作一方采取非信任行为，另一方就会迅速做出降低信任度的举措。这就是非信任行为对合作关系的负面作用。而且信任的这种负面传染性不仅会在合作双方间产生影响，也会扩展到与之合作的其他企业并由此形成连锁反应，从而导致合作失败。因此需要进一步研究合作企业间的信任如何建立的问题。

4.4.2.2 信任机制的构建

（1）增加信任，作为 EIP 要建立一个动态的生产信息数据库，作为园区企业的合作平台。园区企业的合作体现在物质、能量、信息的交流，而交流的基础是信任，园区企业要向相关方提供所需的信息，同时，也要根据其他企业提供的信息决定本企业的生产策略。这种信息的获取需要各企业共同完成，即提供真实的数据资料，以成为企业交流资讯、公平协商的基础，也是政府监管园区的依据。

（2）合作的时间越长与空间位置越邻近，越能提高彼此之间的信任程度[170]。因此，信任制度的建立最好是从就近企业合作开始，而不是从大范围区域内开始，这种信任机制的建立是循序渐进的，政府、生态工业园组织者不能强迫企业接受新加入合作对象与方式。

（3）企业应积极参与到园区的建设管理活动中，将各企业的生产活动融入园区整体运作中，具有园区荣企业荣、园区损企业损的意识，参与意识的提高往往能够带动其投资的积极性。

4.4.2.3 信任合作的意义

（1）信任在适度前提下，可以减少园区企业间的交易成本。因为企业合作中，企业间会存在诸如逆向选择（由签约前的信息不对称而引起的行为）、败德行为（由签约后的信息非对称性而引起的行为）等问题。为了解决这些问题，必须对合作伙伴进行有效的激励和监督。而随着园区企业间合作关系的长期发展，要维持同样的效果，激励成本与监督成本有递增的趋势。若要使激励成本与监督成本不变，效果则成递减趋势。因此，建立园区企业间的相互信任可以减少合作中的交易成本。

（2）信任可以促进园区企业间的合作。因为监督机制的建立会给园区企业带来心理损失，这意味着对对方的信任不够，会影响园区企业间的合作关系。因此，加强相互之间信任的培养则将促进企业间的合作，促进企业提高生产与服务的柔性以及在不可预测的事件发生时双方的责任感，努力谋求双方的共同利益。所以，注重培养园区企业间的信任对于企业来说更为重要。

（3）信任可以增强合作的稳定性。如果两个企业认为他们是相互信任的，就意味着他们对彼此的合作比较满意，那么他们都没有必要重新选择合作伙伴，也就减少了由此而产生的成本。由于相互之间的信任可以使得园区企业间较易形成长期而稳定的合作关系，在相互了解的合作中，既能减少寻求新合作伙伴的成本，又能提高抵御风险的能力。

4.5 案例分析

根据上述分析，结合长沙黄兴示范园区和山东鲁北生态示范园区案例，观察其园区基础设施建设、园区产业生态链建设和园区软环境建设。

4.5.1 长沙黄兴案例分析

4.5.1.1 长沙黄兴生态工业示范园区基础设施建设

（1）园区选址的条件。长沙黄兴 EIP 位于湖南省长沙县星沙镇。星沙镇西北有已成规模化的星沙开发区；西邻著名的浏阳河及高科技农业园；北有 319 国道从园区边缘通过；东侧广大腹地为低山丘陵地形；南与正在兴建的机场快速路相连，与望梨镇相接。见图 4-2。

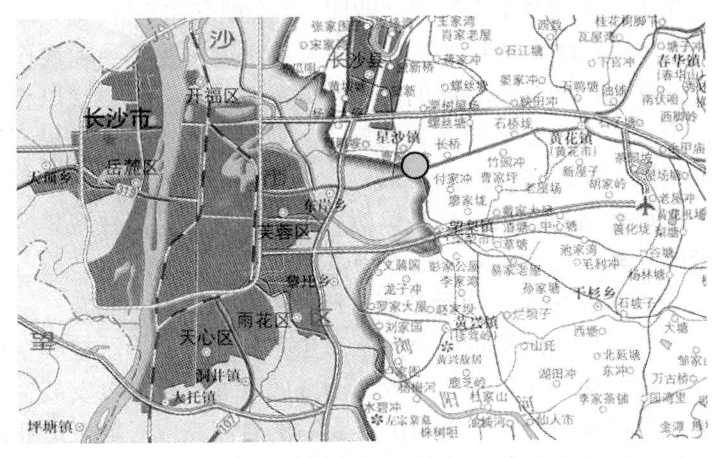

图 4-2　黄兴 EIP 的地理位置

长沙县城与国家级长沙经济技术开发区已融为一体，长沙县自然条件相当优越。地貌以岗地、平原为主，地势平缓，土地肥沃，雨量充沛，气候资源丰富；交通优势除了上面提到的两条国道从其境内通过，还有京珠高速公路、长永高速公路贯穿其中，交通便利；

近几年长沙县招商引资，经济总量增长迅速，经济结构日趋合理，综合经济实力在全省名列前茅，显示出其经济基础优势；园区周边地区水、电、道路等设施齐全，园内也因有远大等企业的进驻已具备一定规模的基础设施，可以依托长沙市建设的有利条件，建设园区的网络信息系统，成为数字园区。

以上各种有利条件，是选择黄兴为 EIP 园址的基本外部条件。

（2）园区布局的特征。黄兴工业园区利用良好的区位优势和交通便利、经济基础雄厚、基础设施齐全等优势，对规划园区的整体结构作如下布局设计："丰"字形的景观构架；工业用地的组团式布局；生活服务区布局。从建设布局上看，在园区功能区，可划分为以下几块：有产业园区、工贸园区、综合功能区、居住生活区、发展预留区和生态绿地区。就整个工业园区来说，为一区多园结构，包括 6 个各具特点的功能组团，即中小型企业产业园、大型企业产业园、先进工业园及 1 个配套产业园、2 个配套住宅区。

"丰"字形的景观主架是以黄兴大道和远大路景观轴线作为贯穿整个园区东西向和南北向的两条主要景观轴线，两侧辅以相应绿化带，形成"丰"字形的景观构架；工业用地的组团式布局是将工业用地按照"一区多园"的要求，设计成组团式布局；生活服务区布局是在远大路与黄兴路交叉口的北部两区规划为居住聚集区，基本上形成了具有时代特征、地方特色的园区形象。

4.5.1.2 长沙黄兴生态工业示范园区产业生态链建设

（1）核心企业的确定。黄兴国家生态工业示范园区核心企业的确定应与园区的发展目标相一致。园区的发展目标是以发展生态型的高新技术产业为目标，用 10 年左右的时间完成对黄兴工业园区启动区的开发建设工作，实现规模经济，并形成具有园区品牌优势的特色产业，为黄兴工业园区的进一步扩展奠定基础，同时带动区域经济的发展。本着这一目标，结合园区的背景与基础条件，黄兴国家生态工业示范园区将以高新技术产业为主导产业，产业定位包括电子信息产业、新材料产业、生物医药产业和环保产业 4 大类，为园区项目招商明确了方向。

（2）关键伙伴的确定。仿照自然生态系统，黄兴生态工业示范园区将园区 30 多家企业、4 大类产业，按照生态工业系统的成员划分为资源生产（生产者）、加工生产（消费者）和还原生产（分解者）3 种类型。生产者包括物质生产者和技术生产者。物质生产者指使用基本原料生产直接消费品或生产初级产品供给其他厂作为原料的企业。技术生产者，不以可见的物质产品为目标，通过对园区各企业提供无形的技术支持，使个体企业和整个生态链更加稳定与完善。消费者是指主要使用初级产品，企图企业生产过程的副产品或废弃物为原料，生产最终产品及中间产品的企业。分解者是对生产过程的副产品和废弃物进行加工，或从中提取有用物质，提供给其他企业作为原料。在园区生产中担当不同的角色，丰富和稳定了园区形成的企业间的链接关系。比如，新材料生产中起生产者角色的有抗菌剂生产厂、智能金属材料企业和阻燃剂生产厂，而起消费者角色的有力元新材料厂、抗菌陶瓷厂和塑料制品厂，起分解者角色的企业有建筑砖厂。

（3）关键集成网络的确定。黄兴工业生态园区中的各企业通过物质、能量、废水和信息的集成交换，构成了工业生态群落，各群落又通过废物交换、能量利用和公用工程集成共享有机地联系在一起，构成了多种物质能量链接的生态网络结构。

园区共生系统有 3 个主要成员，为工业生产、农业生产和居民生活。园区中存在的主要生态链有物质循环、循环用水、集中供热和信息交换。园区共生系统及成员之间的网络关系见图 4-3[140]。

根据园区的实际情况和发展目标，在组建上述园区共生态系和集成网络的基础上，园区各核心企业、附属企业和远程企业之间形成了电子工业生态链网络、新材料工业生态链网络、生物制药工业生态链网络和环保产业工业生态链网络。同时，在生产过程中尽量实现零排放，对园区内的垃圾进行循环处理，并逐步将园区内生态链扩展到园区外其他企业，建立更大范围的地区整体循环体系。

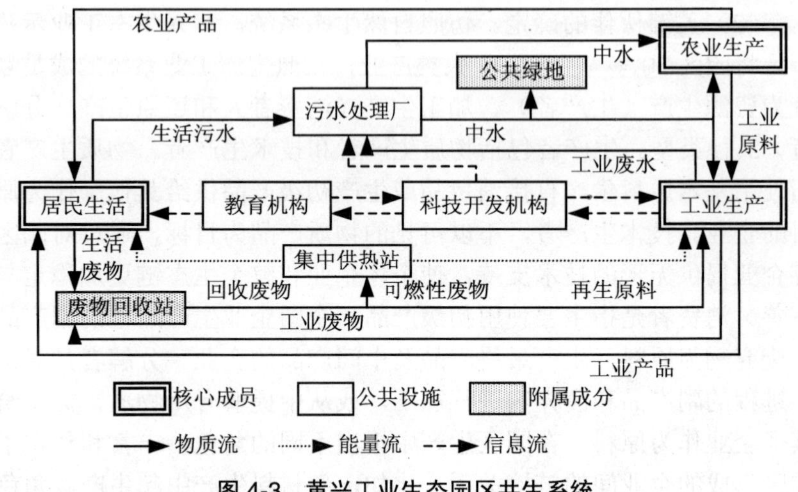

图 4-3 黄兴工业生态园区共生系统

4.5.1.3 长沙黄兴生态工业示范园区软环境建设

（1）政府角色的发挥。EIP 建设仍是一项探索性工作，综合性强，涉及面广，必须从政策、措施和管理等多方面予以支持和保障，才能保证园区建设和发展的顺利进行。特别是在园区建设初期，由于投资额度巨大和回收期限较长，给园区企业带来资金压力。鉴于园区发展的总体目标与地区发展目标的一致，政府应适时对园区进行投资和制定相应的政策，以缓解其压力并给予政策支持。

园区 30 多家企业，分别担当园区的生产者、消费者和分解者的角色，为使企业之间链接关系更加稳定，先后投资 20 亿元，改善了园区的基础设施状况，同时对多项技术环节追加投资，发展生态工业，减低企业成本，取得了经济效益；园区工业生态系统建设又大大降低了对自然资源的需求，减少了污染物的排放，收到了良好的环境效益；生产的产品符合绿色环保要求，满足社会对高科技产品和绿色产品的需求，显示出社会效益。

（2）信任文化的培育。园区信任文化的培育在现代企业的发展中具有举足轻重的作用，它具有园区黏合剂的功能，是获取集群效应的重要来源，它也是资源共享优势得以充分发挥的前提和基础。

黄兴 EIP 核心成员有 3 类，包括工业、农业和居民，他们之间存在着错综复杂的关联，并形成物质流、能量流和信息流的集成网络。任何欺骗和机会主义行为都可能对园区造成不可估量的损失。所以，黄兴 EIP 应积极培育园区信任文化，组织园区企业自律社团，管理园区企业间的非正式接触、提高行为和策略的透明度，消除彼此的隔阂，使园区各企业在共生中相互渗透和相互交融，最终通过相互学习、取长补短，形成各园区企业都能接受的园区信任文化。

4.5.2 山东鲁北案例分析

我国山东鲁北 EIP 为全国第一家国家级企业 EIP，辖有国家海洋科技产业基地、山东鲁北高新技术开发区、山东鲁北企业集团总公司、山东鲁北化工股份有限公司等单位。园区内若干条生态产业链系统集成，完成了系统内物质循环、能量集成利用和信息交换共享，构建了生态工业网络系统，创造了一个结构紧密的、共享共生的中国路边生态工业模式。为深入了解鲁北情况，笔者于 2007 年底，到山东鲁北进行个案访谈，取得了第一手资料。结合山东鲁北示范园区案例，观察其园区基础设施建设、园区产业生态链建设和园区软环境建设。

4.5.2.1 山东鲁北生态工业示范园区基础设施建设

（1）园区选址的条件。山东鲁北 EIP 位于山东省无棣县东北部，总规划面积为 400 km^2，北临黄骅港，西依大济路，南依碣石山和马颊河两岸，东至鲁北万亩水库。

园区交通便利。南往济南、北距天津均在 180 km 左右，近靠正在筹建的黄骅至东营铁路，距东风港和黄骅港均在 20 km 左右，205 国道这一连接东南沿海与京津塘乃至整个东北地区的高等级公路在境内贯穿而过。与国家重点工程“黄骅工程”的黄骅港隔河相望。园区目前即将开通渤海到园区的运河，以便利园区生产原料的供应。运河开通后，将大大节省园区的运输成本。

图 4-4 山东鲁北 EIP 位置

（2）园区布局的优势。鲁北企业集团在多年来的生产实践中，依托当地的资源和区位优势，依靠科技产业化，具备建设了其特有的优势条件。

- 工业基础优势：鲁北企业集团内部各个工厂、车间，由集团统一管理，资源、能源的利用由集团统一调配，已经形成了具有密切联系的紧密型生态工业群落、复合共生实体。生态工业基础初具规模，管理制度完善，环保意识到位，运行机制高效，综合效益明显。这是鲁北生态工业系统建立并长期运转的有利条件之一。
- 资源区位优势：从园区所在的地理位置看，具有良好的资源优势。园区滩涂广阔，有较长的海岸线，有取之不尽、用之不竭的海水资源，有已经建成投产的百万吨盐场和热电厂，有已经打成并封井的 80 多口石油和天然气井，有西煤东运至黄骅港的下海煤，这些都为园区的建设和进一步发展提供了良好的资源基础。

➢ 科技产业支撑：鲁北企业集团坚持“把企业建在科技创新基础之上”的发展思路，致力于生态产业的自主创新，形成了市场、科研、设计、生产、推广一体化机制，建立了国家级技术中心、博士后科研工作站、绿色化学研究院、化工建材设计院、高新技术公关部和 6 个科研所及中试基地，每年把赢利的 30%用于生态产业技术、产品的开发，超过 75%的营业额和大约 85%的赢利均来自于生态产业技术、产品的应用与开发。

4.5.2.2 山东鲁北生态工业示范园区产业生态链建设

（1）核心企业的确定。鲁北集团以石膏制硫酸联产水泥等关键链接技术的研发产业化为基础，形成了 3 条生态工业链。分别是：磷铵硫酸水泥联产、海水一水多用、盐碱电联产。在这 3 条生态产业链中，磷铵副产磷石膏制硫酸联产水泥（PSC）产业链居于核心地位，生产的主要产品有硫酸钾、磷铵和水泥。根据 2006 年鲁北集团年度报告中资料显示，这一生态产业链的所生产的产品形成的主营业务收入约占全部主营业务收入的一半。同时，在“海水一水多用”产业链中生产的氯碱也是园区的主打产品，其收入约占全部收入的 1/4，增长态势良好。因此，生产这些产品的企业成为园区的核心企业。

（2）关键伙伴的确定。按照系统生态学理论，考虑具有紧密联系的化学反应（捕食关系），根据各物种成员在鲁北工业生态系统中所处的位置和作用不同，将系统成员分为生产者和消费者。其中，生产者主要有磷矿石、氯化钾、硫黄、烟煤和海水 5 种；兼有生产者和消费者功能的是硫酸、液体二氧化硫、石膏、磷酸、合成氨、氨气和氯气 7 种；具有消费者功能的主要有硫基氨磷钾复合肥、水泥、磷铵、溴和氢氧化钠 6 种。

这些不同功能的物种之间相互协调、互相作用，形成了鲁北生态工业系统结构，共同维持系统的稳定运行，与稳定的自然生态系统对比后发现正是由于鲁北生态工业系统结构特征与自然生态系统具有较好的可比性，所以鲁北已不是单纯资源——废物排放的开放型的、线性的物质流动过程，也不是传统意义上的废物利用、减少废物排放的模式，而是整体半开放、局部封闭的准循环物质流动模式。

（3）关键集成网络的确定。山东鲁北集团的发展模式有其自身特点，它利用区位优势、资源优势，形成高度相关的生态工业纵向主链以及盐碱电联产横向主链，各节点紧密关联，副产物和废物大都在系统内得到了充分利用。

➢ 磷铵、硫酸、水泥（PSC）联产：该集团董事长（2003）[171]介绍这一产业链是用生产磷铵的废渣磷石膏分解水泥熟料和二氧化硫窑气，水泥熟料与锅炉排出的煤渣和盐场来的盐石膏等配置水泥；二氧化硫窑气制硫酸，硫酸返回用于生产磷铵。上一道产品的废弃物成为下一道产品的原料，整个生产过程没有废物排出，资源得到高效循环利用。这既有效地解决了废渣磷石膏堆存占地、污染环境、制约磷复肥工业发展的难题，又开辟了硫酸和水泥新的原料路线，减少了二氧化碳的排放；改变了传统产业消耗资源、制造产品的同时也排出废物的线性生产模式。该条产业链的特点是：利用一种主要原料——磷矿石，消除了两种污染——生产磷铵排放的磷石膏废渣、生产硫酸排放的硫铁矿渣，避免了两大矿山的开采——生产硫酸的硫铁矿、生产水泥的石灰石矿，得到3种主要产品——磷铵、硫酸、水泥，实现了园区的经济效益、社会效益和环境效益。

该技术每年可以节约硫铁矿600万t（矿山建设投资30亿元）；石灰石1 300万t（矿山建设投资21亿元）；减少磷石膏2 000万t（10年存20 000万t堆场建设费6亿元）。其链接关系见图4-5。

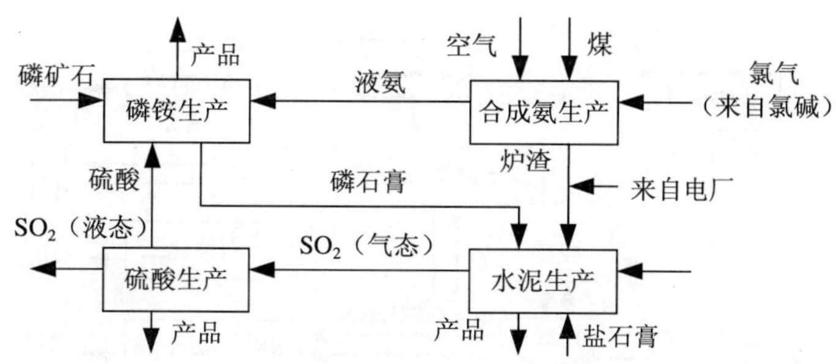

图 4-5　鲁北 PSC 产业链

➢ 海水产业链：该集团利用渤海湾的地理优势，开发出沿海 35 km 的潮间带，建成了占地 35 万亩、年产 100 万 t 的大型盐场。他们在初级卤区进行水产养殖，从中度卤水中提溴，提溴后的饱和卤水晒制原盐，盐田废渣盐石膏用来制取硫酸和水泥。一部分饱和卤水还直接作为离子膜烧碱的原料用于生产烧碱、氯气和氢气。最后从苦卤中提取钾镁盐。示意图见图 4-6[172]。

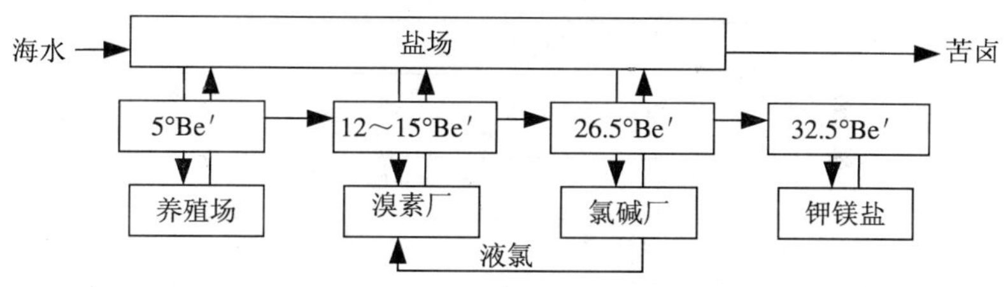

图 4-6　鲁北海水“一水多用”产业链

目前，鲁北集团的海水“一水多用”生态产业链已形成年产 100 万 t 原盐、1 万 t 溴素、18 万 t 氯碱的生产规模，并为磷铵、副产磷石膏制硫酸联产水泥产业链提供了大量生产原料。

➢ 盐碱电联产产业链：由热电厂为氯碱、溴素等工序提供动力支持，同时一部分海水送往热电厂作为冷却水使用，实现了能量的交换。示意图见图 4-7。

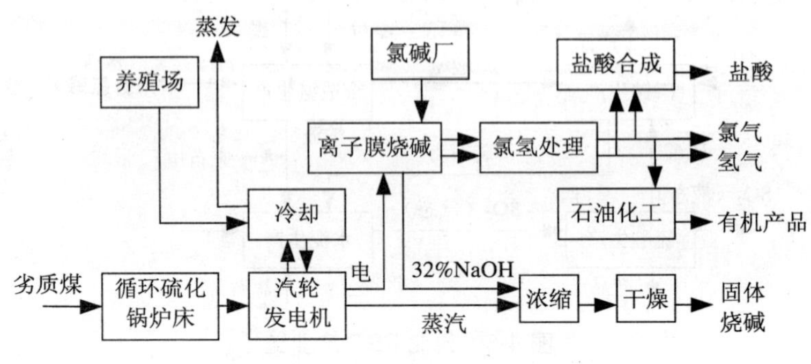

图 4-7　鲁北盐、碱、电产业链

通过这 3 条产业链的有机沟通与整合，形成了以化学紧密共生关系为主的鲁北工业生态系统。这 3 条产业链派生出 18 种共生关系，它们之间循环相扣，互为因果，紧密联系在一起。其中硫酸、海水等构成了系统内基本的物质流；蒸汽、电力的合理利用和梯级利用构成了能量流；磷石膏、盐石膏、炉渣等回用构成了废物流。其具体分布见图 4-8。

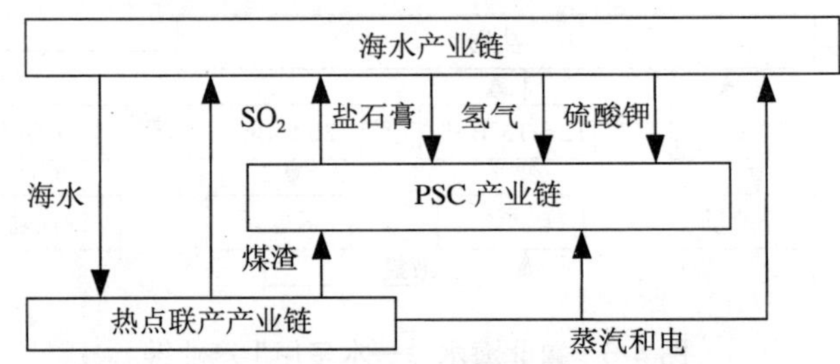

图 4-8　鲁北 EIP 产业链网络

鲁北生态工业系统的成功实践，使有限的资源构成一个多次生成过程，资源、能源利用率和循环利用率显著提高。经测算，截至 2004 年，鲁北集团的资源利用率已达 95.6%，清洁能源利用率达 85.9%。有 210 多万 t 磷石膏和锅炉废渣得到循环利用。鲁北集团共发电 4.4 亿 kW·h，不仅有效地利用了大量废物，同时实现企业用电自给自足[173]。它的创新之处并不在于产品本身，而在于集成思维和集成创新，将不同的产品依照其内在的联系，实施科学有机地排列组合，各系统之间相互关联形成一个完整的工业系统。鲁北生态工业模式被联合国亚太组织确认为在中国的生态工业典型。

4.5.2.3 山东鲁北生态工业示范园区软环境建设

（1）政府优惠政策的扶持。在山东鲁北发展过程中，政府角色的发挥起到了积极的促进作用。比如，鲁北的“15 万 t 磷铵、20 万 t 硫酸、40 万 t 水泥”放大试点工程，列入国家 2010 年远景目标纲要，从产业政策上支持了公司的扩张计划，体现了国家产业政策的倾斜：银行给予固定额应贷款，磷肥产品免征增值税，水泥按照 6% 的低税率征收增值税，公司按照 15%的税率计缴所得税等。正是这些优惠政策的出台，扶持了鲁北 EIP 的稳步发展。

（2）信息共享机制的建设。企业内部或企业集团各成员单位实施生态工业，可以解决生态工业的管理体制问题，确保相互衔接，将波动影响减少到最小。对于企业间的生态工业，系统成员不是复合实体共生而是自主实体共生，由于维持系统运行的基础是以具有合理经济意义的各项合同为基础，具有一定的不稳定性，需要以主导产业或主导企业为核心，加强信息共享和合作机制建设。

4.6 本章小结

本章对 EIP 建设进行了比较系统的研究和探讨。EIP 的建设是一个系统工程，它需要从园区基础设施规划、园区生态链培育和园区软环境建设共同完成，只有这几方面设计与规划的完善与落实，才能达到 EIP 的总体目标。

本章分析认为，园区的基础设计建设规划是其他工业园区建设所必须考虑的内容，但 EIP 也有其特点，它可以为园区企业合作提供有效的运作空间和硬件设施。

园区产业生态链的培育是园区成功运作的关键问题，这里涉及核心企业的确定和关键伙伴的加入。产业链本身具有动态特性，所以对产业链的培育关系到产业链的稳定与能否持久发展。增强产业链的柔性与稳定性，才能促进产业链的演进。

园区的建设离不开政府的指导与支持。在面临环境资源问题时，政府必须在环境污染的防治过程之中担负起责任，所以在 EIP 的建设过程中政府应扮演一个积极参与的角色，发挥重要的作用。同时，园区企业间的信任文化可看做是园区的黏合剂，它可以使得企业间的合作更加牢固。

在理论分析论证的基础上，本章的最后，利用我国长沙市黄兴工业生态示范园区和山东鲁北工业示范园区的具体内容，对 EIP 建设研究进行案例分析。

从逻辑关系上看，园区构建模式是研究其运作机制的前提，有构建框架才有可能对其机制进行研究。基于此，本章为下一章关于 EIP 运行机制的研究作个铺垫。

第 5 章　生态工业园区运作机制研究

综观国内外学者对于 EIP 的研究范围，大多集中在对园区理论的界定、园区的创建和实践操作问题的研究，关于 EIP 运行机制的探讨有学者王兆华[174]（2003）；在其博士学位论文中对生态工业企业共生网络机制进行了论述，提出了 3 个机理：成本推动机理、利益拉动机理、环境取向机理。该学者的这种提法在目前相关内容研究中是较为全面和深刻的，对笔者有一定的启发和借鉴作用。学者李周[175]（1998）将 EIP 运行机理分为外在压力和内在动力，资源耗竭与环境恶化是生态产业萌发的外在压力，产业升级和技术升级是生态产业崛起的内在动力；学者杨咏[20]（2000）特别提到利益驱动的运作机理；学者肖忠东等[176]人（2002）从废物最小化推广角度分析了经济动力和政府角色的作用；学者王新纯等[177]人（2005）从内部和外部两方面分析了企业发展生态工业的动力来源。

笔者认为，构成 EIP 运作机制影响因素很多，并且这些因素也在不断发生变化。最初生态产业园区的形成，主要以充分利用当地资源降低生产成本为动力。随着生产活动对环境影响的逐渐加大，提高生态效率又成为主旋律。EIP 是一个复杂系统，园区企业间存在着错综复杂的关系，园区企业之所以能够走到一起构成一个生态共生体，有其内部和外部的因素共同作用。笔者结合目前国内外 EIP

案例，将这些因素进行梳理分析，归纳为5个主要因素，见图5-1。

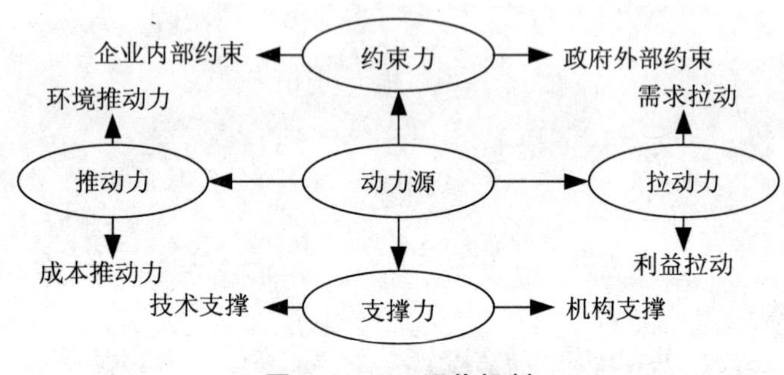

图 5-1 EIP 运作机制

所谓动力，是指EIP受内部及外部因素影响所产生驱动力的综合。机制图中的动力源是指企业自身萌发的一种规避风险的意识，这种意识是园区各成员企业组成在一起的先决条件。若将EIP运行看做为一驾马车，图中的推动力、拉动力、约束力和支撑力则是这驾马车的4个车轮，动力源就是车夫，他将决定这驾车是否出发，而这4个车轮将决定车的运行质量。下面将分别分析这驾车中的5个角色。

5.1 动力源分析

EIP是一个复杂的系统组织，它的形成不仅受到强大外部环境的推动，更为重要的是其自身所具有内在动力的驱使，表现为复杂系统运作机制、园区企业共生机制、企业环境责任内在机制。其中，系统的复杂性是EIP生成的内在动力之源，正是系统复杂性的存在才使企业共生机理和企业环境责任内在机制在EIP的形成过程中得以体现。

5.1.1 生态工业园区的复杂系统

EIP作为生态系统，其园区内部不同企业、不同环节之间以及园区与外部环境之间存在复杂的物理关系、事理关系和情理关系。它不仅包括各参与方的信息结构和行动，而且各参与方内部的技术、经济信息结构也十分复杂。因此，要实施生态工业运作必须认识各种关系及其所构成的复杂系统。

EIP 是依据生态学理念设计成的一种新型人工复合生态系统。在这一生态系统中，总的目标是实现节能减排，要求园区中各企业在本环节生产过程中从产品设计到产品制成实现清洁生产；对于本环节产生的副产品或废弃物成为下游企业生产的资源，形成企业间副产品相互利用的链接关系或网络关系；园区生态系统的开放性使得园区必定与外界产生多方关联。这就构成了由园区的点、线、面组合的立体交叉网络，网络之间贯穿着物质流、能量流和信息流的相互传递以及技术支撑，显示出 EIP 的生态系统不同层面的复杂性。

EIP 本身是一个开放系统，与外界环境存在着各种关联。园区内企业也同样如此，作为园区中的一个节点——企业，与之产生关联的方面有以下几种：① 与该节点有副产品利用关系的上游企业和下游企业之间的关联；② 该节点与园区的关联；③ 该节点与园区外的关联。见图 5-2。

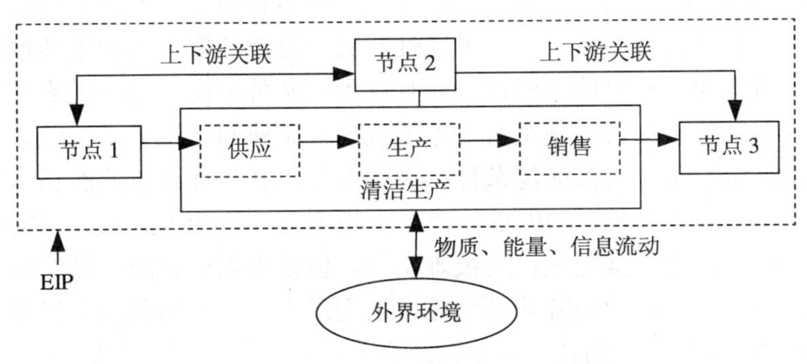

图 5-2　EIP 关联图

5.1.1.1 生态工业园区企业内生产环节的复杂性

从园区企业属性特征看，企业既具有追求利益最大化的经济特征，也具有以废弃物为“食物”的生态特征。经济特征决定了园区企业利益关系的复杂性和协调管理上的困难性；生态特征决定了工业生态系统的刚性和不稳定性，因为工业共生连接的纽带是原来需要付费处理的废弃物，而废弃物无论在性质、结构或者经济价值上都无法与产品或原料相比。这种双重特性使得 EIP 中各企业内部生产环节的复杂性更加突出。要求企业在其生产过程中进行质、量控制。质是指所使用的材料和排放的废弃物要符合环境保护要求；量是指尽量减少资源消耗和排放物的数量。因此，企业在生产流程中要体现清洁生产，包括本环节减少原料的使用、尽量利用可再生能源、减少中间产品、本环节的副产品尽可能成为下游企业的原料。在选材时，企业在保证经济效益的同时实现环境效益，即选择那些成本较低且环境污染小、无毒无害的材料进行生产；在生产过程中，注重生产工艺流程的节能环保，同时还要考虑本企业与园区企业之间链网关系。

5.1.1.2 生态工业园区企业间网络结构的复杂性

在 EIP 中，各企业不是孤立的，而是通过物质流、能量流和信息流互相关联的，共享资源一体化。通过资源一体化，实现资源在生态园区各环节的合理配置和循环利用，从而提高资源利用效率。EIP 内部组织结构较为复杂，不可预知因素较多。一方面企业要随时寻找自己的废料被利用的可能性，另一方面还要考虑利用其他厂家废料作为其原料的可能性，而且仅当这两种可能性变成现实且能持续运行的条件得到满足时，才能说这些企业间已形成了工业共生体系。由于系统内部的复杂性，可能会导致共生体链接的脆弱与风险。从理论上分析，EIP 的特点是实现系统废物的零排放，以实现废料再资源化。虽然现在还很难实现，但是可以根据副产品的特点实现循环利用，使系统的废物排放达到最小。而废物利用会涉及多个企业，需要企业间建立企业链或企业网，形成类似生态系统的“食物”网链。网络结构的建立需要技术支撑，需要对相关企业进行一定的组合，便于相关企业的物质流、能量流和信息流及环境管理的协调与控制。园区企业共生网络的建立，可以有效降低综合经营成本，提高系统总体经济效益。

5.1.1.3 生态工业园区与外部环境关系的复杂性

EIP 复杂系统不仅表现在企业内生产环节和企业间共生网络的建立方面，还体现在园区与外部环境的关联上。EIP 是个开放系统，园区与外界环境之间同样存在物质流、能量流和信息流。这种与外界环境关系的复杂性表现在以下几方面：

（1）从园区成员企业的流动性看。EIP 是一个开放的园区，它允许其他企业加入并开展物质与能量的交换利用，同时也允许企业退出这个体系；同时，EIP 从外界输入物质与能量，向外界输送产品与服务，和外界有着密切地物质与能量的交换。

（2）从熵的流动性看。EIP 与外界进行熵的交流。外界的熵流可正、可负、可为零。当外界的熵流为正时，就会使得整个园区生态系统的正熵增加，加速整个 EIP 走向无序，如果外界输入的是负熵流，那么会减少整个生态园区正熵的增加，使得整个 EIP 保持稳定或者放慢走向无序的速度。

（3）从与自然环境的关系看。自然环境的好坏影响到企业获得自然资源的能力，如果资源匮乏，企业将需要高成本获得资源，进行节约资源的生态工业建设就会是合理的选择，反之则不然。同时环境的污染承受能力也影响着企业的行为，如果环境污染严重，企业将面临政府与社区的巨大压力，选择生态工业就成为可能。

由此可见，正是 EIP 内部各企业间、园区企业与外界环境间存在着不同种关联，而园区所面临的问题并非单个企业所能解决的，园区内企业间的物质集成仅仅依靠某一种企业或产业将无法完成，因此，必须建立企业间的物质交换网络、实现企业共生，才能完成提高产业共同发展的重任。

5.1.2 生态工业园区的共生律分析

在 EIP 这一复杂系统中，园区中各企业之所以能够组合在一起，源于共生律这只“看不见的手”在起作用。

5.1.2.1 企业共生律的含义

企业的生存方式可以同人类的生存方式比拟，分为 3 种：① 共生，即与他人互通有无、相互需求地生存；② 独生，即与他人互不往来、互不需求的生存，也就是鲁滨逊式的生存；③ 恶生，即与他人是你死我活的关系。在一个生存资源稀缺的世界里，有着不同禀赋的企业追求着自己的私利，发现只有与他人共生——互通有无，相互需求才能实现自己的效用最大化的目标——生存成本最低、生存快乐最高的生存方式，即共生。

共生律就是企业总是追求生存成本最低、生存快乐最高的生存方式，共生是企业的理性选择。完全遵循共生律的企业包括以下基本的命题：① 生存是企业的第一本性，它超越了利己、利他和共生；② 一个生存中的企业总是在追求生存成本最低、生存快乐最高的生存方式，也就是说它具有自利性和理性；③ 一个生存中的企业的行为并不是纯粹地利己或利他，而总是趋向共生[30]。

5.1.2.2 生态工业园区企业的共生度

EIP 中企业共生度表示群体共生程度的大小。这是因为共生的实现是通过企业和企业之间的交易行为实现的，而这种交易行为同样是需要交易成本的。正如前面分析的结果，共生可以降低生产成本，但同时也产生了交易成本。两者的高低消长决定了 EIP 的共生程度。如果交易成本足够高，以致使共生带来的生产成本的降低得不偿失，那么，企业就会选择共生度为零的独生或恶生了。这一过程可见图 5-3。

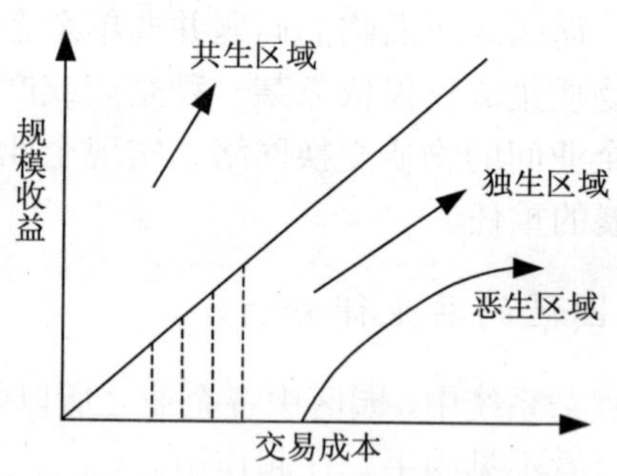

图 5-3 EIP 共生度的变化

图中纵轴表示共生所带来的生产成本的下降，即规模收益，横轴表示共生的交易成本。对角线则表示共生所带来的规模收益等于交易成本，此时，EIP 企业将选择独生，因为这时企业已经享受不到共生所带来的好处。对角线以上，此时共生所带来的规模收益高于共生的交易成本，因此，这时企业将选择共生。若在对角线以下，交易成本高于共生的规模收益，这说明企业共生所带来的收益小于独生的收益，在这一块区域，企业将选择独生。但是，在图中横轴所表示的区域上，这时的规模收益为零，有的只是交易成本，这说明企业之间处于相互掠夺状态，交易费用足够高，因此企业处于恶生状态。此时，共生度函数如公式（5.1）所示。

$$g = g(r, c_t) \tag{5.1}$$

式中：g —— 共生度；

r —— 共生的收益；

c_t —— 共生下的交易成本。

由于随着 r 的增加，共生度将增加，而随着 c_t 的增加，共生度将下降，所以，$\frac{\partial g}{\partial r} > 0$；$\frac{\partial g}{\partial c_t} < 0$。

5.1.2.3 生态工业园区企业的共生力

共生力是指一个企业与其他企业之间的共生能力。不同企业共生力也有所不同，园区企业的共生力可以随着 EIP 的共生度的提升而提升，而企业共生力的提高又会促使园区共生度的提高，这是一个相互促进的良性循环。一般共生力的公式如公式（5.2）所示：

$$l = \frac{g}{c_L} \tag{5.2}$$

式中：l——共生力；

c_L——生存成本。

由于 EIP 企业的生存成本不仅包括在市场上的交易费用，还包括企业内部的交易费用，因此，企业的共生力也分为企业内部共生力和外部共生力。而企业总共生力的公式表达如公式（5.3）所示：

$$l=\frac{g_{内}+g_{外}}{c_L} \tag{5.3}$$

影响企业内部共生度 $g_{内}$的因素主要是企业内部治理机制和企业文化等，它们与企业内部共生度呈正相关关系。企业外部共生力取决于企业和顾客、投资者、政府及其他企业等外部行为主体之间的共生度。企业的共生力与企业的共生度呈正相关，与企业的生存成本呈负相关。大力增强 EIP 企业的共生度和降低企业的生存成本，是提升企业素质并在市场竞争中取得成功的两项主要举措[30]。

通过上述分析看出，EIP 本身是个共生体，有其内在的共生趋向，通过其中的博弈分析，园区企业只有共生，才能寻找到其生存成本最低、生存快乐最高的运作形式，这是 EIP 运作机制的动力源，在此前提下，园区才有可能正常运作。

5.1.3 生态工业园区的生态良知

EIP 企业之所以能组成在一起，构成相互衔接的生产链条，是有其内在属性的驱动及外在环境法规的制约形成的。存在于企业内在的生态伦理属性形成于人们对现代化工业文明发展的反思与回顾之中，并对企业生态化改进起到内在的促进作用。

5.1.3.1 园中企业具有社会伦理属性

企业是一个组织，是由人组成的共同体，并处于由全体人所构成的大共同体——社会之中，企业由人做出决策并由人去执行企业行为，具有人的特性。在人类社会交往的网络中或在一个繁荣的社会里，人们的行为规范单纯受法律条文制约还不够，还必须要有道德的敏锐与良知来补充和增强。特别是在资源环境压力逐渐增大的背景下，需要有“生态良知”来补充环境法规的不足，而这种“生态良知”要求人们具有这样的伦理道德观念：污染、破坏环境的行为侵犯了他人和自然的利益，是不道德的；资源是有限的，而对资源的享用应体现代际公平；环境是有价值的，环境的价值主要体现在其生产价值、生存价值、文化价值和生态价值上；不仅要对人类讲道德，还要对所有的生命和自然界讲道德，树立“人类与自然和谐发展为目标”的新道德准则。企业有注重自身形象和追求社会认同的要求，从深层次看，园中企业应具有这种“生态良知”。

5.1.3.2 园中企业遵守社会法规属性

在人类的发展进程中，人类由于进行了良好的社会交往而获得了进化，使得自己区别于一般的动物。在社会交往中人类发现如果一个部族能够发展出一种制度，使得内部的交往能够有序地进行，并使得整个部族处于一个细心、周到的领导群体的领导下来优化资源的配置，那么会拥有更多的生存机会。于是人类社会就发展了一系列的制度来保障交往的有序，同时要求群体中的个体必须遵循这些规则与制度，这些个体只有遵循这些规则与制度才能在群体中立足，才能与其他个体进行交往。企业是社会的一员，企业的行为也必须遵守社会的规则与制度，服从于整个社会成员的命令。因此企业行为以遵循社会法规为前提，受到社会的约束。

5.1.4 案例分析

正如前述，卡伦堡 EIP 由 8 个实体组成，这些实体之间废料交换的细节很复杂，包括 7 个水循环项目，6 个提高能源转换效率的项目，6 个废物循环利用项目，17 个内部循环共生项目，4 个外部循环共生项目[58]。Asonaes 电厂使用周边的湖水和处理过的废水，并向 Statoil 炼油厂和 Novo Nordisk 制药厂供应蒸汽，通过管道向卡伦堡全镇居民供热；Statoil 炼油厂利用电厂供给的热能替代自行制热，其产生的火焰通过管道供石膏厂等；Novo Nordisk 制药厂利用电厂热能取代自行制热，提供酵母浆作为饲料成分；Novozymes 酶制剂厂以其发酵工艺的副产品开发了农用肥料；Gyproc 石膏板厂获得电厂提供的人造石膏，用做生产建筑石膏板，部分替代进口；垃圾处理厂回收处理垃圾，部分用来发电；生物技术土壤修复公司根据其工艺需要利用废水处理厂的淤泥；卡伦堡市政府在减少地下水用量，保持地表水、地下水和废水循环使用这样一种资源均衡的使用。

副产品相互利用构成了各企业间的共生关系，使得企业通过共生形成的共生成本最小，增加了共生的稳定性。卡伦堡 EIP 废物利用循环体系的形成，源于其所处的地理环境、企业自发萌生的共生理念和当地政府的积极参与和导向。

5.2 推动力分析

推动力含有被动的意思。构成 EIP 运行机理的推动力可分为两种，一是环境推动力，二是成本推动力。

5.2.1 环境推动力

也可将环境推动力看做是环境压力。这是在资源耗竭与环境日益恶化的情况下，所萌发的一种外在压力。

5.2.1.1 改变环境恶化现状的推动力

在全球 133 个国家的环境状况排名中位于第 8 位的加拿大，人口为 3 161 万人（2006 年），在其网络期刊《环境研究》中发表报告称，加拿大每年有 2.5 万人被环境夺去生命，环境污染每年给加拿大卫生系统带来的损失达 90 亿加元。其他国家的情况更为严重。从全球来看，世界每分钟发生的变化见图 5-4。

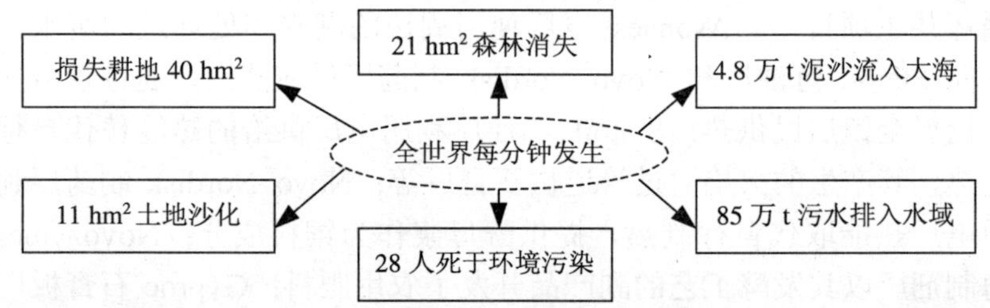

资料来源：中国统计年鉴 2007；人民网 http://www.people.com.cn。

图 5-4 世界每分钟发生的变化

根据笔者在第 1 章分析结果看出，2005 年与 1990 年相比，森林减少了 1.25 亿 hm^2；2005 年与 2000 年相比，人均淡水减少了 180.1 m^3，而碳排放 2005 年比 1980 年上升了 8 711×10^6 t。环境现状的责任主要源于人类的活动。但人类要生存和发展，涉及经济收益和代价的权衡，工业生产活动在此权衡中起到关键作用，建立 EIP 是工业生产环节和运作方式上寻找权衡经济收益和环境代价的突破口。

5.2.1.2 制定严格环境法规的推动力

鉴于人类面临的种种灾难和环境现状，各国政府为保证本国环境的持续改进都制定了非常严格的法律法规，尤其是对企业运营过程中的环境问题提出了严格的要求。

（1）美国的环境法规。作为西方发达国家的代表，美国对于环境的保护开始较早，而且其环境管理的发展也具有典型意义。1970 年，美国设立了直接向总统负责的国家环境保护局，加强了环境管理部门的行政权限。美国现在环境保护的具体政策措施是多层次的。整体而言其特点是以立法为基础，以行政措施为主，辅之以一定的经济手段。具体对企业来讲，主要有责任赔偿制和污染税制。责任赔偿制是由污染者对造成的破坏承担责任赔偿，促使其事先在预期赔偿费和控制污染的投资上作出有利于控制污染的选择。污染税制是“谁污染谁付费”的原则已经在西方国家得到了普遍接受。根据这一原则，政府应该对那些向环境中排放污染物质的企业和个人征收环境税或者其他行政费用。美国政府试图通过征收污染税，将污染这种外在影响内化到成本和市场价格中去，从而借助价格机制控制污染。

（2）欧盟的环境法规。欧盟的环境政策始于 1973 年制订的第一个环境行动计划，至今已经制订了 6 个环境行动计划，这些计划表明了欧盟委员会有关环境政策的意图，计划的大部分最终都转化为欧盟强制实施的法规、指令。另外从其环境政策的导向看，体现了从末端治理向一体化的产品政策转变。近年包括中国在内的许多国家都参照欧盟的技术指令修改了本国的标准，以求保障在欧盟的市场份额。由于层出不穷的新法规、新标准带来了额外的成本（重复测试、重新设计产品），增加了产品上市的时间。这些成本因欧盟标准制定过程缺乏透明度，没有给非欧盟企业和其他相关者提供足够进言机会而加倍扩大了。

（3）我国的环境法规。我国有关环境保护法律法规及规范性文件，自20世纪70年代以来，已陆续出台多部。比如，1979年出台《环境保护法（试行）》、1995年出台并在近期修订了《固体废物污染环境防治法》、1996年出台《环境噪声污染防治法》、2003年实施《环境影响评价法》、1996年出台《煤炭法》、1998年修订《森林法》、2001年出台《防沙治沙法》等。

面对国内外种类繁多的环境法律法规，企业仅靠自己的力量达到一体化产品环境要求，受到技术和资金的双重制约，所付出的费用又成为企业的一项沉重的负担，并且达标的要求根据制定主体的调整而不断改变，更增加了达标的难度。仅从这点出发，企业间的技术合作和副产品交换网络的建立，为产品全程环境管理提供了实现条件，可以增强企业产品的竞争力，成为EIP运作的一个外在推力。另外，能否节约企业个体经营所耗费的重复支出，还有待进一步考证。

5.2.1.3 树立环境良好形象的推动力

如果说制定严格的环保法规是外部推动力的话，树立良好环保形象则是作为企业的内部推动力。作为企业无形资产的企业形象越来越被更多的企业所看重，因为它可以反映企业在消费者心中的定位，满足消费者的心理需求和物质需求是企业的经营目标。针对世界上一些著名大公司的营销策略中贯彻环境保护理念，沃顿商学院营销学教授Barbara Kahn[178]（2007），将这一理念的应用与公司的赢利联系起来，他认为不论公司的目的是什么，这种“绿色”举措都会使企业从中获益。许多企业也逐渐相信，致力于解决环境问题最终将提高他们的经营业绩。比如，天津开发区摩托罗拉（中国）电子有限公司，实现了“环境保护，舍我其谁”的承诺，顺利通过ISO 14000 的认证。摩托罗拉被冠以有强烈社会责任感和良知，企业道德高尚的美誉，使企业形象更胜一筹，获得了天津开发区“环保形象第一”的荣誉。相反，不注重企业形象的绿色问题，则会招致重大损失。人们所熟知的美国埃克森公司“瓦尔代兹号”巨型油轮原油泄漏，从而污染阿拉斯加威廉太子湾的案例，就是因为公司有关人员绿色意识淡薄，没能及时、妥善地处理这一涉及环境污染的危机，致使成千上万名消费者退回了他们的信用卡，并转而购买其他品牌的汽油。结果，公司不仅要花费近 20 亿美元弥补经营损失，还要花上几百万美元去改进操作并修复其公众形象[174]。

5.2.2 成本推动力

正像前面问题分析的那样，企业能够形成共生体，是在“利己”和“利他”关系的组合中形成的。单纯利己，没有企业与其组合；只有利他，企业自身不能生存。在两者权衡之中，企业寻找到最佳组合点，构成共生体，即 EIP。由前面分析共生律得知，企业寻求一种生存成本最低、生存快乐最高的生存方式。这里反映 3 个信息，即生存成本、生存快乐、生存方式。本问题主要探讨生存成本，下一个问题分析生存快乐，即最大收益，而生存方式，就是建立 EIP。

5.2.2.1 生存成本的形成机制

在上述共生律阐述中得知，生存成本在企业活动过程中，总是处于变动中，在生存目标既定的情况下，究竟选择什么样的生存方式，主要是受生存成本的制约。生存成本的数量关系式是：

$$c_L = c_p + c_t \tag{5.4}$$

式中：c_L——生存成本；

c_p——生产成本；

c_t——交易成本。

生态工业园中的企业面临的交易成本主要包括：搜寻成本、谈判成本、履约成本、风险成本和其他成本。这点与一般企业面临的交易成本相同，对 EIP 企业来说，交易成本的增加会提高企业的生存成本，成为企业选择共生网络的一个障碍因素。生产成本则是指为生产一定种类和数量的产品所发生的耗费。如果是独生，则没有交易成本，生存成本等于生产成本；如果是社会性的生存就要发生交易成本。所以，企业的生存成本是生产成本与交易成本之和。

若进一步考虑，企业总是在一个不确定的环境中，生存的风险成为一种生存成本。对于未来，生存风险是不确定的，但每个企业都会有一定的风险预期。因此，对未来，生存成本应该包括风险因素，表示为：

$$c_L = (1+\delta)(c_p + c_t) \tag{5.5}$$

式中：δ——风险预期值。

所以，无论企业以何种形式生存，只要有生产活动，就会有生产成本，但实际上，企业在生产活动中，不可避免会与其他企业、组织产生联系，特别是在 EIP 中，还有与其他园区企业、社区、政府、顾客等形成共生关系，而这种关系的形成是有付出的，这一付出称为交易成本。存在于社会中的 EIP 的生存成本应该是由生产成本和交易成本构成。又由于 EIP 企业今后的发展预期是不确定的，若将这一不确定因素考虑进去，此时 EIP 的生存成本应该是关于风险因素的函数。这一函数关系适用于任何类型企业的生存成本的描述。生存成本的形成机理源于企业的活动、企业的共生付出、企业今后的风险预期。

5.2.2.2 生存成本的传导机制

这里所涉及的传导机制，是指企业生存成本的变动对 EIP 形成的推动作用。EIP 企业之所以能够组合成为一个共生体的主要因素，就是共生所带来的较低的生存成本。由于园区内企业间废物利用的上下游关系节约了单个企业对废物的处理成本，同时降低了污染物排放受到惩罚的可能性，可以大大减少园区企业生存成本中的交易成本，即降低了园区企业的生存成本，推动了 EIP 的形成。如果企业不参加共生网络，此时对废物的处理有两种可能，一种是自己处理，要支付相应的费用；另一种是排放，要承担被惩罚的风险。这两者合计为不合作费用。但是，园区的建设和维护需要园区企业的共同投资，会产生新的费用，还会有非合作企业所产生的非合作成本，对此，王兆华博士[176]（2003）用下面的模型进行分析。

$$d_i = H_i(x_i, r_i)A_i \quad (r_1, \cdots, r_{i-1}, r_{i+1}, \cdots, r_n) \qquad (5.6)$$

式中：d_i——企业 i 产生的副产品除了在工业共生网络中交换外，通过采用非合作手段处理的数量；

H_i——废物生产函数，它取决于企业自己的废物产量水平 x_i 和它在工业共生网络中投入的要素 r_i（如人力资本、资金和技术）；

A_i——共生网络中其他企业所产生的“共生效应”对企业 i 所产生的影响程度，称为共生效应度，它取决于其他企业在循环网络中投入的要素 $r_{m\neq i}\geqslant 0$，随着 r_m 的增加，A_i 从 1 减少到 0，并且 $1\geqslant A_i\geqslant 0$。

由此可见，企业增加对工业共生网络的要素投入会减少其向自然界排放废物的数量，并且所产生的“共生效应”会对其他企业产生积极的影响，有利于副产品在园区内的流动。若考虑非合作成本的因素，企业在其他变量不变的情况下，企业 i 在循环网络中投入的要素数量随着非合作处理成本的升高而增加，随着投入要素的价格升高而减少。

所以，EIP 生存成本的传导规律是，随着非合作处理成本的提高，企业将会偏向采用网络处理废物；随着有关部门制定的排放标准的变化，企业又会重新界定其面临的状态，又会寻找新的合作伙伴，将其废物纳入 EIP 的整个网络体系中，以寻求最低的废物处理费用，即寻求最低的生存成本，由此形成 EIP 形成的推动力。

5.2.2.3 生存成本的降低途径

由于 EIP 的生存成本主要受 3 个因素的影响：生产成本、交易费用和预期风险，若能降低这三项内容，就可以减少生存成本。

（1）低采购成本。采购成本是园区企业生产成本构成的主要内容，而园区企业之间食物链突出体现了企业间产品或副产品相互利用的关系。由于在 EIP 内，上游企业的生产副产品或废物可以作为下游企业的原、辅材料，本来是令企业头疼的“废物”，却是另一家企业的生产原料。这种放错位置的资源的价格都是非常低的，有些甚至是免费的，企业通过企业共生网络获得这种原材料，使得企业大大降低了企业的采购成本。对 EIP 而言，不仅减少了废物的排放量，也提高了资源的利用效率。

（2）低运输费用。从目前各国建立 EIP 位置分布看，更多的园区是聚集在一起的分布格局，真正意义上的虚拟 EIP 是美国得州的布朗斯维尔。所以，不论是改造的园区还是新建的园区，企业在选址问题上首要考虑的因素就是生产资源的供应是否便利，一般都选择在距离资源近的地方建厂，形成园区企业的聚集，空间的近距离使得减少运输成本成为可能。由于企业集聚和共生现象的存在，原材料、副产品和产成品的运输大多成为短距离的门对门运输，运输费用大大降低，为企业生产提供了便利，提高了企业的生产效率，降低了库存，甚至有些企业的原材料运输费用降到了最低限度，这在企业分散经营的情况下是不可能实现的。这成为吸引企业进入园区的因素之一。

（3）低交易费用。通过园区成员的合作，不仅使企业避免自行处理的非合作成本（处理装置投资运行费用、废物焚烧费、填埋费以及排污费等），而且企业间的频繁交流降低了交易成本。工业共生的实质就是企业之间的合作，而交易费用是影响企业合作的一个重要因素，任何企业都具有追求交易费用的偏好。事实上，交易费用的存在降低了交易效率，损害了资产的经济专用性和资源的有效配置。而交易费用的大小则主要受到交易发生的频率、不确定性以及资产专用性 3 个维度的影响。将 EIP 与非 EIP 不同组织形式的交易费用进行比较，见表 5-1。

表 5-1 EIP 企业与非 EIP 企业比较

比较项目	非 EIP	EIP
交易频率	高或低	很高
资产专业性	很少涉及	涉及
不确定性	高	低
主体行为选择	独立	相互依赖

资料来源：李继刚（2006）。

（4）低预期风险。EIP 是由众多的相关企业构成的具有高度专业化的网络体系，各企业之间存在非常紧密的联系，每个企业在整个产品的产业链上只占一个或少数几个分工环节，彼此之间交易频繁，相互依赖。这种组织形式的一个突出优势就是增加企业彼此之间的信任，减少市场的不确定性，降低市场风险，从而起到降低企业交易费用和提高资源有效配置的作用[179]。

5.2.3 案例分析

仍以丹麦卡伦堡 EIP 为例，从自然资源条件看，卡伦堡是个缺水地区，年降雨量约为 600 mm，人均水资源量不到 500 m^3，接近重度缺水线，在丹麦属于缺水地区。20 世纪 50 年代，大批工业进入这个地区，加剧了该地区资源性缺水。热电厂、炼油厂、制药厂和石膏厂等在生产过程中产生的废物对环境的影响日益凸显，致使卡伦堡各企业面临资源匮乏和环境污染的困境。资源环境的压力，推动卡伦堡各企业寻找减缓压力、降低成本的出路。

Asonaes 电厂工作的热效率约为 40%，Statoil 炼油厂大部分可燃气体也都白白燃烧掉了。为了充分利用多余的资源，节约成本，围绕这两家大型企业在园区内开始形成了一系列的工业共生关系。

- 通过 Asonaes 电厂向 Statoil 炼油厂、Novo Nordisk 制药厂和全镇居民供应发电过程中产生的蒸汽供热，由此关闭了镇上 3 500 座燃烧油渣的炉子，减少了大量的烟尘排放。
- Asonaes 电厂使用附近海湾内的海水满足其冷却需要，这样做减少了对 Tisso 淡水的需求，其副产品为热海水，其中一小部分又可供应给渔场的 57 个池塘。
- Novo Nordisk 制药厂的工艺废料和渔场水处理装置中的淤泥用作附近农场的化肥，这是整个卡伦堡交换网的一大部分，总计每年 100 万 t。
- Asonaes 电厂将其烟道气中的 SO_2 与 $CaCO_3$ 反应制得 $CaSO_4$（石膏），廉价卖给 Gyproc 石膏板厂，能达到其需求量的 2/3。

➢ Novo Nordisk 制药厂利用部分电厂热能取代自行制热，以其发酵工艺的副产品开发了农用肥料供给附近的农场。

通过工业园内各企业之间在水、能源和材料方面的交换，使参与企业大大降低了生产成本，具体情况见表 5-2。

表 5-2 卡伦堡 EIP 资源交换的估算（2000 年）

资源	提供者	接收者	付费/免费	开始时间/a	数量/（t/a）
燃料气	炼油厂	石膏厂	付费	1972	8 000
淤泥	制药厂	农场	免费	1976	1 100 000
飞灰	电厂	水泥厂	付费	1979	200 000
废热	电厂	居民	付费	1981	225 000
蒸汽	电厂	制药厂	付费	1982	215 000
废热	电厂	炼油厂	付费	1982	140 000
热海水	电厂	养鱼场	免费	1989	—
硫	炼油厂	硫酸厂	付费	1990	2 800
中水	炼油厂	电厂	免费	1990	200 000
燃气	炼油厂	电厂	付费	1992	60 000
石膏	电厂	石膏厂	付费	1993	85 000

资料来源：王兆华（2003）。

通过估算发现，这些本来应作为废物处理掉的资源，通过企业间的交换，节省了大量的生产成本，每年交换中的能量约与 Asonaes 电厂购买的煤的数量相同（200 万 t/a），或与 Statiol 炼油厂从北海油田采购的原油吨数相当（180 万 t/a），由于企业间合作带来的低成本，推动企业组合成共生体系。

5.3 拉动力分析

在共生律的分析中，企业寻找生存成本最低、生存快乐最高的生存方式，生存快乐对企业的含义就是一种满足，而这种满足是由内在企业利益的获得和外在顾客需求的满足。

5.3.1 利益拉动力

在实践中，企业会将回收、循环利用副产品和废物发生的费用，与购买新原料和简单处置废物发生的费用之间权衡，如果前者大于后者，即使废物的再利用和循环技术可行，企业也可能不会这样做，除非在经济上是有利可图的。利益驱动是园区内成员间合作和互动的原动力，作为企业生存快乐的利益可分为以下几方面：集群经济效益、规模经济效益和潜在经济效益。

5.3.1.1 集群经济效益的拉动

所谓集群经济效益，是指 EIP 由于地理位置的接近，使得园区在生产、流通、分配、消费等方面互为条件、相互协调，为 EIP 创造了生产较多微观经济效益的外部条件，从而使 EIP 集聚区域整体在付出较少的活劳动和物化劳动投入的情况下，能得到比一般地区经济上高得多的产出效应。

从 EIP 管理者角度看，这些集群企业可以从管理者那里获得政策、信息和基础设施等方面优惠的条件，例如向集群中的企业提供基础设施、提供培训服务、提供特殊信息服务等。通过园区管理者的政策引导和制度设计，集群会形成一种良好的运作机制，在该集群中的企业、公共部门（特别是地方政府）和非政府组织之间可以相互交流。这种交流可以提高企业间合作的效率，例如共同营销、共同设计、共同培训等，这些都会增加集群内企业的利益，使建立企业共生网络的企业比分散的企业能获得更好的经济效益。

从园区企业生产需求角度看，一般来说，一家企业的需求是多方面的，而自己的供给能力是有限的，这时企业成本的降低靠自己是困难的。而若干家具有生产关联关系的企业集聚在一起，情况就不同了，需求的急剧增长，会使相应的供应商出现，从而使成本得以大幅度地降低。这种具有关联关系的企业集聚在生态工业园内不仅使共生企业获得了降低成本的收益，也有助于衍生新的相关产业和服务业，随着进入园区的企业增多，会使共生链条上的各环节获益，并可能形成新的市场，市场的不断发展，反过来将进一步降低生产成本[174]。

5.3.1.2 规模经济效益的拉动

所谓规模经济效益，是指 EIP 伴随生产能力的扩大而导致生产批量扩大，从而使生产的单位成本下降、收益上升的一种规律性现象。

实现规模经济效益的形式很多，最基础的就是分工、协作。对于 EIP 来说，也具有这种特性，一方面表现在 EIP 自身的规模不断扩大；另一方面表现在园区内具有一系列的大型或特大型企业，为了追求规模经济，这些企业在生产规模上不断拓展。王兆华博士[174]（2003）将 EIP 规模经济的演化过程作如下分析，在生产集中化、大型特大型企业内部分工协作发展的同时，伴随着生产分散化，围绕着大型特大型主导企业的生产经营，大量中小企业为之提供“少而专”的生产技术劳务协作，首先“集中规模”从而造成“带动规模”产生“规模效益”。因此，对于 EIP 内的企业来说，工业共生发展到一定程度，会获得两种规模经济效益：一是园区内出现达到经济规模的大企业，获得规模经济效益；二是若干小企业在 EIP 内，从生产的密切联系度上形成了一个“联合型的大企业”，在 EIP 生产经营中获得的这种规模效益形成了对小企业的强大吸引力。

但是，EIP 的形成和发展是在规模经济和规模不经济两个合力的共同作用下进行的。规模经济是随着经济规模的扩大，产生工业园有利于产业集聚的正效应（如上下游产业的出现、服务设施的完善等）；规模不经济是随着经济规模的扩大，工业园产生了不利于产业集群的负效应（如生产要素价格的上升、环境容量的下降等）。一般说来，在生态工业园经济规模较小的早期发展阶段，规模经济作用力大于规模不经济作用力，集聚效应是增加的；当生态工业园经济规模发展到一定阶段以后，规模不经济的作用力则大于规模经济作用力，这一时期集聚效应呈下降趋势。在这种集聚效应的作用下，生态工业园经济规模不断发展变化，形成了一个合理的经济规模区间。不同工业性质的工业园，其合理的经济规模区间不同。

5.3.1.3 潜在经济效益的拉动

目前，虽然 EIP 建设在世界一些国家仍然停留在理论探讨和实践的尝试阶段，但根据已建立的 EIP 经验看，显示出令人瞩目的经济效益、社会效益和环境效益。这些大多都是显性效益。EIP 带给我们的不仅是这些显性效益，还有潜在的经济效益产生。EIP 是以资源的高效利用和循环利用为目标，其目的是通过资源高效和循环利用，实现污染的低排放甚至零排放。由于资源的有限性，世界上的资源消耗得越快，世界上所剩下可使用资源的时间也就相应的越来越少。也就是说如果我们增加资源的消费，我们不但不能节省时间，而且会更快地失去时间。若从热力学第二定律分析，EIP 的目标和运行结果可以使得熵增加的速度变缓，尽管目前这种变缓的力度还不十分明显，但它可以将物质循环路径延长，正是这种物质能量的多次利用形成的延长路径，在地球资源有限的大前提下，延缓了资源耗竭的时间，同时也赢得了人类到达资源耗竭之前开发出新能源的宝贵时间。赢得的宝贵时间就是 EIP 带来的潜在经济效益，这种潜在的经济效益对我们都是有益的。

5.3.2 需求拉动力

需求拉动力是在消费者对企业提供的商品和服务认可并形成有效需求的前提下形成的。

5.3.2.1 企业在需求拉动力形成中的主导作用

EIP 在寻求生存快乐的过程中，企业效益目标是有条件的，即必须以满足市场需求为前提。EIP 作为提供产品或服务的经济组织，只有当其提供的产品和服务能够满足市场需要时，用户才会消费这种产品或服务，这种产品或服务才有销路，其价值也才能得到体现，这是一个 EIP 在市场中生存的先决条件。企业为了生存和获利，就必须能生产出符合市场需要的产品或服务。若无市场需求，任何努力都无利可图。

5.3.2.2 消费者在需求拉动力形成中的决定作用

消费者的购买倾向直接影响着产品的发展方向，消费者购买力的实现，决定着有效需求的形成。仅以我国绿色食品生产为例，2005年我国绿色食品产品销售额为 1 030 亿元，2000—2005 年年均增长率为 20.8%。另据调查资料显示，84%的荷兰人、90%的德国人、89%的美国人在购物时会考虑消费品的环保标准，85%的瑞典人愿为环境清洁支付较高的价格，80%的加拿大人愿多付 10%的钱购买对环境有益的产品，77%的日本人只挑选和购买有环保标志的产品。2005年国内的一项调查显示，我国消费者绿色消费意识有所加强，大约有 62.7%的消费者“购买无污染”和“无损害健康”的商品，87.6%的消费者认为购买绿色商品有必要。

消费者的这种需求对产品的生产具有反作用，可以影响企业经营思想，促使其加大环境保护措施，改善产品的环境绩效，从而达到降低能耗、减少污染、保护环境、增加效益的目的。由于只有符合质量和环保双重标准的产品才能获得消费者的青睐，这就要求企业从资源节约和环境保护方面注重产品的选材、生产、加工、包装、销售、回收、资源化处置，使企业的环境保护与经济利益挂钩。这一方面促使 EIP 的生产要符合消费者的环保需求；另一方面还可以提升企业产品的国际竞争力。EIP 的生态性不仅体现在建立废物利用网络上，还应体现在其产品的绿色环保的特性，所以，从这点来看，EIP 的生产目的和消费者的绿色需求一致，有需求才有市场，有市场才有竞争。因此，消费需求也成为加入 EIP 的动力之一。

5.3.3 案例分析

仍以卡伦堡为例。在卡伦堡，对于每个参与者来说，都是交易成本低的利益驱动使他们走到一起。制药厂之所以选择电厂的蒸汽，是因为比自己生产的蒸汽更省钱。同样，石膏板厂用电厂脱硫产生的石膏也是为了节省资金，使产品的成本降低。这是卡伦堡生态工业园存在并发展的核心。具体利用情况在表 5-2 已经列示。这些企业与政府间建立了颇为创新的生态共生关系，他们通过市场交易共享水、气、废气、废物等，并实现经济利益的共享[96]。

卡伦堡 EIP 通过园区企业间副产品的相互利用，使得工业污染降低了，水污染减少了，浪费减少了，但利润却得到了提高。据报道，过去 20 年间卡伦堡共投资 16 个废料交换工程，总投资额约为 7 000 万美元。到 2002 年为止，节约的经济效益已达 2 亿美元，投资平均折旧时间短于 5 年，取得了巨大的环境效益和经济效益。

到目前为止，卡伦堡 EIP 实现了地下水 210 万 m^3/a，地表水 120 万 m^3/a，总计 330 m^3/a 的节水能力，占地区水资源量的约 1/5，占其原用水量的约 1/3，也就是说以原来 2/3 的水耗支持了现在还在增长的经济发展，成绩斐然。同时形成石油节约能力 2 万 t/a，如果丹麦都以这种水平节约，相当年节约 360 万 t，相当于丹麦年用量的 1/3，也就是说丹麦能耗都做到卡伦堡水平可少用 1/5 的石油。此外，节约生石膏 20 万 t/a，环境效益十分突出。具体见表 5-3。

表 5-3　卡伦堡 EIP 主要效益

	项目	具体内容
经济效益	节约水	210 万 m^3 地下水和 120 万 m^3 地表水
	节约油	20 000 t
	节约天然石膏	20 万 t
环境效益	减少 SO_2 排放	380 t
	减少粉尘	80 000 t
社会效益	回收并处理纸板	13 000 t
	回收碎石和混凝土	7 000 t
	回收园区垃圾	15 000 t
	回收钢铁和其他金属	4 000 t
	回收玻璃和瓶子	1 800 t

资料来源：吴季松：循环经济综论（2006）。

总的来看，卡伦堡 EIP 通过不同企业之间资源利用的先进理念，实现了资源的循环利用、减少了资源消耗、减少了对环境的不利影响等，在生产过程中提高了能源综合利用效率。

5.4 约束力分析

可以将约束力分为外部约束机制和内部约束机制。

5.4.1 外部约束机制

外部约束机制主要是指政府在 EIP 建设方面的参与、导向作用，具体可分为法律手段和经济手段。

5.4.1.1 法律手段

（1）日本的法律手段。日本是一个人多地少、资源匮乏、能源短缺的岛国，它的工业化和现代化是以沉重的环境代价换来的。日本政府较早地关注经济发展与生态环境的关系，探寻人与自然、经济与社会和谐发展的路径。自 20 世纪 90 年代开始，日本政府围绕建设循环型社会的目标逐步加强了相关的法律建设，先后制定了多层次、多方面的法律法规体系，表 5-4 是对日本相关法律体系的简单介绍。

表 5-4 日本循环经济相关法律一览表

名称	执行时间	主要内容
《容器包装循环法》	1997.4	容器包装生产企业负有对用毕废物回收利用的处理的义务，费用加入售价
《绿色采购法》	2000.4	制定的环境友好产品的类型有再生打印纸、低污染办公车、节能型复印机等
《循环型社会形成促进基本法》	2001.1	建立循环型社会的根本原则是：促进物质的循环，以减轻环境负荷，从而谋求实现经济的健全发展，构筑可持续发展的社会
《废弃物处理法》	2001.4	推行废物在废物处理中心处理；推行产业废弃物管理票单制度，记载废弃物从排出者、中间处理者到最终处理者的情况
《资源有效利用促进法》	2001.4	强调废弃物的减少；部件的再使用；循环的强化：生产者有回收废产品循环利用的义务

名称	执行时间	主要内容
《家电循环法》	2001.4	废弃电视、冰箱、空调和洗衣机由厂家负责回收、再生和处置，用户向厂家交付少量再循环所需费用
《食品废弃物再生法》	2001.5	抑制产生、减量、以供饲料、肥料和沼气发电的方式予以再生利用
《建设循环法》	2002.1	要求建筑商做好分类解体和再生利用外，对新建筑的设计亦应努力提高使用寿命，为减少废物创造条件

资料来源：根据资料整理[180、181]。

日本政府所实施的以上法律，既有各自的针对性和独立性，又相互关联、相互制约，构成了一个完整的、配套的法律体系。《循环型社会形成促进基本法》是一部基本大法，《废弃物处理法》和《再生资源利用促进法》是两部综合性的法律，《容器包装循环法》《家电循环法》《食品废弃物再生法》《建设循环法》和《绿色采购法》是 5 部根据各种产品的性质制定的具体法律法规，其目的都是争取一方面控制垃圾数量，实现资源再利用，另一方面为建立“循环型社会”奠定基础，并逐步走向“循环型社会”。

除此以外，法规中还规定了废物产生者的生产责任和回收义务，确定了废物处理的优先顺序，即生产过程中的废物减量化→再使用→循环再利用→热回收→安全处置，构成了从废弃物产生到最后处置的一整套法律法规文件。

（2）德国的法律手段。德国循环经济立法主要是针对循环经济发展的不同阶段以及出现的不同现象而制定的。采取先个别再整体的原则，先个别领域逐步建立一些相关法规，随后再出台整体性循环经济法律的立法步骤，有关法律法规经过不断实践、修订，现已形成条款日益严密、结构不断完善的循环经济法律体系，涉及社会的各行各业，从生产领域到消费领域、从单一个体到整个社会，这些详尽的法律法规使循环经济发展有了强有力的保障。

德国循环经济发展主要分为以下几个阶段：

第一阶段：从混沌无序到末端处理（1972—1986 年）；第二阶段：从末端处理到全程管理（1986—1996 年）；第三阶段：物质闭路循环与资源循环利用（1996—2000 年）；第四阶段：重点向再生能源方向发展（2000 年以后）。其主要颁布与实施的法律见表 5-5。

表 5-5　德国循环经济相关法律一览表

名称	执行时间/a	主要内容
《废弃物处理法》	1972	其重心在于促进各州制订出自己的废弃物处理计划，这些计划旨在组织起一个有秩序的废弃物处理体系
《垃圾经济项目》	1975	它基于《废弃物处理法》而产生，又以相关规定为背景，所以这个项目意味着迈向垃圾经济的第一步
《废弃物法》	1986	强调对于重新利用和废弃物处理的规定。它第一次明确规定，对废弃物的可利用部分应当尽可能地加以重新利用，只有那些实在无法进行再循环的部分，才可以焚烧或填埋
《包装法》	1991	核心原则就是排污者负担原则：谁生产包装谁就该回收包装。其目的在于尽量减少由包装产生的垃圾。如果是产品非包装不可的，应该根据需要重复使用或是重新利用
《循环经济法与废料法》	1996	主要内容是从清除废料的路子回归循环经济，顾名思义是回收废品再利用，其结果是原料的资源得到了有效的保护，废料少的产品得到了开发，而从长远来看，消费和生产系统将被改造成一个循环经济

（3）我国的法律手段。我国目前包含有循环经济内容的法律主要有：《环境保护法》《矿产资源法》《节约能源法》《清洁生产促进法》《水法》《水土保持法》《土地管理法》《政府采购法》《大气污染防治法》《固体废物污染环境防治法》《水污染防治法》《环境影响评价法》《可再生能源法》《农业法》《草原法》《森林法》《渔业法》《电力法》等。其中《固体废物污染环境防治法》

《节约能源法》《清洁生产促进法》中较多体现了循环经济的相关要求。如《固体废物污染环境防治法》第三条规定“国家对固体废物污染环境的防治，实行减少固体废物的产生量和危害性、充分合理利用固体废物和无害化处置固体废物的原则，促进清洁生产和循环经济发展”。这一规定从废物的减量化和综合利用以及清洁生产方面体现循环经济的要求。与日本和德国相应法律制度建立比较，我国这方面的工作还有待完善。若将制定的范围扩展到环境保护，我国自 20 世纪 80 年代以来制定的相应法律条文见表 5-6。

表 5-6　我国关于环境保护法律法规一览表

项目	起止时间	颁布数量/个	主要涵盖范围
国务院颁布法律	1979—2005 年	32	《固体废物污染环境防治法》《放射性污染防治法》《环境影响评价法》《清洁生产促进法》《节约能源法》等
国务院颁布法规	1983—2007 年	31	《医疗废物管理条例》《排污费征收使用管理条例》《水污染防治法实施细则》《海洋石油勘探开发环境保护管理条例》等
国务院规范性文件	1984—2007 年	90	国务院办公厅《关于开展资源节约活动的通知》、发布《再生资源回收管理办法》《节能减排全民行动实施方案的通知》等
部门规章	1987—2007 年	76	《水污染物排放许可证管理暂行办法》《电子废物污染环境防治管理办法》《污染源自动监控管理办法》等
部门规范性文件	1988—2007 年	170	《关于开展生态补偿试点工作的指导意见》、发布《再生资源回收管理办法》《关于发布固体废物鉴别导则》等

资料来源：国家环境保护部网站. http: //www.zhb.gov.cn/law/hjjzc/。

从总体上看，循环经济方面的法制建设仍然薄弱，不能适应发展循环经济的要求。主要表现在：立法指导思想和立法原则不明确；不同层面与层次的循环经济法律规范缺失；没有确立循环经济法律的基本原则和主要的制度；没有建立起循环经济法律体系。因而我国循环经济法制建设面临艰巨的任务。《循环经济法》从 2005 年开始由全国人大环资委组织起草，目前已经完成了从草案起草到广泛征求意见的各个阶段，即将提交全国人大常委会审议[182]。

5.4.1.2 经济手段

从各国情况看，经济手段往往滞后于法律手段的实施。形成这种状况的原因主要是技术经济的成本效益比较。人们习惯于把资金投入到提高材料开采、加工制造等生产技术上去，人们比较注重这些方面的技术创新，这就使得很多原材料开采、加工制造的直接经济成本日益降低。由于对资源有限性没有充分的认识，因此很少有企业会投入大量的资金去对各种废旧产品和废弃物进行利用或回收，从而导致最后的结果是浪费了大量的资源，废旧产品和废弃物的处理技术也发展滞后。在很多情况下，把废旧产品和生产过程中产生的废弃物变为有用资源的再生成本比购买新资源的价格相对更高。这源于生态环境是一种公共资源，具有公共性，从而造成公共资源的"私人"使用与社会付出成本的不对称性，使得初次资源和再生资源的价格形成机制不同。前者用社会成本代替了后者的"私人"成本，在市场竞争中自然处于有利地位。这是市场对经济增长社会成本的低估。这种低估仅靠市场自身的力量是无法修正的。作为人类生存与发展的基本条件——生态环境，必须通过新的经济制度安排，才能实现由人类生存要素向生产要素的转化，才能通过市场经济体制实现它的保护与可持续利用。因此，在上述法律的制定情况下，政府还必须制定各种经济政策，充分利用市场手段，通过惩罚和奖励双重激励措施，把外部性转变为内部性，来进一步推动 EIP 的建立。

（1）德国采取的经济手段。目前，德国循环经济的核心是垃圾的处理和再利用，为了在法律制度的基础上进一步推动德国垃圾管理的有效进行，促进垃圾源的削减和回收利用活动的进行，为垃圾处理提供资金，德国政府制定了许多经济政策来激励居民和厂商的生产，引导全社会参与到垃圾处理的活动中。政府规定：如果对废物再利用在技术上可行，经济上有利并且对多获得的材料或能源存在市场的话，废物的制造者和占有者有义务对废物加以再利用。

对德国颁布实施的主要经济政策作简单分析看出，德国主要经济政策有：政府的财政支出、税收政策、排污收费政策以及相关的激励政策。对消费者、经济部门和国家合理利用废料的行为给予鼓励，通过法律迫使其具有合理处理废料的义务，已经写入法律的“污染者付费”这种经济政策在德国实施比较成功。排污收费是对单位污染物征收的费用，这种收费旨在消减污染，是一种末端治理的经济手段。有时很难对众多的污染者进行监测，需要一些税收政策配合来实施，比如消费税、资源税、特别税、环境服务税、污染产品税等。德国已开始征收生态税，除风能、太阳能等可再生能源外，其他能源例如汽油、电能都要收取生态税。德国在一定程度上也通过税收优惠的方式作为对进行生态保护的企业给予一定的补贴，如德国对采取措施减少废水等有害物排放的单位、地区或部门免除其缴纳废水费的义务，污水处理厂在计划投入运转日期前的连续三年内免缴费等；德国还实施税负转移政策，如：减少收入税增加能源税等。以上这些政策的制定及演变，将有利于减轻企业、公民的负担，都将进一步促进社会经济与自然环境和谐地发展。

（2）美国采取的经济手段。在美国 EIP 的发展，政府颁布的政策法规起到了很大的作用，美国联邦环境的技术支持在 1994 年接近 40 亿美元，美国环保局的“褐色土地经济开发举措”对褐色土地再开发实验项目给予 20 万美元的奖励，已经奖励了 62 个实验项目。在成功园区中，政府的角色主要是：把园区的开发事业纳入州和地方经济发展战略中；简化规划、许可证的发放及园区开发相关的法规；分担园区的集资；提供技术支持、技术转让与培训；给予必要的激励——税收减免、发行工业开发公债和推行奖励办法、推动园区之间的信息交流等。

（3）日本采取的经济手段。日本在发展培育 EIP 方面在经济政策上也有所体现。中央制定了 EIP 补偿金制度，由环境省和经产省执行。在现有园区的 40 个静脉产业设施中，环境省主要资助 EIP 的软硬件设施建设和科学研究与技术开发；经产省主要资助硬件设施建设，与“3R”相关技术的研发及生态产品开发等。个别设施项目由两省共同承担。对全国现有 23 个园区的 40 多个静脉产业企业，经产省给予经费支持的占 20%左右，环境省支持的约 30%。这几年，随着技术成熟和局面打开，两省支持经费在减少。如经产省由最多时每年均 80 亿日元，降至 2003 年的 15 亿日元。此外，对于参与循环型事业的地方政府、非营利组织及居民，由两省共同出资予以补助。由此也可看出，日本经济部门负有对新建企业进行资金援助的主要责任，而环境部门除对入园企业给予一定的经费资助外，在园区环境管理、废弃物回收和处理指导等方面起主要作用。

（4）我国采取的经济手段。我国没有专门的关于 EIP 的经济政策，同样，将范围扩展到环境保护，我国自 20 世纪 80 年代以来国家和地方颁布的经济政策见表 5-7。

表 5-7　我国自 20 世纪 80 年代以来关于环境保护经济政策一览表

项目	起止时间	颁布数量/个	主要涵盖范围
国家发布经济政策	1993—2007 年	55	关于开展生态补偿试点工作的指导意见，财政部、环保总局关于环境标志产品政府采购实施的意见等
地方发布经济政策	1996—2007 年	27	湖北创新排污费征收机制、山东省地方税务局关于发挥税收扶持作用促进循环经济发展的意见等

资料来源：国家环境保护部网站. http://www.2hb.gov.cn/law/hjjzc/.

所以，为了能够保护与促进 EIP 的发展，国家和地方应给予园区更多的经济优惠政策，这也是我国在经济手段方面需要健全的内容。

5.4.2 内部约束机制

5.4.2.1 园区信息管理

信息沟通是形成 EIP 的前提。由于 EIP 的建设涉及经济发展、生态建设、环境保护、市场投入、基础设施等众多的领域，需要协调各部门统一行动、共同推进，这就需要有一个权威性强、控制力高、运转协调集约高效的决策调控机构，并配置相应组织领导和工作机构。EIP 信息系统包括相关政策、入园项目指南、园区工业网络设计、清洁生产技术、物质流集成设计、园区环境管理手段等。完备、高效的信息系统可以为相关工作领域的工作人员提供资源共享、信息查询和网上帮助，尤其是工业网络设计中的相关信息，可以为行业之间的配对关系提供帮助，物质流集成设计可以为某种行业能源、水、资源或废物查询到最佳的流动渠道和最佳的利用技术，是园区内设计人员和管理人员的重要信息来源。因此，建立信息的收集、整理、传递、使用制度就成为 EIP 管理工作的重要内容之一。

5.4.2.2 企业之间信任

相互信用是缔结 EIP 的基础。园区企业之间的信任就像黏合剂，有效地将园区企业组合在一起，构成园区形成的动力。正是由于园区企业之间的相互信任，可以大大降低企业间的交易成本，同样提升了园区的竞争力。集群效益来自于集群内部各企业的协同发展。对于集群企业的竞争优势，企业间信任的作用已经被人们达成共识。集群内的企业可以通过合作获得外部规模经济，同时企业之间建立一种以合作和信任为基础的社会网络能够降低交易成本，形成外部范围经济。企业之间的相互信任还有助于不同产业间企业进行合作以推动技术创新；信任可以提高产业链的快速反应能力；同时，企业也会相对容易地获得集群外企业的信任和其他机构的信任，在获得金融资本、技术、公共服务等方面占据优势。

为了防止企业在经营过程中采取投机行为，损害合作者的利益，必须在园区范围内，从管理、组织机构等方面建立与 EIP 建设目标相配套的信用管理评估体系和信用中介机构，以防止园区企业的投机行为，保障园区企业间的合作效果，增强企业的自律能力。

5.4.2.3 网络链条的稳定

网络链条是组成 EIP 的必要手段。EIP 企业间的“食物链”，既是一条能量转换链，也是一条物质传递链。物质流和能源流沿着“工业生态产业链”逐级逐层次流动，并在其中获得最大限度地利用，使废弃物资源化实现再生增值。前面内容中提到的“3R”原则中的“减量”原则，包括减少资源消耗量和向环境中废弃污物的排放量。减量的有效措施是资源的梯级利用。若将存在产品相互利用的企业看做为节点，资源的梯级利用过程看做为链条，减量的有效措施就是增加链条的节点，而链条的稳定与否是节点能否增加的关键。

增加园区企业网络稳定性受到企业、政府、社区多方制约与影响，同时与企业之间关联度有关。从某种角度看，EIP 是个动态组合体，随着内外部条件的变化，园区企业的组合也在发生变化。关联企业不一定分布在同一空间范围，也许在不同的空间范围，各类产业或企业间具有产业关联度或潜在关联度，即各产业间存在着物质流、信息流和能量流的传递关系，或者通过一定环节的补充，能够在各产业间建立起多通道的产业连接，形成互动关系。园区稳定性增强，减少风险，成为吸引企业进入园区的因素。

5.4.3 案例分析

丹麦卡伦堡的运作过程说明了园区企业间信任的重要性。卡伦堡 EIP 是一个由各独立企业自发联合，并通过 30 余年演化而最终形成这个成功的 EIP[183]。当地的企业家之间都有不错私人关系，因此企业的物质、信息交流就一直在不知不觉中进行并发展。因此，园内的企业共生形成远早于人们意识到这就是生态工业园。其后，一个委员会性质的制度设计、信息共享平台自发形成。而企业的紧密联系与企业共生系统运行模式自始至终变化不大。在长期的演化过程中，内部循环闭合得很好的卡伦堡 EIP 的合作系统边界越发扩张，系统内的企业与系统外部的企业有着日益增多地合作，随之系统内部的副产品数据等信息日益公开化[173]。

在总结卡伦堡的成功关键时，我们可以结合卡伦堡内企业 Novo Nordisk 的副总裁 Christensen J.的话进行归纳：① 多种多样的产业必须彼此适应，进行互补生产；② 所有建设项目必须是商业上正确且有利可图；③ 参与系统必须是自愿的；④ 由于运输经济性的存在，参与者间的运输距离尽可能短；⑤ 各家工厂的经理们都彼此相识，而由比较好的私交引出了稳定的信任[184]。生态园区正是在企业遵守生态道德及企业信任的基础上建立起来的。

5.5 支撑力分析

一个成功的 EIP，技术和机构的支撑是必不可少的。

5.5.1 技术支撑力

5.5.1.1 技术支撑切入点

作为 EIP 支撑力的技术，要有两方面的效果，即“利己”与“利他”兼而有之，否则该技术难以推广，这也是 EIP 技术支撑的切入点。如同社会中任何组织和个人，EIP 在与其他组织进行交换共生也要以生存为第一需要。以 EIP 角度看待技术，有“利己”和“利他”之分，用以支撑园区运作的技术，要以“利己”为起源，以“利他”为结果。若单纯追求一方，企业都不会生存发展下去。所以，作为园区支撑技术是将两者有机结合的产物。以“利己”为切入点，达到“利他”的效果。这一对看似矛盾的概念，已经在 EIP 的运作中得到很好的体现。

比如，园区网络中上下游企业废物利用的关系中，上游企业的废物作为下游企业的原料使用，对于上游企业减少了废物处理费用，满足了“利己”，而此废物又被下游企业利用，减少了园区整体的废物排放和环境污染，实现了“利他”。当然，在此过程中不可缺少的技术支持。由于这种以“利己”为出发点，综合体现“利己”和“利他”效果技术的支撑，才会使得 EIP 具有吸引力。

按照学者吴飞驰的观点，企业在交换过程中，如果做不到利他，企业将坐以待毙；而如果在交换过程，不能实现利己，也只有死路一条。故企业只有在交换过程中，通过利他的同时实现利己的目的，才能更好地存活下去[30]。正是由于技术的“利己”，才有可能使得园区企业得以生存，也正是由于技术的“利他”，才有可能使得企业得以发展，两者缺一不可。

我们之所以提倡以“自利”为出发点，是因为这样可以把人们的积极性最大限度地调动出来。事实上，无论是知识产权专利制度还是科研成果评奖制度，实际上都是以“自利”为切入点，使整个社会受益的制度[175]。技术创新要以“自利”为切入点，实现“自利”和“利他”的统一。

5.5.1.2 主要技术措施

EIP 的建设需要有相应的技术支撑，其技术载体就是生态技术。生态技术的特征是污染排放量少，合理利用资源和能源，更多地回收废物和产品，并以环境可接受的方式处置残余的废弃物。“生态技术”体系包括用于消除污染物的环境工程技术，进行废弃物再利用的资源化技术和生产过程的无废少废及生产生态产品的清洁生产技术等。主要类型如下[140]：

（1）污染治理技术。即传统意义上的环境工程技术，这是用来消除污染物质的技术，通过建设废弃物净化装置来实现有毒、有害废弃物的净化处理。其特点是不改变生产系统或工艺程序，只是在生产过程的末端通过净化废弃物实现污染控制。

（2）废物利用技术。这是用来进行废弃物再利用的技术，通过这些技术实现产业废弃物和生活废弃物的资源化处理。

（3）清洁生产技术。这是用来进行无废少废生产的技术，通过这些技术实现生产过程的零排放和制造产品的生态化。

此外，还需一些特定技术做支持。实现物质循环和废物最小化是有一定难度的，要真正实现企业链的稳定发展，还必须有 EIP 的特定技术作为支持，包括信息技术、水重复利用技术、能源综合利用技术、回收与再循环技术、重复利用与替代技术等。

例如，日本国东京电力株式会社和财团法人千叶县都市公社联合在千叶县的幕张新都心高新技术开发区投资约 69 亿日元，建成了地表水水源热泵中央空调系统并于 1990 年 4 月开始投入使用。该技术利用污水处理厂排水水温夏季约为 25℃、冬季约为 17℃且比较稳定的特点，将污水处理厂排水中蓄积的热能通过蓄热式热泵系统为面积为 49 万 m^2 的区域提供了一个稳定的空调源。所提供的热水可达到 47℃，冷水可达到 7℃。在每年提供约 5.4×10^{14} J 热量、取得显著经济效益的同时，向环境减排了 6 800 t 的 CO_2，2.9 t 的氮氧化物。作为一种高效节能、符合循环经济“3R”原则并能充分利用可再生资源的热泵空调技术在建设日本的循环型社会中发挥了重要作用。为“环境产业化”提供了一种新型的绿色高新技术支持[185]。

5.5.1.3 技术链条稳定

EIP 的技术链条就是园区共生网络的食物链，它是园区企业的生存链，链条的稳定与否决定着园区企业的命运。学者杨忠直[186]（2003）将企业生存链或生存网看做是企业生态系统的平衡生存和稳定发展的基础。学者王雯等[187]人（2006）阐述了对于闭环链中可能会出现作用与反作用彼此促进、相互放大的正反馈，或者是彼此抑制、相互抵消的负反馈。正反馈会使得系统发展直至衰败，负反馈会维持系统的稳定。所以在 EIP 的发展过程中应控制正负反馈的功效，加以调整。生态反应链源头的一点点变化都会导致整个链条的逐级扩大，系统中某些次要组分可能会膨胀为主导因子，以至于歧变、难以控制。在这种情况下，生态链的稳定性以及生态链个体间的协调、协作就变得至关重要。

增强园区产业链条的稳定性，培育多条生态链使之形成网络化是保障生态链稳定性的最好条件之一，网络化的最终目的是降低每一条生态链的刚性，使其具有更大的柔性，即稳定性。网络化的构建在实际操作中比较困难，因为只单纯地增加系统要素数量是不够的，必须找到辨识真正合理的内在链接才能达到目的，这需要深入了解入园企业的工业流程等详细资料，加以科学技术的支撑。在工业园区的生态化再造即改造型工业园区中，不可避免地会存在诸如补链企业的入园，以及随着园区的发展新企业入园的情况，所以在旧园区再造过程中应预留相应的接口，扩展生态链的稳定性。新进企业及补链企业作为一种外界环境的输入，系统应具备消化吸收的能力，并不断壮大。

在此基础上，学者段宁等[188]人（2005）对 EIP 稳定性问题进行了调研分析，从调研结果看，无论是面向专家的调查还是面向企业的调查，一致认为技术是否适宜充足是影响园区企业的成败的主要因素。

5.5.2 机构支撑力

EIP 的成功运作不但需要技术的支撑，还要有行使这一功能的机构。下面分别观察德国、日本和我国的情况。

5.5.2.1 德国的情况

德国有效的废品回收系统成为各国效仿的典范。德国在发挥社会中介组织的作用方面，在包装回收系统实施“绿点”计划，能够给我们有益的启示。在发展社会循环经济中，非营利性的社会中介组织可以起到政府公共组织和企业营利性组织所没有的作用。德国的双轨制回收系统（DSD）就是一个发挥了巨大作用的回收中介组织。该包装组织推行回收再利用包装的“绿点系统”。“绿点系统”作为民间企业发起和创建的废物回收系统，享受德国政府的免税政策。这既是民间参与循环经济的样板，也反映了成功的公私合作伙伴关系。负责“绿点系统”营运的组织是 DSD。具体情况可见本问题中的案例分析。

5.5.2.2 日本的情况

日本 EIP 建设以地方自治体为主体，国家和地方政府共同辅助和管理，企业、研究机构、行政部门积极参与，形成了产学官一体化的园区管理和运作模式。目前，日本 EIP 建设和管理主要由环境省和经产省共同负责，实行双重管理制。环境省负责废弃物的合理处理工作，而经产省主要从产业方面进行管理，负责对可回收资源如铁、废塑料等的管理工作。

在园区内开辟专门的实验研究区域，产、学、政府部门共同研究废弃物处理技术、再利用技术和环境污染物质合理控制技术，为企业开展废弃物再生、循环利用提供了技术支持。例如，北九州 EIP 中，具体的实验项目包括废纸再利用、填埋再生系统的开发、封闭型最终处理场、完全无排放型最终处理场、最终处理场早期稳定化技术开发、废弃物无毒化处理系统，以及豆腐渣等食品化技术、食品垃圾生物质塑料化等多项实验研究。

日本 EIP 是以建设资源循环型社会为目标，在发挥地区产业优势的基础上，大力培育和引进环保产业，严格控制废物排放，强化循环再生。日本从 1997 年就开始规划和建设 EIP，并把它作为建设循环型社会的重要举措。截至 2004 年 10 月，先后批准建设 23 个 EIP。

5.5.2.3 我国的情况

从目前国家批准的 26 个示范园区看，大多是企业与科研院所联手，在企业原有基础规模上，按照产业生态理念，构建园区企业生态网络而形成的 EIP。

为全面贯彻落实科学发展观，推动国家级经济技术开发区、国家高新技术产业开发区（以下简称“国家级开发区”）建设资源节约型和环境友好型的 EIP，促进国家级开发区又好又快地发展，国家环保总局、商务部和科技部决定联合开展国家生态工业示范园区建设工作。2007 年 4 月，国家环境保护总局发文，由国家环保总局、商务部和科技部成立国家生态工业示范园区建设协调领导小组（以下简称“领导小组”），下设国家生态工业示范园区建设领导小组办公室。领导小组办公室设在国家环保总局科技标准司，成员由国家环保总局科技标准司、商务部外资司和科技部高新技术发展及产业化司工作人员组成。领导小组负责国家生态工业示范园区的审核、命名和综合协调工作，领导小组办公室负责推动创建国家生态工业示范园区的日常工作。机构框架图见图 5-5。

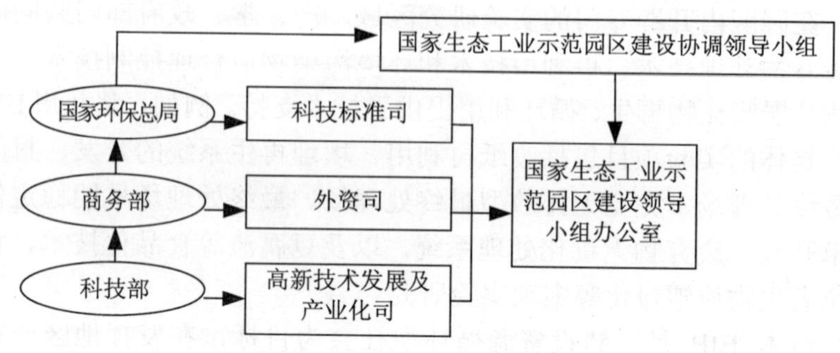

图 5-5 国家生态工业示范园区管理机构图

国家环保总局、商务部和科技部会同有关部门鼓励国家级经济技术开发区和国家高新技术产业开发区通过生态化改造申报综合类生态工业示范园区，支持开发区内具备条件的工业园区申报行业类生态工业示范园区和静脉产业类生态工业示范园区。

国家环保总局承担国家生态工业示范园区建设过程中的技术指导、环境监督等职责，商务部、科技部分别负责国家级经济技术开发区和国家高新技术产业开发区建设国家生态工业示范园区工作的具体协调工作。

国家环保总局、商务部和科技部共同制定发布国家生态工业示范园区规划指南、申报和命名程序、考核验收办法、评价标准及管理办法等文件。

国家级经济技术开发区和国家高新技术产业开发区分别向商务部、科技部提出创建国家生态工业示范园区的申请，申请材料中应包括省级环境保护行政主管部门出具的环境绩效证明。申请通过商务部和科技部的初审后，由领导小组办公室组织专家审核，由领导小组负责审批，国家环保总局、商务部和科技部共同发文予以批准。

5.5.3 案例分析

如上述相关问题所述，德国 DSD 属于非政府专门组织，它的主要任务是对各种废弃物进行回收利用。1990 年由 95 家包装工业、消费、零售企业发起成立的，目前有 1.6 万多个公司加入，占包装企业的 90%。由产品生产厂家、包装物生产厂家、商业企业以及垃圾回收部门联合组成，它接受企业委托，组织收运者对他们的包装废弃物进行回收和分类，然后送至相应的资源再利用厂家进行循环利用，能直接回用的包装废弃物则送返制造商。

DSD 企业成员按照规定向 DSD 组织支付了一定使用费后，就取得“绿点”包装回收标志的使用权。DSD 组织则利用成员交纳的费用，负责收集包装垃圾并进行清理、分拣及循环再生利用。不参加该组织的企业按照 1996 年颁行的《循环经济法与废料法》内容，自行回收处理包装材料。DSD 的收费标准根据回收废旧包装件的不同类型，而分别按重量、体积或面积进行计算。DSD 回收范围限于销售包装废物，在德国每年使用的包装废物组成中，销售包装占 48.4%（生活包装及商业垃圾包装）、运输包装占 26.8%、多用途包装占 14.7%、商业和工业包装占 8.7%、家庭用包装占 0.8%、有害包装 0.4%。DSD 负责回收的是所占比例最大一块的废弃包装。

DSD 系统的建立大大促进了德国包装废弃物的回收利用。例如政府曾规定，玻璃、塑料、纸箱等包装物回收利用率为 72%，1997 年已达到 86%；废弃物作为再生材料利用 1994 年为 52 万 t，1997 年达到 359 万 t；包装垃圾已从过去每年 1 300 万 t 下降到每年 500 万 t。DSD 按市场规律运作的机制还使其本身出现盈余。在发展循环经济中，非营利性的社会中介组织可以起到政府公共组织和企业营利性组织所没有的作用。

通过对废物的再使用和再循环利用来减少废物的最终处理量，开始逐渐成为全社会的共识。代理进行资源回收和再循环利用的双轨制组织——DSD 机构支持的废物处理公司应运而生，该公司按照包装废物的大小和种类分别制定了不同的回收价格，针对可循环利用价值高的包装废物发明了一种绿色标签，对贴有绿色标签的包装废物可以直接放入 DSD 机构设立的黄色回收箱或装入垃圾袋后放在路旁。制造商们为了减少处理包装废物所付的费用（包装成本），纷纷将包装减少到最低限度，从《包装废物管理规定》颁布的 1991

年到 1995 年，包装废物的总产生量减少了 12%，从 760 万 t 减少到 670 万 t; 包装废物的人均产生量从 1991 年的 94.7 kg 下降到 1997 年的 82.3 kg，减少了 12.5 kg。6 年间 DSD 机构共循环利用了 2 500 万 t 的包装废物，取得了很好的经济效益。《循环经济·废物管理法》实行一年后的 1997 年，DSD 机构支持的废物处理公司取得的业务成绩见表 5-8。

表 5-8 1996—1997 年 DSD 机构支持的废物处理公司的业绩

项目	单位	1997 年	1996 年
总营业额	亿马克	41.7	41.4
处理费	亿马克	40	39
利润	万马克	19 700	38 520
职工人数	人	357	343
包装物的回收量	t	5 618 445	5 458 410
包装废物的回收率	%	89	86
包装废物的循环利用量	t	5 446 662	5 322 701
包装废物的循环利用率	%	86	84

资料来源：见本书参考文献[189]。

由表 5-9 可见，该公司在 1997 年仅包装废物的回收率就高达 89%，循环利用率高达 86%。按每人当量计算，相当于从每一个德国公民手中回收废物 73.7 kg（玻璃 33.3 kg，废纸及纸箱 17.1 kg，其他包装废物 23.3 kg）。该公司仅有 357 人，利润却高达近 2 亿马克（营业额 41.7 亿马克，处理费用 39.7 亿马克）。

1996 年 10 月颁布的《循环经济·废物管理法》从废物经济学的观点出发，提出了避免废物的产生，污染者承担治理义务与官民合作三原则。该法同时要求生产制造商对产品用过后的回收再利用和最终处理承担义务；促使生产制造商依靠科技进步，积极采用无污染或低污染新工艺、新技术，使资源以低投入、高使用率和循环利用等形式将其对环境污染的排放因素消除在生产过程中，实现了在 GDP 增长两倍的情况下，主要污染物排放减少了近 75%。循环经济使德国民众的消费理念发生了巨大的变化，德国消费研究协会在最近的一项调查结果表明：有 94%的人已经做到了将垃圾按要求分类。生态意识已经被德国人普遍接受，德国人在日常生活中就能体会到循环经济的好处。

《循环经济・废物管理法》严格对废物的分类处理，从而大大减少了废物的产生量，结果促进了废物处理业的快速发展。仅在 20 世纪 90 年代初的 5 年时间里废物处理业的营业额就增加了 1/3，1996 年创下了最高纪录，达到 410 亿欧元。

5.6 本章小结

在本章中，从 5 个方面分析了 EIP 形成机制，并将其描述为 EIP 运行机制的“5 轮”驱动原理。这“5 轮”分别为：动力源、推动力、拉动力、约束力和支撑力。对于动力源分析，从企业共生律入手，分析了生存成本的构成及影响因素，分析了生存快乐的内容及成因，通过园区企业复杂系统表象和企业作为经济人内在的生态良知分析，界定了 EIP 形成的内在机制。并得出，在 EIP 形成机制中，动力源是基础，推动力是助力，拉动力是条件，约束力是保障，支撑力是可能的结论。在每一个问题分析之后配有相应的案例分析。

第 6 章 生态工业园区评价体系研究

EIP 的正常运作是通过制度保障和有效的管理实现的，建立 EIP 评价体系是对园区有效管理的手段之一。生态工业园区极大地促进了工业园区的生态化进程。相比之下，与其相配套的、可以衡量园区发展状况、指导园区发展方向的 EIP 评价方法和评价体系却还处于起步和探索阶段，很多方面都还不成熟，相关的报道和资料也有限。本章内容主要从 EIP 评价体系研究现状入手，研究评价体系的设计内容和设计方法，利用投入产出法和层次分析法分别对 EIP 选址合理性、合作伙伴相容性、产业链稳定性和园区的运行质量进行综合评价。

6.1 生态工业园区评价体系研究综述

6.1.1 生态工业园区评价体系研究观点

对于 EIP 的研究，人们的研究焦点主要集中在构建 EIP 的产业生态网络的问题上。而对于生态园区评价体系的研究，无论从研究时间上，还是从研究数量上，都逊色于对园区整体框架构建的研究。从评价体系应用对象上看，人们更多的是对可持续发展或区域循环经济的评价，完全针对 EIP 的评价并不多见。本节将一些具有典型意义的观点列示如下。

6.1.1.1 国外研究情况

随着 EIP 的建设与发展，人们的视线逐渐转移到对园区质量评价方法问题的研究上。美国的 Lowe[164]（1997）、Carr[94]（1998）、Gibbs[120]（2005）等人从园区定位、循环利用资源程度、公众参与程度等多方面设计了评价指标体系。学者 M. Narodoslawsky 和 C. Krotscheck[190]（2000）利用可持续生产指数（Sustainable Process Index，SPI）整合生态优化过程。他们是从一个较为宏观的角度，利用该指标反映工业生产过程对环境的影响。论文详细论述了 SPI 计算方法[191]，并说明了该指标可以依据可持续发展观点，根据各种不同的生产过程对环境的影响，迅速和可靠地做出判断。同样也可以对 EIP 的运行质量进行评估，量化园区对环境的影响程度。

学者 Jo Dewulf 和 Herman Van Langenhove[191]（2005）关注技术对环境的可持续性，并应用到产业生态中。传统环境可持续发展技术的评估主要针对生产的中间环节，通过量化获取和排放的资源进行。然而，技术不仅与环境有物质交换，还可以将工业看做一个整体，形成工业代谢。正像工业生态学研究的那样，一个专门技术与工业系统更高兼容度可以带来低能耗低排放的结果，更有益于环境的可持续性。该学者基于第二热力学定律，提出了 5 个环境可持续性指标，结合工业生态学原理，用于对生产和生产过程的评估。所有这些指标的取值在 0～1，包括：① 资源的可更新性；② 排放的毒性；③ 材料的再利用；④ 最终使用产品的可恢复性；⑤ 生产效率。利用这些指标对一些专门企业产品的生产过程进行评估。笔者认为，这几个指标并没有形成一个评价体系，并且在应用范围上有一定的局限性。

在分析社会系统代谢时，比如国家或地区的代谢，物流分析（Material Flow Analysis，MFA）已经成为一个用于工业生态代谢分析的有用工具。Cristina Sendra 等[192]（2007）学者借用在水和能源指标的 MFA 方法，分析其运行效率和工业区域的具体排序。用这一简单的指标测定公司能耗效率，观察公司是否有改善的空间。

由此看出，评价体系的繁简与否并不能说明其评价效果的优劣。所以，一个好的评价体系应该是简明的、可操作的、有效的。

6.1.1.2 国内研究情况

从国内研究情况看，学者们比较关注指标体系的框架，以及指标所涉及问题的全面与否。就笔者阅读的文献分析，苗泽华等[193]学者（1999）是我国较早对EIP进行评价的，其文章中使用的是“生态工程”，提出应建立经济、环境、社会指标对生态工程进行评价。经济指标主要包括：集团整体经济效益、运作效率、技术装备、资源利用率、产品结构及各种损耗指标；环境指标主要包括：环保投入与效果、集团内外环境质量（如绿化度、污染度等）、职工健康状况、“三废”回收利用率等；社会指标主要包括：集团形象、无形资产、社会贡献率等。这种评价思路与可持续发展评价框架一致，为其他学者开拓了思考的空间。

学者元炯亮[194]（2003）提出了 EIP 评价指标体系框架，包括经济指标、生态环境指标、生态网络指标和管理指标 4 个大项。经济指标分为经济发展水平指标和经济发展潜力指标；生态环境指标包括生态环境保护、生态建设和生态环境改善潜力等；生态网络指标有重复利用、柔性特征和基础设施建设等；管理指标是政策法规制度、管理与意识等，在这一层次共有 10 个中项，下又分设 41 个小项。指标层次划分明确，每个指标有其标准值，提高了评价体系的可操作性，为园区实际评价工作提供了条件。

学者戈银庆等[195]（2007）基于循环经济理念，探讨了生态工业循环经济评价指标体系的科学内涵、设计原则，并对其结构、主要内容和综合数学评价模型进行了深入研究。通过目标层、过程层和条件层，从经济效益、绿色环境、人文发展 3 个方面，设计了若干小类指标，并对此评价体系所采用的方法进行了说明。

学者李强[196]（2006）对我国关于 EIP 评价指标体系研究进行了简要综述，并提出一个评价体系框架，分为 4 个纬度，分别为可持续发展指标、经济指标、管理指标、生态环境指标，其中可持续发展指标、经济指标、生态环境指标是从生态工业园发展结果的角度，而管理指标则是从特征评价的角度，可以视为生态工业园发展的内部支撑指标。

由国家环境保护总局发布，于 2006 年 9 月 1 日开始实施的《中华人民共和国环境保护行业标准》中，对综合类、行业类和静脉产业类的评价标准进行了标准化文件的说明[197～199]。综合类和行业类准则层均分为 4 个方面：经济发展、物质减量与循环、污染控制、园区管理。静脉产业类评价指标体系从经济发展、资源循环与利用、污染控制和园区管理 4 个方面进行了细化。并对每个要素层中包含的指标进行了详尽地说明。这是关于 EIP 评价指标体系的一个标准文件，对 EIP 的开发与建设会产生极为深远的影响。

学者乔琦等[200]（2006）在其所著的《生态工业评价指标体系》一书中，对 3 种类型的 EIP 分别进行了指标体系的设计。评价层次分为 3 个，为目标层、准则层和要素层。其指标设计与国家环保总局颁布的标准一致。

还有其他学者对此问题从不同角度进行了有益的探究，见表 6-1。

表 6-1　生态工业园区评价体系的研究状况简表

作者	时间	文章名称	主要内容
吴伟等	2002 年	生态工业系统的综合评价	主要从社会、经济、环境 3 个方面进行了研究
苑清敏等	2002 年	绿色供应链与工业生态园区	基于绿色供应链，提出建立工业生态园区应注意的相关问题，并给出了工业生态园区的评价体系
王灵梅	2003 年	火电厂生态工业园生态规划研究	提出以合理布局、绿化和生态恢复为重点的景观生态建设方案，建立了园区生态管理方案和评价指标体系
鲁成秀等	2004 年	生态工业园规划建设的理论与方法初探	有清洁生产、生态网络、环境质量及生态建设、社会经济发展以及园区管理与政策指标

作者	时间	文章名称	主要内容
黄鹃等	2004 年	生态工业园区综合评价研究	构建了相对完整的 EIP 指标体系，在循环再生能力中，设计了产业生态链稳定性的指标
赵一平等	2005 年	基于生态承载力的工业园区可持续发展评价浅析	从生态承载度的角度设定了评价指标体系
张艳	2005 年	模糊推理方法遴选生态工业园入园项目研究	把评价指标体系分为经济类、生态环境、生态网络和社会类 4 项指标
黄海凤等	2005 年	基于灰色聚类法的 EIP 评价	用灰色聚类的方法对 EIP 的建设水平进行综合评判
林积泉等	2005 年	灰色关联分析在生态工业园清洁生产推进中的应用	通过建立评价指标体系和评价标准，利用关联度和关联系数分别确定园区推行清洁生产的近期、中期、远期方案
张大伟等	2005 年	生态工业系统评价	提出了以经济、环境和结构 3 方面来反映系统发展程度的评价体系
张帆等	2007 年	生态工业园评价方法研究：以北京市为例	针对北京工业开发区发展现状和特点，初步提出了一套生态工业园评价指标体系框架及其计算评价方法
袁媛等	2007 年	张家港三大工业园区生态工业园建设指标体系研究	以张家港保税区三大工业园区为例，综合考虑生态工业园的普遍特征和目标园区的具体特征，采用层次分析法，建立了规划园区生态工业园建设的指标体系

资料来源：笔者根据相关文献整理。

6.1.2 生态工业园区评价体系研究归纳

通过阅读学习国内外相关文献，学者们对 EIP 评价体系的主要研究内容可以归纳为以下几个方面。

6.1.2.1 评价体系框架的研究

评价指标体系研究的一个集中体现就是评价体系框架的建立。在为数不多的相关文献中，学者对评价体系框架的构建主要包括经济、生态环境、生态网络和管理等几个方面[196]。有的学者从不同的角度对 EIP 运行进行评价，有基于可持续发展理念对园区综合能力的评价，框架比较庞大，包括园区发展水平的评价、园区发展能力的评价和园区发展协调度的评价；有从产业生态化角度的评价；还有结合具体案例进行评价。见表 6-2。

表 6-2 生态工业园区评价指标体系的研究状况简表

作者	时间	评价整体框架	指标个数	特点
苗泽华等[193]	1999 年	经济、环境、社会	13 类	框架较宽泛
吴伟等[201]	2002 年	系统发展水平、系统发展持续度、系统发展协调度	48	指标涵盖宽泛
苑清敏等[202]	2002 年	园区发展稳定性、园区发展能力、园区协调性	11	提高指标的可行性
元炯亮[194]	2003 年	经济、生态环境、生态网络、管理指标	41	包含生态网络评价
王灵梅等[203]	2003 年	园区发展水平、园区发展能力、园区协调度	约 48	具有针对性
鲁成秀等[204]	2004 年	清洁生产、生态网络、环境质量及生态建设、社会经济发展、园区管理与政策指标	34	包含生态网络指标（2 个）
张大伟等[205]	2005 年	经济发展度、环境协调度和结构耦合度	15	结构耦合度的提出
黄海凤等[206]	2005 年	经济、环境、管理、生态	29	灰色聚类法的引入
张艳[207]	2005 年	经济类、生态环境、生态网络和社会类	14	模糊推理方法引入
王艳丽[208]	2006 年	运营柔性、链接柔性	7	柔性的分析
张帆等[209]	2007 年	“控制性”指标、“指导性”指标	25	实际操作性较强
袁媛等[210]	2007 年	经济效益、生态环境、系统集成、发展保障	38	以张家港保税区为例

资料来源：笔者根据相关文献整理。

6.1.2.2 评价体系方法的研究

评价体系的构建是一个方法性很强的问题，不同方法的使用，会对评价效果产生直接的影响。学者们在对评价体系框架建立研究的同时，对采用的方法也有不同的选择。目前国内外关于综合评价的方法主要有 3 类：模糊综合评价模型法、结合赋权综合评价模型法和层次分析法。此外，还有基于人工神经网络的模型评价方法、系统动力学方法等。事实上，这几种方法并非孤立的，它们之间都有着相辅相成的关系，一种方法中往往含有另外一种方法的思想。在本章中，笔者主要对层次分析法在评价 EIP 中的应用，并将投入产出法这一较为成熟的宏观分析方法应用于 EIP 评价中，对此进行探索性研究。

6.1.3 生态工业园区评价体系研究评价

一个好的评价体系应具备以下几个条件：评价指标所需数据的可获得性、指标可接受性和指标可比较性。通过以上分析，理论上学者们对如何建立 EIP 评价指标体系，既要指标体系涵盖的内容完整、科学，又要使得指标体系评价工作在实际中可行、有效；既要考虑评价对象的一般共性，又要考虑评价对象的行业和地区特点，真正发挥评价指标体系的功能，这一方面需要学者们继续探索，另一方面需要实际部门的应用，在使用这一管理手段的过程中，发现问题并加以完善。

从目前 EIP 评价体系研究现状看，仍存在一些需要改进和完善的问题。

6.1.3.1 简化评价指标项目

为了寻求一个完整的评价效果，在设计评价指标框架中往往不断增加新的指标，使得评价框架过于庞大，评价中心不突出，影响了指标评价的可行性评价效果。借此，仅与学者探讨。在建立指标体系时，对于与 EIP 运行状况关系并非紧密的指标可以剔除掉，比如，有的学者将“人均道路面积”作为 EIP 生态环境评价指标之一，这与园区评价的核心内容有较大差异。有的学者将“平均预期寿命”、“恩格尔系数”、“基尼系数”等作为评价“园区发展水平”中的一个子项中的内容，也有多余之感。

6.1.3.2 提高评价指标可操作性

评价指标体系设置的目的，就是对评价对象进行实际评价考核，所以，指标评价时的可操作性十分重要。对于理论上可建立，实际中难以使用的指标和那些难以量化的指标，在设计时尽量避免使用。比如，有的学者在评价指标体系中设置的“整体经济效益”、“运作效率”、“技术装备”、“园区形象”等指标在实际评价中应有一个明确的量化方法，否则难以界定。

6.1.3.3 突出评价生态工业园区的关键问题

EIP 与一般园区的主要区别在于，EIP 企业间的关系是由人工设计的产业链条链接起来的。这不仅是 EIP 的特点，也是园区能否成功运作的关键所在。园区从设计到生产，产业链的运行质量和稳定性与园区的生存紧密相连。所以，从管理角度看，对园区产业链的评价应该是评价指标体系中不可或缺的内容。人们对此并没有充分地认识。表现在指标体系设置问题上，就是对此环节内容设计的指标略显欠缺。

6.1.3.4 改进指标评价的方法

由于缺乏科学有效的指标筛选方法，目前大多靠评价者的经验选择指标，故存在很大的主观性；评价指标体系在确定权重时，所使用的方法过于主观，缺乏相应的调整；很多现有的评价体系中，只有评价指标体系和指标，没有相应的指标评分方法，这就造成评价的不完整性；由于指标的不同特点，故选择的评价方法应有多种组成，但目前指标的评价方法过于单一。

6.1.3.5 增加指标评价的案例研究

评价指标体系设置的目的就是应用，从目前情况看，更多的研究依然停留在指标的内容研究和框架的设置上，实际案例研究应该更多出现。只有通过具体应用，才能发现指标设置中的问题，为进一步改进提供依据。但案例的取得是有条件的，它需要时间和具体的资料来源，这就需要在园区工作的管理人员，将对园区的评价列为制度化的工作，与相关科研部门联手，对园区的评价结果进行测度分析，一方面改进指标设置，另一方面发现园区运作中的问题，加以解决。

EIP 评价指标体系并非一成不变，使用者应根据评价对象作适时调整，使指标评价的功能得以最好地发挥。

6.2 生态工业园区评价体系设计问题

评价体系的设计是需要在一定原则指导下进行的，同时要明确评价指标的功能与构建步骤。

6.2.1 生态工业园区评价体系的设置原则

学者关于评价体系的设置原则论述很多，笔者结合建立的评价体系研究过程的感受，对一些有针对性的原则论述如下。

6.2.1.1 全面与主要相结合原则

EIP 是由企业内部系统、不同企业间的网络系统、非企业系统、企业与外部环境系统等若干子系统组成的复杂系统，具有很强的系统整体性，作为一个有机整体，是各种要素综合作用的结果，评价体系要尽可能全面反映系统发展的各个方面。同时要考虑指标量化以及数据取得的难易程度和可靠性，选择某一方面或某一领域的主要指标和综合指标，注重主要性、实用性和可操作性。切忌只为求全面而忽视了重点。

6.2.1.2 定性与定量相结合原则

为了能综合、全面和正确地评价，指标体系设置时应尽可能采用定量指标。但是，在 EIP 的实践中，由于涉及大量社会、制度和环境因素的变量，这些变量中有许多难以量化，甚至不可能量化，但这些指标在整个 EIP 评价指标体系中又不可或缺，这样，必须要用定性指标加以描述。在评价分析时，再将定性指标进行量化处理以近似值加以反映。

6.2.1.3 静态与动态相结合原则

运用评价指标体系进行评价，常要作纵向（动态）、横向（静态）排序分析，对多个被评价对象进行横向比较，或对某一特定对象进行纵向评价，为了使评价结果可比，所选定的评价指标项目在一定时期内要保持相对的稳定性，以达到评价结果的可比性。另外，从设置指标属性上看，既要有反映园区状况的静态评价指标，也要有反映园区变动过程的动态评价指标。

6.2.1.4 理论与实际相结合原则

从评价指标设置内容看，体系中不要设计那些理论上可行，但实际中无法操作的指标；从指标评价方法看，指标体系中尽量不用那些单纯依靠数学模型解决问题的指标。事实上，过于复杂的数学模型往往在某种程度上反而会降低其实用性。追求建立一个完全精确的数学模型，其结果必然是使解题十分繁复，耗时耗力，大大降低了评价的有效性。

6.2.1.5 整体与分层相结合原则

EIP 是一个复杂的系统，它由不同层次、不同要素组成，它的各个子系统之间、各组成要素之间以及子系统与组成要素之间，既相互联系，又相互独立。构成 EIP 评价体系包括不同层次的很多因素。进行分层次评价不仅能够得到总的评价结果，而且能够了解到每个层次的评价状况。因此，EIP 评价指标体系的设置应当是主次分明、层次清楚、思路清晰、目标明确，易于掌握理解。

6.2.2 生态工业园区评价体系的运用功能

EIP 评价体系是一个复杂的、系统的评价模型，评价体系的建立是以 EIP 建设及运作的主要环节为基础，以工业生态学为理论依据，在理论与实践之间架起了一座桥梁。因此它具有以下几方面的功能。

6.2.2.1 促进功能

自 1984 年以来，我国陆续创建了经济特区、经济技术开发区、高新技术产业开发区、边境经济合作区、保税区等不同类型和不同层次的开发区。这些开发区具有密集性的特点，它们在从事生产和提供服务方面扮演着重要角色，同时也对区域环境造成了威胁。随着我国资源与环境问题日益突出，各类开发区在“二次创业”过程中，逐渐开展企业生态化建设。EIP 评价体系为现有各类开发区向生态化方向发展提供全面、系统地指导，防止 EIP 建设偏离生态工业本质，加快各类开发区生态化改造的进程。

6.2.2.2 描述功能

通过对 EIP 最初的选址、运作中产业链的稳定性、合作伙伴等方面的发展现状和趋势进行定量化地描述，引导园区的建设不断深入、完善、扩展、提升。通过评价体系的描述功能，发现园区发展的薄弱环节，促进园区全面协调、持续发展，不断提升园区的生态化水平，为制定政策和规划服务。

6.2.2.3 对比功能

在园区企业生态化进程中，通过评价体系的评估，可以及时发现和识别自身存在的差距和发展的潜力，科学界定 EIP 协调发展的阶段及战略实施的效果和存在的问题。同时也可以进行 EIP 自身的纵向比较，以及不同 EIP 的横向比较，从中找到差距和薄弱环节，并分析其原因，为决策者在宏观管理与微观控制方面提供依据。

6.2.3 生态工业园区评价体系的构建流程

对 EIP 进行评价需要按一定的程序有计划、分步骤地进行。如何构建科学的 EIP 评价体系，是园区评价的基础性工作。根据国家环保部颁布的各类 EIP 的评价标准，包括构建评价指标体系、确定评价标准、选择适当的评价方法进行评价 3 项内容。这部分内容在本章 6.3 节和 6.4 节中详细论述。

在 EIP 评价指标体系构建过程中，一般遵循以下几个步骤：

（1）进行层次分析。对 EIP 整体系统进行层次分析，根据实际情况，一般将其分为两个或 3 个层次，对每个层次的指标进行初选。

（2）“海选”评价指标。对描述基本层次状态指标进行“海选”，所谓的“海选”，就是不受条件的限制，凡是能够描述该层次状态的所有指标尽可能全面地一一列出，这样做的目的是全方位地考虑问题，防止重要指标的遗漏。

（3）筛选评价指标。即对“海选”的指标群进行初步地筛选，筛掉明显不适宜的指标。

（4）确立指标体系。在初步确立指标体系的基础上，对该指标体系进行最后一次筛选，其基本的方法就是独立性分析和主成分分析，其目的是对指标间意义上有交叉重复的指标再次选择或重组，只有这样，才能获得科学的评价指标体系。其构建流程见图6-1。

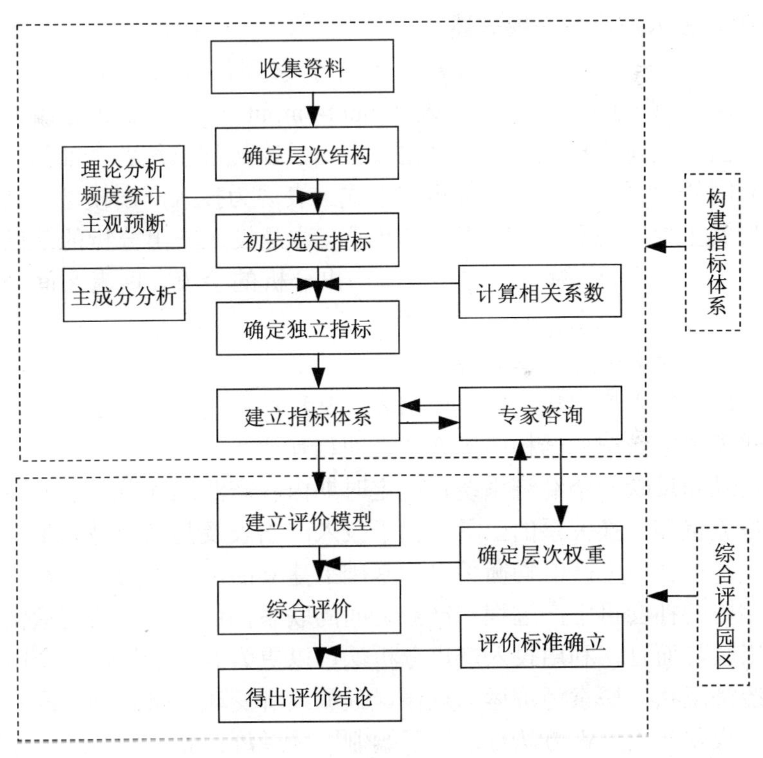

图6-1　EIP评价指标体系程序框图

6.3 生态工业园区评价体系的方法

本书主要针对两方面建立评价体系：① 利用投入产出法围绕园区内部企业间相互利用副产品链接关系对园区主导企业、合作伙伴、产业链和园区整体的评价；② 利用层次分析法对园区发展水平、稳定性、协调关联性和网络管理程度进行评价。

6.3.1 投入产出法

6.3.1.1 投入产出的一般表述

投入产出核算是美国著名经济学家列昂惕夫（Wassily W. Leontief）所创立的投入产出表（Input-output Table）。通过编制投入产出表及建立相应的投入产出模型，反映经济系统各个部门（产业）间的关系。投入产出分析在形式上表现为投入产出模型，其模型形式主要有两种：① 投入产出表，这是投入产出分析的基础；② 投入产出数学模型，这是投入产出分析的手段。两者之间密不可分，形成一个完整的模型体系。

6.3.1.2 投入产出的模型体系

（1）投入产出表。投入产出表，又称产业联系表，是以矩阵的形式表现区域产业结构中多产业之间相互依赖关系的一种方法，它是记录和反映一个经济系统在一定时期内各产业之间发生的产品及服务流量和交换关系的工具。由于投入产出表及其模型是在整个国民经济社会再生产的均衡关系的基础上建立的，从而为一国在一定时期内的社会再生产过程和产业之间的联系提供了有力的定量化分析工具。而且，利用投入产出分析法可以更为深刻地认识一个国家的经济现状、探索经济运动规律、预测经济变动结果和制订经济计划。投入产出分析方法可以用于编制国民经济计划、进行产业结构分析、价格变动影响研究，产业波及效果分析等。

投入产出分析法中的投入产出模型，按照分析时期不同，可分为动态模型和静态模型两大类。动态模型用于分析、研究若干时期的再生产过程，并研究各个时期再生产过程相互联系，静态模型则主要分析、研究某一个时期的再生产过程，按照计量单位的不同，静态模型又分为实物型和价值型两种模式。本书主要采用价值型模式。表 6-3 为简化的价值型投入产出表。

表 6-3　简化价值型的投入产出表

		中间使用						最终使用	总产出
		1	2	…	j	…	n		
中间投入	1	x_{11}	x_{12}	…	x_{1j}	…	x_{1n}	y_1	X_1
	2	x_{21}	x_{22}	…	x_{2j}	…	x_{2n}	y_2	X_2
	⋮	⋮	⋮	⋮	⋮	⋮	⋮	⋮	⋮
	i	x_{i1}	x_{i2}	…	x_{ij}	…	x_{in}	y_i	X_i
	⋮	⋮	⋮	⋮	⋮	⋮	⋮	⋮	⋮
	n	x_{n1}	x_{n2}	…	x_{nj}	…	x_{nn}	y_n	X_n
增加值		G_1	G_2	…	G_j	…	G_n		
总投入		X_1	X_2	…	X_j	…	X_n		

资料来源：笔者根据相关文献整理。

表 6-3 中，1，2，…，n 代表了各产业部门，横行代表各产业部门的产出，反映产品制成后的去向；纵列代表各产业部门的投入，反映产品是怎样形成的，投入了多少的活劳动与物化劳动。因此，投入产出表也被称为部门联系平衡表。y_i 表示最终使用，G_j 表示增加值，X_i 表示总产出，X_j 表示总投入。

（2）投入产出模型。横向来看，投入产出表的中间使用、最终使用和总产出可以组成一个长方形的表，这个表的每一行都可以写出一个数学关系式，表示各生产部门对某经济部门产品的消耗量，加上该产品作为最终产品的使用量，得到这一部门产品的总产量，用数学公式表示为：

$$\sum_{j=1}^{n} x_{ij} + y_i = X_i \qquad (i = 1, 2, \cdots, n) \tag{6.1}$$

纵向来看，投入产出表的中间投入、增加值和总投入也可以组成一个长方形的表，这个表的每一列同样可以建立数学模型，反映各部门投入要素的构成或价值形成过程，即反映生产与消耗之间的平衡情况，建立起初始投入与总投入之间的平衡关系，用数学公式表示为：

$$\sum_{i=1}^{n} x_{ij} + G_j = X_j \qquad (j = 1, 2, \cdots, n) \tag{6.2}$$

另有：总投入=总产出，用数学公式表示为：

$$\sum_{i=1}^{n} X_i = \sum_{j=1}^{n} X_j \tag{6.3}$$

$$\sum_{i=1}^{n} X_i = \sum_{i=1}^{n}\sum_{j=1}^{n} x_{ij} + \sum_{i=1}^{n} y_i = \sum_{j=1}^{n}\sum_{i=1}^{n} x_{ij} + \sum_{j=1}^{n} G_j = \sum_{i=1}^{n} X_j \tag{6.4}$$

6.3.1.3 投入产出的应用扩展

投入产出方法是投入产出理论的具体应用，是把一个复杂经济体系中各产业部门之间的相互依存关系系统地数量化的分析方法。在宏观、中观、微观经济分析中均可利用投入产出分析的方法。在国民经济核算中，特别是实施绿色 GDP 核算主要体现在核算中投入产出核算的改进，在宏观经济管理部门也逐渐发挥其应有的作用；在区域经济分析中，对于主导产业的确定可用投入产出理论和方法进行分析，借助投入产出表，对各产业之间在生产、交换和分配上的关联关系进行分析，然后利用产业间关联关系的特点，为进行区域产业结构调整和主导产业的选择服务；在微观企业经营管理方面，对于优化产品结构、提高企业经济效益、提高物资管理水平、减少资源浪费等方面发挥其独特的作用。

随着投入产出技术的不断发展，投入产出表的应用不断向新的领域扩展，为研究社会经济问题提供了广阔的空间。如环境分析用投入产出表的诞生，不仅可以分析环境状况，还可以提供治理污染的有效办法，减轻经济发展所带来的环境污染。本章力图利用投入产出表的功能对于 EIP 的主导企业的确定、园区企业间的企业关联等问题进行数量界定与分析。

6.3.2 层次分析法

层次分析法（Analytic Hierarchy Process，AHP）是美国运筹学家 T. L. Saaty 教授于 20 世纪 70 年代初期提出的一种简便、灵活而又实用的多准则决策方法，它是一种定性和定量相结合、系统化、层次化的分析方法，它把一个复杂问题分解成组成因素，并按支配关系形成层次结构，然后应用两两比较的方法确定决策方案的相对重要性。采用层次分析法对 EIP 进行评价具体涉及以下一些问题。

6.3.2.1 指标选取的方法

评价指标的选取是否合适，直接影响到对 EIP 评价的结论。在选择评价指标时，首先要根据理论分析和经验对指标进行初选，然后再根据各指标对 EIP 各主要方面反映问题的重要程度进行筛选。对指标进行筛选主要是利用统计分析方法，剔除对 EIP 非主要方面的非重要指标以及信息提供重复的指标，找出主要关键指标，形成 EIP 综合评价指标体系。

（1）专家调研法（Delphi）。这是一种向专家发函、征求意见的调研方法。评价者可根据评价目标及评价对象的特征，在所设计的调查表中列出一系列的评价指标，分别征询专家对所设计的评价指标的意见，然后进行统计处理，并反馈咨询结果，经几轮咨询后，如果专家意见趋于集中，则由最后一次咨询确定出具体的评价指标体系。这一过程可能会历经若干年。以 2006 年由国家环境保护总局颁布的我国 EIP 评价标准为例，为此，2004 年，国家环境保护总局联手中国环境科学院成立了专项课题组，进行了大量的数据搜集、实际调研等工作，提出评价 EIP 指标体系的初选指标，经过专家反复论证，历时 2 年，于 2006 年颁布了对三种类型 EIP 的评价指标体系。

（2）最小均方差法。对于 n 个取定的被评价对象 s_1，s_2，…，s_n，每个被评价对象都可用 m 个指标的观测值 x_{ij}（i=1，2，…n；j=1，2，…，m）来表示。如果 n 个被评价的对象关于某项评价指标的取值都差不多，那么尽管这个评价指标是非常重要的，但对于这 n 个被评价对象的评价结果来说，它并不起什么作用。因此，为了减少计算量就可以删除掉这个评价指标。可以建立最小均方差的筛选原则如下：

记

$$s_j = \sqrt{\frac{\sum_{i=1}^{n}\left(x_{ij} - \overline{x}_j\right)^2}{n}}, \quad j = 1, 2, \cdots, m \tag{6.5}$$

为评价指标 x_j 的按 n 个被评价对象取值构成的样本均方差。其中

$$\overline{x}_j = \frac{1}{n}\sum_{i=1}^{n} x_{ij}, \quad j = 1, 2, \cdots, m \tag{6.6}$$

为评价指标 x_j 的按 n 个被评价对象取值构成的样本均值。

若存在 k_0（$1 \leqslant k_0 \leqslant m$），使得

$$s_{k_0} = \min_{1 \leqslant j \leqslant m}\left\{s_j\right\} \tag{6.7}$$

且

$$s_{k_0} \approx 0 \tag{6.8}$$

则可删除掉与 s_{k_0} 相应的评价指标 x_{k_0}。

（3）极小极大离差法。先求出各评价指标 x_j 的最大离差 r_j，即

$$r_j = \max_{1 \leqslant i, k \leqslant n}\left\{\left|x_{ij} - x_{kj}\right|\right\} \tag{6.9}$$

再求出 r_j 的最小值，即令

$$r_0 = \min_{1 \leqslant j \leqslant m}\left\{r_j\right\} \tag{6.10}$$

当 r_0 接近于零时，则可删除掉与 r_0 相应的评价指标。

6.3.2.2 指标处理的方法

（1）定性指标的量化与赋值。定性指标的赋值是通过调查问卷而获得的主观判断的结果。为了防止因主观判断所引起的非科学性影响结论的准确性，除尽可能增加指标项数外，关键在于对定性指标赋值的准确性。对定性指标赋值有多种方法，通过对比分析，采用模糊数学中的隶属度赋值方法：即在问卷调查中，将定性指标分

为 1～5 个档次，并对每个档次内容反映指标的趋向程度做出明确、具体的要求，然后建立各档次与隶属度之间的对应关系，这样使主观判断有客观的标准。每档根据指标内容的趋向程度对应指标的评价值为 5～1 分，即第一档对应指标评价值为 5 分，第二档为 4 分，第三档为 3 分，第四档为 2 分，第五档为 1 分。

（2）评价指标层次的确定。将 EIP 评价的内容划分为一定的指标，每个指标还可以进一步细分，如 EIP 发展水平评价（$\boldsymbol{A}$）可以分为园区经济发展水平（$\boldsymbol{A}_1$）和园区环境质量水平（$\boldsymbol{A}_2$）两个层次，园区经济发展水平（$\boldsymbol{A}_1$）又细分为人均增加值（$\boldsymbol{A}_{11}$）、万元增加值耗能（水）量（$\boldsymbol{A}_{12}$）和万元增加值“三废”排放量（$\boldsymbol{A}_{13}$）3 个指标，其他以此类推。将 EIP 发展水平这一项目划分为多层次的指标结构，设指标集为 $\boldsymbol{U}=\{U_1, U_2, \cdots, U_m\}$，其中 $\boldsymbol{U}_i=\{U_{i1}, U_{i2}, \cdots, U_{in}\}$ 为第一层次中的第 i 个因素，它是由第二层次中的 n 个因素决定，第二层次的因素 U_{ij}，可由第三层次的各因素决定。

（3）评价指标正逆性调整的确定。评价的总目标是对 EIP 的评价，指标层的评价指标存在着正指标与逆指标之分，正指标的评价结果是越大越好，逆指标则是越小越好。如果对正逆指标不作任何调整与说明，将其评价数据根据权数直接计算，其结果很难说明 EIP 发展水平的优劣。为了避免出现这种情况，应将指标层中逆指标的运算结果进行倒数处理，以保证所有评价指标评价方向的一致性。如果利用此评价体系对不同企业进行单项评价时则可不作此调整。

（4）评价指标无量纲化方法的确定。为了尽可能地反映实际情况，排除由于各项指标的单位不同以及数值数量级间的悬殊差别所带来的影响，避免不合理现象的发生，需要对评价指标作无量纲化处理。无量纲化，也叫做指标数据的标准化、规范化。它是通过数学变换来消除原始指标单位影响的方法。常用的方法有“标准化法”、“极值法”和“功效系数法”。以“标准化法”为例，即取

$$x_{ij}^{*}=\frac{x_{ij}-\overline{x}_j}{s_j} \tag{6.11}$$

显然 x_{ij}^* 的（样本）平均值和（样本）均方差分别为 0 和 1，x_{ij}^* 称为标准观测值。式中 $\overline{x}_j$、s_j（j=1，2，…，m）分别为第 j 项指标观测值的（样本）平均值和（样本）均方差。

6.3.2.3 权重确定的方法

由于上面所列示的评价指标是从不同层次的一个方面来评价 EIP，而各个单项指标对评价总目标的影响程度不同。为反映这种区别，就要给不同层次指标赋予不同的权重 w_i，在同一层次内，$w_i \geqslant 0$（i=1，2，…，n），且 $\sum w_i = 1$。

在上式中，权重 w_i 的确定一般有主观赋权法、客观赋权法和组合赋权法 3 种。主观赋权法是由专家组对每个指标进行打分，然后综合出指标权重；客观赋权法是利用被评价企业的历年统计数据，采用数理统计方法，如因子分析法、主成分分析法、聚类分析法等计算出各指标的权重；组合赋权法是主观赋权法和客观赋权法的综合。对于这 3 种方法，应根据实际情况选择合适的方法。现实中，一般先以客观赋权法计算出权重，然后由专家组进行微调，这样权重就可以确定，从而根据计算公式就可以得出反映 EIP 的指标了。

确立了评价指标和各自权重，根据具体数据，通过标准化处理，即可对指标体系进行定量评价。

6.4 生态工业园区评价体系的框架

由于 EIP 是一个系统集成，从最初建设方案的确定，到园区成功协调运作，包含了园区主导企业的确定、合作伙伴的确定、产业链的构成以及园区生态网络的构建等环节。在这些环节中，园区企业之间以及园区各企业产品副产品之间的经济技术联系和依存关系是最重要的环节，因为这些环节稳定安全与否，直接影响到园区的生存。因此，本书主要利用投入产出法对园区产业链进行综合评价，此外，利用层次分析法对园区整体状况进行综合评价指标体系的设置。评价框架的设置见图 6-2。

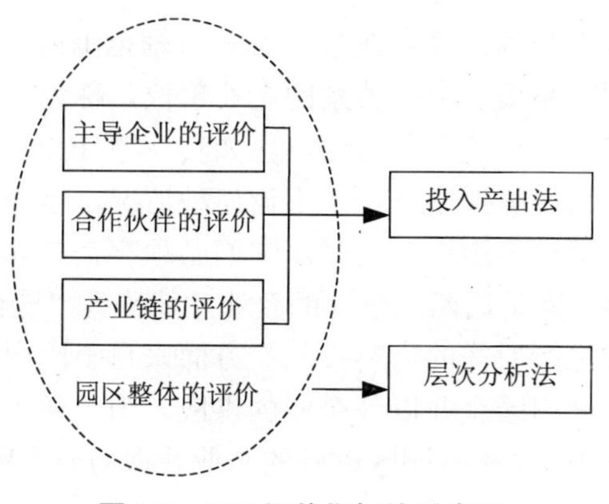

图 6-2　EIP 评价指标体系类别

6.4.1 利用投入产出法对生态工业园区产业关联程度的评价

投入产出核算是国民经济核算中的一项内容，其主要功能是对宏观经济问题的测度，研究产业和产业之间、部门和部门之间、产品与产品之间的经济技术联系。将投入产出法应用于微观经济现象，大多集中在对产业之间关联度的分析。对于 EIP 的评价方法使用较多的是综合分析方法，利用投入产出方法研究 EIP 问题并不多见。学者邓伟根[211]（2006）将投入产出法用于对生态工业园绩效的评价，利用感应度系数和影响力系数反映园区企业对外界的依存程度，但园区企业内部之间相互依存程度没有说明。

笔者在研究生态工业园运行的评价指标过程中，受到投入产出法的启发，并考虑到 EIP 评价体系中心应该是企业间产品与副产品相互利用关系与利用程度，本书尝试在投入产出法基础上构建生态工业园企业关联评价工具。这是一次极具开创性的尝试，因为本书将把投入产出法加以改进，以改进后的产业关联指标作为生态工业园运行状况评价指标，使整个 EIP 评价体系向规范化迈进。笔者在下面的问题中作了较为全面地探索分析。

6.4.1.1 投入产出法对生态工业园区评价的基本界定

（1）“园内”与“园外”的界定。这是关于评价范围的界定。

把 EIP 看做一个整体，凡是在某一 EIP 管辖范围内、与园区其他企业存在产品副产品相互利用关系的企业单位，称为“园内企业”。园内企业也许在一个地理范围内，比如实体型 EIP，也许在不同的地理范围内，比如虚拟型 EIP，不论何种情况，这些企业必须是在整个园区统一管辖范围内。同时，它们必须存在产品副产品利用上的上下游关系，满足这两个条件的企业才能称为“园内企业”。

园内企业生产所需的物料投入一方面来自于园内其他企业的提供，另一方面来园区企业以外企业的供应，为了便于评价指标的计算和问题的说明，将所有园区以外的企业看做为一个整体，称为“园外企业”。

（2）“投入”与“产出”的界定。这是关于评价内容的界定。在 EIP 评价的投入产出模型分析中，“投入”是指生态工业园内企业生产所消耗的原材料、燃料、固定资产折旧等消耗，包括园内企业生产过程中消耗的本园区企业的产品和副产品，以及来自园外企业提供的物料。在 EIP 评价投入产出模型中，“产出”是指生态工业园内企业产品生产出来后的分配流向，主要包括各园内企业的最终产品中提供给园内其他企业生产的需求，以及提供给园外企业满足其生产的需求。

（3）“定性”与“定量”的界定。这是关于评价方法的界定。利用投入产出法对 EIP 产业链的评价，是一种创新性的研究，赋予了这种传统核算方法新的内容，通过投入产出表中的第一象限所提供的数据，可以从不同角度计算分析 EIP 的运行状况，分析园区企业间以及与园外企业之间的技术合作关系，并根据计算结果，分析评价园区运行质量。

（4）“全面”与“重点”的界定。这是关于评价手段的界定。即将园区内需要研究的核心企业或产品列入产业链框图中，而将规模较小或任何企业都需要的企业划为“园区内部一般投入”。这样可以大大减少考察企业的数量。如能源、水的提供部门几乎是任何企业都需要的，除非需要将其重点列出分析，通常将其归为“园区内部一般投入”。

EIP 的产业链是由一系列前后相连的产业部门所组成，产业链各节点企业接受的投入主要包括园区内部一般投入、本企业上游企业的投入和园区外部投入，分别用 x_{ij}'、x_{ij} 和 l_{ij} 表示，企业产品的生产可能大于下游部门的需求，该部分可能被企业部门自用或外销。产业链节点企业的产出包括对下游企业的供应和对园区外企业的供应两部分，分别用 x_{ij} 和 k_{ij} 表示。图 6-3 为 EIP 产业链投入产出流程框图（假设园区有 4 个企业）。

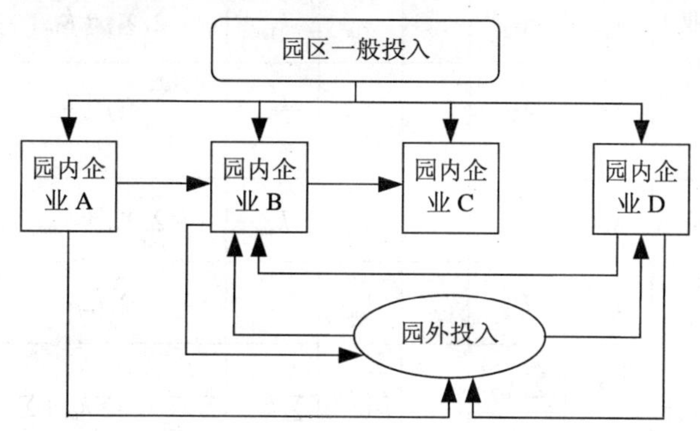

图 6-3　EIP 产业链投入产出流程框图

投入产出法在生态工业园内运用的基本过程是，首先编制生态工业园投入产出表、建立相应的线性代数方程体系，综合分析生态工业园内各部门之间错综复杂的联系，分析重要的质能循环运行机制、效率及其改进可能性。

6.4.1.2 投入产出法对生态工业园区评价的基本框架

经过改进的适用于 EIP 产业链评价的投入产出表，其主要特点表现在第一象限主词和宾词的设计上。现编制适用 EIP 的价值型投入产出表，见表 6-4。

表 6-4 中第一象限的内容是分析的重点，其中，园内企业中间使用与中间投入区域是记录园内企业相互提供和消耗园内企业产品和副产品的价值；所说明的问题可从两个不同方向观察，从横行看，说明园内企业提供给园内各企业（包括该企业）本企业的产品和副

产品价值；从纵列看，说明园内某企业在生产本企业产品过程中所消耗的园内企业（包括该企业）产品和副产品的价值。

表 6-4 简化价值型 EIP 投入产出表

		园内企业的中间使用				园外企业中间使用	中间使用合计	最终使用	总产出
		企业 1	企业 2	…	企业 n				
园内企业的中间投入	企业 1	x_{11}	x_{12}	…	x_{1n}	k_{1m}	$\sum_{j=1}^{n} x_{1j} + k_{1m}$	y_1	X_1
	企业 2	x_{21}	x_{22}	…	x_{2n}	k_{2m}	$\sum_{j=1}^{n} x_{2j} + k_{2m}$	y_2	X_2
	⋮	⋮	⋮	⋮	⋮	⋮	⋮	⋮	⋮
	企业 n	x_{n1}	x_{n2}	…	x_{nn}	k_{nm}	$\sum_{j=1}^{n} x_{nj} + k_{nm}$	y_n	X_n
园外企业的中间投入 m		l_{m1}	l_{m2}	…	l_{mn}		$\sum_{j=1}^{n} l_{mj}$		
中间投入合计		$\sum_{i=1}^{n} x_{i1} + l_{m1}$	$\sum_{i=1}^{n} x_{i2} + l_{m2}$	…	$\sum_{i=1}^{n} x_{in} + l_{mn}$	$\sum_{i=1}^{n} k_{im}$	$\sum_{i=1}^{n} \sum_{j=1}^{n} x_{ij} + \sum_{i=1}^{n} k_{im} + \sum_{j=1}^{n} l_{mj}$		
增加值		G_1	G_2	…	G_n				
总投入		X_1	X_2	…	X_n				

园外企业中间使用和中间投入区域是记录园外企业与园内企业之间相互提供和消耗产品和副产品的价值，可从纵横两个方向观察，从横行看，代表园内各企业在生产过程中提供给园外企业产品的价值；从纵列看，代表园内企业在生产过程中消耗园外企业提供的物料价值。

中间使用合计和中间投入合计区域是园内各企业中间使用或中间投入的价值，其中包括消耗的园内和园外企业提供的产品和副产品，园内企业提供给园内企业和园外企业的产品和副产品的价值。将这些内容加总，得到$\sum_{i=1}^{n} \sum_{j=1}^{n} x_{ij} + \sum_{i=1}^{n} k_{im} + \sum_{j=1}^{n} l_{mj}$。

中间使用合计和中间投入合计交叉处的经济含义是园外企业之

间相互提供和利用产品的情况，而这部分内容在本表中没有必要显示，也无法显示，所以是空格。

利用表 6-4 中提供的数据，可以计算相应的分析指标。见图 6-4。

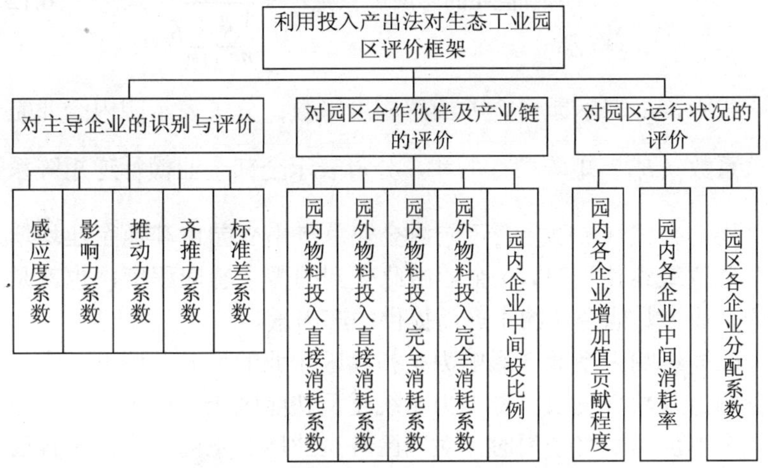

图 6-4　投入产出法对 EIP 评价框架

6.4.1.3 投入产出法对生态工业园区评价的指标体系

利用投入产出表记录的数据，可以从以下 3 个不同侧面评价 EIP 的运行质量，分别是：对主导企业的识别与评价、对园区合作伙伴及产业链的评价、对园区运行状况的评价。

对主导企业的评价

园区主导企业是指废物循环利用程度高，对构筑园区生态系统及保持其稳定其中关键作用的企业。EIP 中的主导企业对于维护园区系统的稳定方面起着重要作用。通过对主导企业的评价，以维护其正常运行，达到维护整个 EIP 稳定的目的。评价主导企业的指标有以下几种：

（1）感应度系数。感应度是指园区企业的前向关联度，它主要由感应度系数来反映。感应度系数是指当园区各企业均增加一个单位最终使用时，某一个企业由此而受到的需求感应程度，也就是需要该企业为其他企业的生产而提供的产出量。根据表 6-4 简化的投入产出表，可计算园内企业感应度系数。

$$\text{园内}i\text{企业的感应度系数}E_i=\frac{\sum\limits_{j=1}^{n}\overline{b_{ij}}}{\frac{1}{n}\sum\limits_{i=1}^{n}\sum\limits_{j=1}^{n}\overline{b_{ij}}} \tag{6.12}$$

式中，E_i 表示园内企业的感应度系数；分子表示园内企业完全需求系数（$\overline{b_{ij}}$）矩阵横行的和，分母表示全部企业横行逆矩阵系数的平均。公式（6.12）表示园内企业总产出受园内其他企业均增加一个单位最终使用时，i 企业由此受到的需求感应程度，也就是需要该企业为其他企业的生产而提供的产出量。

（2）影响力系数。影响力是指园区企业的后向关联度，它主要由影响力系数来反映。影响力系统是反映园区企业中的某一企业增加一个单位的最终使用时，对园区各企业所产生的需求波及程度。根据表 6-4 简化的投入产出表，可计算园内企业影响力系数。

$$\text{园内}j\text{企业的影响力系数}F_j=\frac{\sum\limits_{i=1}^{n}\overline{b_{ij}}}{\frac{1}{n}\sum\limits_{i=1}^{n}\sum\limits_{j=1}^{n}\overline{b_{ij}}} \tag{6.13}$$

式中，F_j 表示园内企业的影响力系数；分子表示园内企业完全需求系数矩阵纵列的和。

（3）推动力系数。表示某企业增加单位最初投入，对园区各企业中间产品的供给能力，反映该企业最初投入对园区经济系统的推动力。企业的推动力系数记为α_i，由投入产出模型中的分配系数矩阵计算，计算公式如下：

$$\alpha_i=\frac{\sum\limits_{j=1}^{n}d_{ij}}{\frac{1}{n}\sum\limits_{i=1}^{n}\sum\limits_{j=1}^{n}d_{ij}} \tag{6.14}$$

式中，d_{ij} 表示完全分配系数。推动力系数大于 1，表示该企业生产单位增加值对园区各企业产生的推动作用超过园区平均水平，数值越大，对园区生产的推动作用越大，生产过程中供给的中间产品越多；推动力系数小于 1，表示该企业对园区各企业生产的推动力小于园区平均水平；推动力系数等于 1，表示该企业具有园区平均推动力。

（4）齐推动力系数。反映当园区各企业均增加单位最初投入时，各有关企业分配给该企业中间产品消耗额同整个园区平均水平之比，表明园区各企业对该企业的整体推动作用。齐推动力系数用β_i表示，计算公式如下：

$$\beta_i = \frac{\sum_{i=1}^{n} d_{ij}}{\frac{1}{n}\sum_{i=1}^{n}\sum_{j=1}^{n} d_{ij}} \tag{6.15}$$

齐推动力系数大于 1，说明该企业受其他企业推动力大于园区平均水平，该企业的发展对园区整体中其他企业的依靠程度高，较多地依赖于有关企业的支持。

（5）方差系数。反映园区某企业对园区其他企业的连带作用。方差系数用 D_j 表示，计算公式如下：

$$D_j = \frac{\sigma_j}{\overline{b}_j} = \frac{\sqrt{\frac{\sum_{i=1}^{n}(b_{ij} - \overline{b}_j)^2}{n-1}}}{\overline{b}_j} \tag{6.16}$$

式中　σ_j——完全消耗系数矩阵中第 j 列数据的标准差；

$\overline{b}_j$——完全消耗系数矩阵中第 j 列数据的均值；

D_j——高，说明该企业的连带作用集中于少数几个企业；低，说明该企业平均作用于其他所有企业。

因此，在上述分析基础上得知，作为园区的主导企业应具有的特征是：E_i＞1，F_j＞1，α_i＞1，β_i＞1，且 D_j 较小。

另外，“外部系统”的产业关联度（产业感应度、影响度系数）

越低，该EIP运行的绩效越高。因为当“外部系统”的产业感应度、影响度低，表明“外部系统”与工业园内部企业产品交换越少，EIP内部企业在生产中的投入产出品交换就越多，也就是说EIP内部的质能循环效率越高，企业共生系统越完善。

对园区合作伙伴和产业链的评价

（1）直接消耗系数。从评价模型看，直接消耗系数反映EIP中各企业之间的投入产出的技术关系，从一个侧面体现了EIP总体的技术结构。当园区中一个或几个直接消耗系数发生变化时，即意味着该园区的技术结构起了变化。因此，直接消耗系数矩阵可以作为分析技术变动的一个依据。根据表6-4简化的投入产出表，可分别计算园内企业直接消耗系数和园外企业的直接消耗系数。

$$\text{园内企业直接消耗系数} a_{ij} = \frac{x_{ij}}{X_j}(i, j = 1, 2, \cdots, n) \qquad (6.17)$$

$$\text{园外企业直接消耗系数} a'_{ij} = \frac{x'_{ij}}{X_j}(i, j = 1, 2, \cdots, n) \qquad (6.18)$$

公式（6.17）反映园内企业间产品副产品相互提供和利用的关系，公式（6.18）反映园内企业消耗园外企业物料在总投入中的比例。这两个公式反映了园内企业在物料利用上与园内企业和园外企业之间存在的经济技术联系。

（2）完全消耗系数。是指园内企业每提供一个单位的最终产品，需直接和间接消耗某企业产品和副产品的数量。根据表6-4简化的投入产出表，可分别计算园内企业完全消耗系数和对园外企业的完全消耗系数。计算公式如下：

第j园内企业对第i园内企业的完全消耗系数b_{ij}为

$$b_{ij} = a_{ij} + \sum_{k=1}^{n} a_{ik} a_{kj} + \sum_{l=1}^{n} (\sum_{k=1}^{n} a_{ik} a_{kl} a_{lj}) + \cdots \qquad (6.19)$$

第j园内企业对第i园内企业的完全消耗系数矩阵B_{ij}为

$$B_{ij}=A_{ij}+\sum_{k=i+1}^{j-1}A_{ik}A_{kj}+\sum_{l=k+1}^{j-1}(\sum_{j=i+1}^{l-1}A_{ik}A_{kl}A_{lj})+\cdots \quad (6.20)$$

第 j 园内企业对第 i 园外企业的完全消耗系数矩阵 B'_{ij} 为

$$B'_{ij}=\sum_{k=1}^{j-1}D_{il}A_{ki}\quad (i=1,2,\cdots,m;j=1,2,\cdots,n) \quad (6.21)$$

看似上述公式非常繁琐，但由于在实际 EIP 生产过程中，产品间的工艺联系并非那样复杂，利用矩阵方法可以求出。在 EIP 这样一个复杂系统中，不但要考虑园区企业间的直接联系，而且要了解它们之间的间接联系，特别是当一个企业的最终产品有变动时，就会直接、间接地影响到其他企业，完全消耗系数是研究这种相互影响、相互制约的更深刻、更本质、更全面的经济参数。

（3）园内企业中间投入比例。是指在园内企业所消耗中间投入中，园内企业投入所占的百分比。计算公式如下：

$$w=\frac{\sum_{i=1}^{n}x_{ij}}{\sum_{i=1}^{n}x_{ij}+\sum_{i=1}^{m}x'_{ij}} \quad (6.22)$$

对园区运行状况的评价

（1）园区内各企业增加值贡献程度 g_i。是通过园区内各企业当期增加值的增量与园区总增加值增量的比较。反映园区某企业对园区整体经济的拉动作用。计算公式如下：

$$g_i=\frac{\Delta G_i}{\Delta\sum_{i=1}^{n}G_i} \quad (6.23)$$

除此以外，还可以利用投入产出模型测定园区内某企业增减变动该企业最终使用时，对园区总产出的影响，进而对中间投入和使用的影响。计算公式如下：

$$X_i=(\boldsymbol{I}-\boldsymbol{A})^{-1}Y \quad (6.24)$$

（2）园内各企业中间消耗率。如果园区是一个核算整体，在计算其中间投入时只包括来自园区外的投入，不包括园区内企业间的物流交换，对于这种核算模式的园区，只有通过编制园区投入产出表，才能将园区内企业间物流交换真实反映出来。如果园区内各企业为一个核算整体，在其计算中间投入时就包括了来自园内企业和园外企业的投入，此时就可以计算园内各企业中间消耗率。园区各企业中间消耗率用 c_j 表示，计算公式如下：

$$c_j = \frac{\sum_{i=1}^{n} x_{ij}}{X_j} \quad (j = 1, 2, \cdots, n) \tag{6.25}$$

（3）园区各企业分配系数。反映园区企业增加值的构成各要素在其总产出中的份额，具体有固定资产系数 a_{fj}、劳动者报酬系数 a_{lj}、生产税净额系数 a_{tj} 和营业盈余系数 a_{mj}。计算公式如下：

$$a_{fj}(a_{lj}, a_{tj}, a_{mj}) = \frac{f_j(j_j, t_j, M_j)}{X_j} \tag{6.26}$$

6.4.1.4 投入产出法在生态工业园区评价中的应用前景

产业生态学的研究和建立 EIP 的实践仅有近 20～30 年的历程，各国学者和企业家关注的焦点是园区企业的链接和运作，对于园区运作质量评价逐渐进入专家学者的视线，仍属于探索阶段。以投入产出分析法为分析框架，以“园区内企业”产业关联度为基础指标，构建 EIP 绩效评价体系，对园区物质循环利用以及企业间相互依存关系进行定量分析，对 EIP 总体进行绩效评价。在投入产出模型的改进中，为了便于分析园区企业相互利用副产品和利用其他企业提供的供园区企业生产的生产资料情况，引入“园区企业”和“园外企业”概念，通过计算与分析构建的评价指标，客观评价 EIP 内部与园区外部连接的根本关系，从而可以对园区企业内部的质能循环效率进行定量分析。

通过分析“园内企业”的产业关联度，即产业感应度、影响度，来判断该 EIP 与外界的进口、出口数量与内部生产之间的关系，并以此作为生态工业园运行绩效评价指标。该指标可以通过不同园区的计算结果进行横向对比，反映本园区与其他园区的差距所在；也可以计算本园区不同时点的状况，进行动态对比，监控本EIP运营绩效的变化、波动。

利用投入产出法进行园区评价的数据来源可以利用现有的经济统计体系，特别是利用现有投入产出表编制部门所掌握的数据，再加上专项调查所取得必要的企业微观生产数据，经过审查后对这些数据进行加工与整理。

因此，将投入产出法应用于EIP的评价有其适用性和合理性。投入产出分析方法主要是对产业关联的分析，其范围主要是针对若干产业、行业或产品。将这种方法应用于相对微观园区的分析，重点观察园区企业间的关联程度，从方法应用上看，具有适用性；将具有关联的企业区分为“园内企业”和“园外企业”，观察其相互依存关系，同样具有合理性。本书试图通过运用投入产出方法构建EIP评价体系，并为进一步探索研究奠定基础。

6.4.2 利用层次分析法对生态工业园区综合运作质量的评价

6.4.2.1 利用层次分析法对生态工业园区评价的步骤

（1）构造层次分析结构。EIP评价指标体系的建立借鉴层次分析法的思想，根据园区评价的目的，对评价对象的结构进行深入系统地剖析，把EIP整体发展水平分解成不同的侧面，并在此基础上提出反映各个侧面的衡量指标。不同类型的EIP具有不同的特征，在评价时关注的重点也不同。

2006年6月，由国家环境保护总局发布，并于2006年9月实施的EIP实施标准，根据不同类型EIP，分为3类，即综合类、行业类、静脉产业类。将评价指标体系分为目标层、准则层和指标层3个层次。目标层为评价的总体对象，准则层分为4个部分，为经济发展、物质减量与循环、污染控制和园区管理，但在指标层中具体指标设计有所侧重。在评价体系框架中，不仅有具体的评价指标，还设定每项的评价标准，适合于各类EIP的建设、管理和验收。综合类、行业类、静脉产业类EIP评价标准体系在本书附录中列示。

笔者借鉴国家环保总局的评价标准体系，在参阅一些学者[于秀娟等[212]（2003）；戴铁军等[213]（2006）；张帆等[209]（2007）]研究成果的基础上，突出了对园区运作起至关重要影响环节的关注，增加了对 EIP 生态网络建设与园区伙伴间关联的评价指标，使得评价体系更为科学与全面。具体评价层次构成见表 6-5。

表 6-5　EIP 评价指标总体框架表

目标层	准则层 I	准则层 II	指标层
生态工业园区运作质量评价指标（A）	EIP 发展水平评价（B_1）	园区经济发展水平（C_{11}）	人均增加值（C_{111}）
			万元增加值耗能（水）量（C_{112}）
			万元增加值“三废”（废水、废气、固体废物）排放量（C_{113}）
		园区环境质量水平（C_{12}）	废气（CO_2、SO_2）排放量达标率（C_{121}）
			“三废”处理率（C_{122}）
			工业废物综合利用率（C_{123}）
	EIP 稳定持续评价（B_2）	经济发展持续度（C_{21}）	增加值增长率（C_{211}）
			单位增加值能耗降低率（C_{212}）
			经济产投比（C_{213}）
		环境发展持续度（C_{22}）	“三废”减排率（C_{221}）
			“三废”综合利用率的变化率（C_{222}）
	EIP 协调关联评价（B_3）	经济与环境协调度（C_{31}）	环保投资占 GDP 的比重（C_{311}）
			废弃物产出率（C_{312}）
			资源生产力（C_{313}）
		园内企业间关联性（C_{32}）	水、原材料、能源重复利用率（C_{321}）
			园区企业间生态关联度（C_{322}）
			园区副产品、废品资源化率（C_{323}）
	EIP 网络管理评价（B_4）	基础设施共享性（C_{41}）	资源信息共享网络平台累计投入率（C_{411}）
			园区污水集中处理率（C_{412}）
			科技投入占增加值比例（C_{413}）
		园区管理发展水平（C_{42}）	生态工业相关技术研发和推广投入率（C_{421}）
			规模以上企业 ISO 14001 认证率（C_{422}）
			开展清洁生产的企业所占比例（C_{423}）

表 6-5 显示，本评价体系的目标为对 EIP 综合运作质量的评价，下分为 3 个层次，分别是准则层 I、准则层 II 和指标层。准则层 I 又分为 4 个方面，分别是 EIP 发展水平评价、稳定持续评价、协调关联评价和网络管理评价。准则层 II 在准则层 I 的基础上分为 2 个

层次。指标层共包含 23 个评价指标。

（2）构造判断矩阵。在层次结构已建立的前提下，请若干独立的专家，按照德尔斐法，在各层次元素中进行两两比较，构造出比较判断矩阵。判断矩阵表示针对上一层次因素，本层次与之有关因素之间相对重要性的比较。通过两两比较，将专家的定性描述转换为规范化的数值，其依据是各种标度体系，常用的是以下的互反性 1～9 标度表，见表 6-6。

表 6-6　互反性 1～9 标度

横向指标与纵向指标对比	同等重要	稍微重要	明显重要	强烈重要	极端重要	介于两者之间
甲标度	1	3	5	7	9	2，4，6，8
乙标度	1	1/3	1/5	1/7	1/9	1/2，1/4，1/6，1/8

为保证判断矩阵的质量，一般独立专家人数控制在 6～10 人，如有 S 位专家参与判断，给出的判断比较矩阵分别为 A_1，A_2，…，A_S 其中第 k 个判断矩阵 $A_k=(a_{ijk})_{n\times n}$，$k=1$，2，…，$s$。

（3）判断矩阵的一致性检验。在构造判断矩阵时要求每一个判断矩阵都有完全的一致性显然不太可能，特别是因素多规模大的问题更是如此。为了保证应用层次分析法分析得到的结论合理，还需要对构造的判断矩阵进行一致性检验。在实际问题求解时，构造的判断矩阵并不一定具有一致性，只要其不一致的程度在允许范围内，就可以用它所对应于最大特征根$\lambda_{\max}$来检验判断的一致性程度。因此，在层次分析法中引入判断矩阵最大特征根以外的其余特征根的负平均值，作为度量判断矩阵偏离一致性的指标，即用

$$CI_k=\frac{\lambda_{k\max}-n}{n-1}\qquad k=1,2,\cdots,s \tag{6.27}$$

检验决策者判断思维的一致性。$CI_k=0$ 时该成对比较矩阵为一致性，CI_k数值越大，该成对比较矩阵的不一致程度就越严重。

衡量不同阶判断矩阵是否具有满意的一致性，Satty 又引入平

均随机一致性指标 RI 值，对于 1~9 阶判断矩阵，RI 的值分别列于表 6-7 中。

表 6-7　随机一致性指标 RI 的数值

n	1	2	3	4	5	6	7	8	9
RI	0.00	0.00	0.58	0.90	1.12	1.24	1.32	1.41	1.45

根据表 6-7，对于 1，2 阶判断矩阵总是具有完全一致性。当阶数大于 2 时，判断矩阵的一致性 CI 与同阶随机一致性指标 RI 之比为随机一致性比率，记为 CR。当

$$CR_k = \frac{CI_k}{RI_k} < 0.10 \qquad k = 1, 2, \cdots, s \tag{6.28}$$

即认为判断矩阵具有满意的一致性，否则就需要调整判断矩阵，使之具有满意的一致性。

对于 S 个专家给出的 S 个判断矩阵，可采用加权几何平均进行综合，生成一个综合判断矩阵 $A=(a_{ij})_{n\times n}$，其中：

$$\begin{cases} a_{ij} = (a_{ij1})^{\lambda_1}(a_{ij2})^{\lambda_2}\cdots(a_{ijs})^{\lambda_s}, & i, j = 1, 2, \cdots, n \\ \sum\limits_{i=1}^{s}\lambda_i = 1 \end{cases} \tag{6.29}$$

式中，λ_i，i=1，2，…s，是第 i 位专家的权重系数，它是对专家能力水平的综合定量表示，当对专家的能力水平的高低难以获得或不易做出比较时，可取

$$\lambda_i = \frac{1}{s}, \quad i = 1, 2, \cdots, s \tag{6.30}$$

然后将综合判断矩阵 A 按照原层次分析法计算指标权重。

权重的计算可以看做是层次排序的过程。层次排序又可分为层次单排序和层次总排序。前者是计算出某层次因素相对于上一层次中某一因素的相对重要性，从理论上讲，层次单排序计算问题可归结为计算判断矩阵的最大特征根及其对应特征向量的问题；层次总排序是依次沿递阶层次结构由上而下逐层计算，即可计算出最低层

因素相对于最高层的相对重要性的排序值。此时将综合判断矩阵 A 的最大特征根所对应的特征向量作归一化处理后即可作为权重向量 $\boldsymbol{\varpi}=(\omega_1, \omega_2,\cdots, \omega_n)^T$。

6.4.2.2 **利用层次分析法对生态工业园区评价指标权重的确定**

为完善本评价体系，笔者共邀请 10 位在 EIP 理论实践以及评价方法等方面的资深专家参加了本次权重的确定工作。各位学者在独立状态下对 EIP 运作质量评价体系做出了判断矩阵。对判断矩阵检验及构造综合判断矩阵等均利用 Excel 计算。对于各位专家的权重均为 0.1。由于体系中的准则层Ⅱ又分别分为两个层次，对此进行一致性检验没有意义，因此，在进行权重确定过程中，将准则层Ⅰ和准则层Ⅱ合并进行一致性检验并赋权。

笔者仅根据专家针对 EIP 稳定持续评价（B_2）中 5 个指标的判断矩阵为例，说明指标权重的确定方法。表 6-8 为 10 位专家所给出的关于 B_2 的判断矩阵。

表 6-8 $B_2^{[1]}$—$B_2^{[10]}$的比较矩阵

$B_2^{[1]}$	C_{211}	C_{212}	C_{213}	C_{221}	C_{222}	$B_2^{[2]}$	C_{211}	C_{212}	C_{213}	C_{221}	C_{222}
C_{211}	1	1/3	1/2	1/5	1/8	C_{211}	1	1/2	1	1/7	1/5
C_{212}	3	1	2	1/4	1/7	C_{212}	2	1	2	1/5	1/3
C_{213}	2	1/2	1	1/6	1/7	C_{213}	1	1/2	1	1/7	1/5
C_{221}	5	4	6	1	1/3	C_{221}	7	5	7	1	3
C_{222}	8	7	7	3	1	C_{222}	5	3	5	1/3	1

$B_2^{[3]}$	C_{211}	C_{212}	C_{213}	C_{221}	C_{222}	$B_2^{[4]}$	C_{211}	C_{212}	C_{213}	C_{221}	C_{222}
C_{211}	1	1	3	1/3	1/2	C_{211}	1	1	1/2	1/3	1/5
C_{212}	1	1	3	1/3	1/2	C_{212}	1	1	1/2	1/3	1/5
C_{213}	1/3	1/3	1	1/5	1/4	C_{213}	2	2	1	1/2	1/4
C_{221}	3	3	5	1	2	C_{221}	3	3	2	1	1/3
C_{222}	2	2	4	1/2	1	C_{222}	5	5	4	3	1

$B_2^{[5]}$	C_{211}	C_{212}	C_{213}	C_{221}	C_{222}	$B_2^{[6]}$	C_{211}	C_{212}	C_{213}	C_{221}	C_{222}
C_{211}	1	3	3	1	5	C_{211}	1	1	3	1/3	1/5
C_{212}	1/3	1	1	1/3	3	C_{212}	1	1	3	1/3	1/5
C_{213}	1/3	1	1	1/3	3	C_{213}	1/3	1/3	1	1/5	1/7
C_{221}	1	3	3	1	5	C_{221}	3	3	5	1	1/3
C_{222}	1/5	1/3	1/3	1/5	1	C_{222}	5	5	7	3	1

$B_2^{[7]}$	C_{211}	C_{212}	C_{213}	C_{221}	C_{222}	$B_2^{[8]}$	C_{211}	C_{212}	C_{213}	C_{221}	C_{222}
C_{211}	1	1/5	1/5	1/3	1/5	C_{211}	1	1/3	1/2	1/5	1/8
C_{212}	5	1	1	3	1	C_{212}	3	1	2	1/4	1/7
C_{213}	5	1	1	3	1	C_{213}	2	1/2	1	1/6	1/7
C_{221}	3	1/3	1/3	1	1/3	C_{221}	5	4	6	1	1/3
C_{222}	5	1	1	3	1	C_{222}	8	7	7	3	1

$B_2^{[9]}$	C_{211}	C_{212}	C_{213}	C_{221}	C_{222}	$B_2^{[10]}$	C_{211}	C_{212}	C_{213}	C_{221}	C_{222}
C_{211}	1	1/3	7	1/5	1	C_{211}	1	1/2	1/2	1/4	2
C_{212}	3	1	7	1/5	3	C_{212}	2	1	1	1/2	3
C_{213}	1/7	1/7	1	1/9	1/3	C_{213}	2	1	1	1/2	3
C_{221}	5	5	9	1	5	C_{221}	4	2	2	1	4
C_{222}	1	1/3	3	1/5	1	C_{222}	1/2	1/3	1/3	1/4	1

从表中判断矩阵看出，各位专家对此项指标的认识并不十分一致。例如，对于 C_{211} 指标（增加值增长率），有的专家认为它相对 C_{222}（“三废”综合利用率的变化率）十分重要，矩阵中的数值为 1/8，而有的专家则认为是明显的不重要。存在这些差异是正常的。

将判断矩阵根据公式（6.27）和公式（6.28）分别对矩阵 $B_2^{[1]}$—$B_2^{[10]}$作一致性检验，结果见表 6-9。

上述各矩阵根据公式（6.28）计算出的随机一致性比率 CR 的值均小于 0.1，表明均通过一致性检验。由此可按照公式（6.29）构造 B_2 综合判断矩阵。见表 6-10。

表 6-9　$B_2^{[1]}$—$B_2^{[10]}$的一致性检验结果

	λ_{max}	n	CI	RI	$CR=CI/RI$
$B_2^{[1]}$	5.202 1	5	0.050 5	1.12	0.045 1
$B_2^{[2]}$	5.073 8	5	0.018 4	1.12	0.016 5
$B_2^{[3]}$	5.056 5	5	0.014 1	1.12	0.012 6
$B_2^{[4]}$	5.058 8	5	0.014 7	1.12	0.013 1
$B_2^{[5]}$	5.055 5	5	0.013 9	1.12	0.012 4
$B_2^{[6]}$	5.126 4	5	0.031 6	1.12	0.028 2
$B_2^{[7]}$	5.041 7	5	0.010 4	1.12	0.009 3
$B_2^{[8]}$	5.202 1	5	0.050 5	1.12	0.045 1
$B_2^{[9]}$	5.345 3	5	0.086 3	1.12	0.077 1
$B_2^{[10]}$	5.039 2	5	0.009 8	1.12	0.008 8

表 6-10　B_2 的合成综合判断矩阵

	C_{211}	C_{212}	C_{213}	C_{221}	C_{222}
C_{211}	1.000 0	0.594 9	1.089 8	0.284 9	0.407 1
C_{212}	1.680 8	1.000 0	1.738 4	0.368 6	0.570 8
C_{213}	0.917 6	0.575 3	1.000 0	0.291 4	0.401 7
C_{221}	3.509 6	2.713 0	3.432 1	1.000 0	1.094 6
C_{222}	2.456 5	1.751 8	2.489 6	0.913 6	1.000 0

同样，根据公式（6.27）和公式（6.28）对此综合判断矩阵进行一致性检验，其 CR 为 0.004 5，小于 0.1，通过一致性检验。所求得检验结果如表 6-11 所示。

表 6-11　B_2 的一致性检验结果

	λ_{max}	n	CI	RI	$CR=CI/RI$
B_2	5.020 3	5	0.005 1	1.12	0.004 5

最大特征所对应的特征向量为：$w=$（0.104 6，0.159 2，1.100 5，0.358 8，0.276 9）^{T} 为 B_2 矩阵中各项的单排序。若要计算层次总排序，则需先计算各矩阵中的单排序。

按照上述计算步骤和方法，首先计算出 A 和 B_1—B_4 的合成综合判断矩阵，见表 6-12。

表 6-12　A、B_1—B_4 的合成综合判断矩阵

A	B_1	B_2	B_3	B_4
B_1	1.000 0	0.394 2	0.880 5	1.676 1
B_2	2.536 5	1.000 0	2.515 0	3.809 2
B_3	1.135 8	0.397 6	1.000 0	2.141 1
B_4	0.596 6	0.262 5	0.467 0	1.000 0

B_1	C_{111}	C_{112}	C_{113}	C_{121}	C_{122}	C_{123}
C_{111}	1.000 0	0.414 1	0.618 8	0.412 6	0.605 9	0.620 8
C_{112}	2.415 1	1.000 0	1.410 9	0.830 6	1.318 0	1.155 8
C_{113}	1.616 1	0.708 8	1.000 0	0.482 6	0.735 5	0.775 6
C_{121}	2.423 9	1.204 0	2.071 9	1.000 0	1.478 8	1.287 3
C_{122}	1.650 5	0.758 7	1.359 7	0.676 2	1.000 0	0.820 9
C_{123}	1.610 8	0.865 2	1.289 4	0.776 8	1.218 2	1.000 0

B_2	C_{211}	C_{212}	C_{213}	C_{221}	C_{222}
C_{211}	1.000 0	0.594 9	1.089 8	0.284 9	0.407 1
C_{212}	1.680 8	1.000 0	1.738 4	0.368 6	0.570 8
C_{213}	0.917 6	0.575 3	1.000 0	0.291 4	0.401 7
C_{221}	3.509 6	2.713 0	3.432 1	1.000 0	1.094 6
C_{222}	2.456 5	1.751 8	2.489 6	0.913 6	1.000 0

B_3	C_{311}	C_{312}	C_{313}	C_{321}	C_{322}	C_{323}
C_{311}	1.000 0	0.749 0	0.981 9	0.584 2	1.703 4	1.074 8
C_{312}	1.335 1	1.000 0	1.320 1	0.698 8	1.960 8	1.152 9
C_{313}	1.018 4	0.757 5	1.000 0	0.610 1	1.515 7	1.218 2
C_{321}	1.711 8	1.431 0	1.639 1	1.000 0	2.116 1	1.486 0
C_{322}	0.587 0	0.510 0	0.659 8	0.472 6	1.000 0	0.756 9
C_{323}	0.930 4	0.867 4	0.820 9	0.673 0	1.321 1	1.000 0

B_4	C_{411}	C_{412}	C_{413}	C_{421}	C_{422}	C_{423}
C_{411}	1.000 0	0.933 0	0.989 5	1.223 2	2.177 8	2.653 1
C_{412}	1.071 8	1.000 0	1.011 8	1.517 6	1.848 8	2.292 0
C_{413}	1.010 6	0.988 3	1.000 0	1.523 1	1.982 4	2.355 1
C_{421}	0.817 5	0.658 9	0.656 5	1.000 0	1.472 7	1.813 1
C_{422}	0.459 2	0.540 9	0.504 4	0.679 0	1.000 0	1.231 1
C_{423}	0.376 9	0.436 3	0.424 6	0.551 5	0.812 3	1.000 0

按照公式（6.27）和公式（6.28）将表 6-12 中的 5 个综合矩阵进行一致性检验，其检验结果见表 6-13。

表 6-13　A、B_1—B_4 的合成综合判断矩阵的一致性检验结果

	λ_{max}	n	CI	RI	$CR=CI/RI$
A	4.010 0	4	0.003 3	0.90	0.003 7
B_1	6.018 7	6	0.003 7	1.24	0.003 0
B_2	5.020 3	5	0.005 1	1.12	0.004 5
B_3	6.019 5	6	0.003 9	1.24	0.003 1
B_4	6.010 7	6	0.002 1	1.24	0.001 7

表 6-13 中各矩阵 $CR<0.1$，一致性检验通过，A 矩阵的权重向量和 B_1—B_4 的权重向量见表 6-14。

表 6-14　A、B_1—B_4 的权重向量

	A	B_1	B_2	B_3	B_4
w	0.189 6	0.093 2	0.104 6	0.154 8	0.214 5
	0.482 1	0.203 4	0.159 2	0.191 1	0.216 9
	0.215 3	0.131 6	0.100 5	0.157 4	0.217 5
	0.112 9	0.239 6	0.358 8	0.245 8	0.155 4
		0.158 0	0.276 9	0.103 6	0.107 7
		0.174 2		0.147 5	0.088 1

在此基础上，计算出 EIP 运作质量平均指标体系中各层次指标的权重，见表 6-15。

表 6-15　EIP 运作质量评价指标体系及其权重

目标层	准则层 I	对总目标权重	准则层 II	对总目标权重*	指标层	对总目标权重
生态工业园区运作质量评价指标（A）	EIP 发展水平评价（B_1）	0.189 6	园区经济发展水平（C_{11}）	0.081 2	人均增加值（C_{111}）	0.017 7
					万元增加值耗能（水）量（C_{112}）	0.038 6
					万元增加值“三废”（废水、废气、固体废物）排放量（C_{113}）	0.025 0
			园区环境质量水平（C_{12}）	0.108 4	废气（CO_2、SO_2）排放量达标率（C_{121}）	0.045 4
					“三废”处理率（C_{122}）	0.030 0
					工业废物综合利用率（C_{123}）	0.033 0
	EIP 稳定持续评价（B_2）	0.482 1	经济发展持续度（C_{21}）	0.175 6	增加值增长率（C_{211}）	0.050 4
					单位增加值能耗降低率（C_{212}）	0.076 8
					经济产投比（C_{213}）	0.048 5
			环境发展持续度（C_{22}）	0.306 5	“三废”减排率（C_{221}）	0.173 0
					“三废”综合利用率的变化率（C_{222}）	0.133 5
	EIP 协调关联评价（B_3）	0.215 3	经济与环境协调度（C_{31}）	0.108 4	环保投资占 GDP 的比重（C_{311}）	0.033 3
					废弃物产出率（C_{312}）	0.041 1
					资源生产力（C_{313}）	0.033 9
			园内企业间关联性（C_{32}）	0.107 0	水、原材料、能源重复利用率（C_{321}）	0.052 9
					园区企业间生态关联度（C_{322}）	0.022 3
					园区副产品、废品资源化率（C_{323}）	0.031 8

目标层	准则层 I	对总目标权重	准则层 II	对总目标权重*	指标层	对总目标权重
生态工业园区运作质量评价指标（A）	EIP 网络管理评价（B_4）	0.112 9	基础设施共享性（C_{41}）	0.073 3	资源信息共享网络平台累计投入率（C_{411}）	0.024 2
					园区污水集中处理率（C_{412}）	0.024 5
					科技投入占增加值比例（C_{413}）	0.024 6
			园区管理发展水平（C_{42}）	0.039 7	生态工业相关技术研发和推广投入率（C_{421}）	0.017 5
					规模以上企业 ISO 14001 认证率（C_{422}）	0.012 2
					开展清洁生产的企业所占比例（C_{423}）	0.009 9

*该层次权重是通过指标层权重倒算的。

6.5 本章小结

本章从目前对 EIP 评价研究的现状入手，对国内外对于 EIP 评价的关注点和采用的方法进行了综述，针对评价指标体系建立模式现状，提出简练评价指标、提高评价指标可操作性、突出评价 EIP 的关键问题等设置原则。

本书所采用的方法主要是投入产出法和层次分析法。利用投入产出法对 EIP 整体的评价包含笔者的创新性探索。首先对评价对象进行范围上的界定，区分园内企业和园外企业，其次对投入来源也进行划分，来自园区内物料的投入和来自园区外物料的投入。在此基础上，构建了 EIP 的投入产出模型，根据此模型提供的各项数据及其存在的数量关系，分别从 3 个方面，即对园区主导企业、对园区产业链、对园区整体运行方面，建立了 EIP 的评价指标体系框架。

利用层次分析法，在一些学者研究的基础上，笔者以 EIP 的 4 个方面为准则层，构建了一个包含 23 个指标的评价体系，之中，在对园区产业关联评价上，借鉴了生态学原理，构造了两个定量反映园区企业间关联度和资源利用率的指标，该指标可操作性较强。

总之，笔者对于上述两种比较成熟的方法赋予了新的评价内容，成为本书进行实证分析的依据，也为 EIP 管理提供了可参考的应用方法。

第7章 生态工业园区实证研究

广西贵港 EIP 是我国制糖业的龙头企业，也是我国第一批国家工业示范园区。从 2001 年至今，已有 6 年的时间。笔者以广西贵港生态示范园区为例，分析其发展现状、运作机制及评价体系。

7.1 广西贵港 EIP 的基本情况

7.1.1 广西糖业发展现状

制糖的主要原料分为甘蔗和甜菜，我国以甘蔗为主，其生产能力占全国制糖总生产能力的 83%，近几年达到 90%以上，其中，广西是我国糖蔗的主要产区，2005 年我国成品糖产量广西占有 55.28%。广西贵港是广西 15 家大型制糖企业集团之一。结合广西糖业发展情况，观察糖业现存的问题。

7.1.1.1 结构性污染严重

以广西为例，100 多家糖厂年入榨甘蔗 3 000 多万 t，甘蔗制糖过程中产生蔗渣（绝干）约 330 万 t，废糖蜜 100 万 t。废糖蜜绝大多数用来生产酒精，同时产生酒精废液 310 万 m^3。酒精废液中 COD 浓度高达十几万毫克每升，对此目前仍无经济有效的处理办法。此外，蔗渣制浆造纸过程中产生大量的黑液。糖业的这种结构性污染物排放，造成了严重的区域性污染。

7.1.1.2 生产率水平较低

我国原料蔗种植分散度大，经营规模小。以广西为例，全区原料蔗生产主要靠个体农户小规模经营，50 亩以上专业户的种蔗面积仅占 13%，而国外一般每个农户种植几百亩蔗田。广西原料蔗近年来亩产 3.5～4 t，2005 年广西甘蔗亩产为 4.6 t，糖分含量近年来在 13%左右，而国外（例如美国、巴西、澳大利亚等）亩产可达 12 t，糖分含量为 15%。

目前，国外多采用田间糖厂生产原料糖，原料糖送至精炼糖厂，集中精炼为品牌糖的方法，而我国大多数糖厂既生产原料糖，又生产精炼糖。国外糖厂已广泛使用了先进、高效的糖机设备，有些国家还采用自动化系统。而我国，由于糖厂规模小，大大限制了大容量先进设备的采用，糖厂的技术装备水平只相当于国外先进国家 20 世纪 60、70 年代的水平，再加上我国糖厂管理不善，营销薄弱，使国内外糖厂的差异愈见明显。澳大利亚的维多利亚糖厂，日处理能力 18 000 t 甘蔗，全厂仅 250 人，而我国制糖能力最大的贵糖（集团）（日处理甘蔗能力 10 000 t）约有职工 3 800 人。以按实物量计算和按产值计算的劳动生产率为例，我国与欧盟分别相差 50 倍和 100 倍。

7.1.1.3 生产成本偏高

从全国来看，我国制糖成本有这样一些特点：我国制糖成本高于国际水平、北方产糖区成本高于南方产糖区、集体企业成本高于其他企业、小型企业成本高于大中型企业成本。见表 7-1 和表 7-2。

表 7-1 广西壮族自治区不同经济类型制糖企业单位成本 单位：元/t

	全区平均	“三资”企业	有限责任公司	国有企业	股份有限公司	集体企业	私营企业
生产成本	2 600.45	2 468.57	2 491.20	2 651.50	2 708.40	2 745.83	2 797.00
与平均成本离差	—	−131.88	−109.25	+51.05	+107.95	+145.38	+196.55

资料来源：广西企业调查队对 55 家制糖企业的调查资料。

表 7-2　广西壮族自治区不同规模制糖企业单位成本　单位：元/t

	全区平均	大型企业	中型企业	小型企业
生产成本	2 600.45	2 478.64	2 611.54	2 738.79
平均成本离差	—	−121.81	+11.09	+138.34

资料来源：广西企业调查队对 55 家制糖企业的调查资料。

7.1.2 广西贵港 EIP 生态制糖园区的建立

7.1.2.1 广西贵港 EIP 的主导作用

糖业是广西传统的支柱产业，2005 年，广西糖业从业人数占全部工业人数的 7%，糖业增加值占工业增加值的 9%，糖业利润占工业利润的 22%。贵港市制糖工业有力地拉动了当地经济的发展，目前贵港市形成了以制糖工业为导向的产业经济状况。

贵港市目前制糖企业有 5 家，即贵糖（集团）股份有限公司、贵港甘化股份有限公司、桂平糖厂、平南糖厂和西江糖厂。其中贵糖（集团）是当地最大的制糖企业，同时也是全国规模最大、资源综合利用最好、效益比较显著的企业。

多年来，贵港以甘蔗种植业为基础，以制糖为先导，带动造纸业和酒精业。目前，甘蔗种植业、制糖业、造纸业和酒精业已发展成为制糖工业的主要组成部分。化肥、建材、食品、制药、化工、设备制造、养殖等行业也成为制糖工业的相关组成部分。此外，制糖工业还辐射带动运输、修理、贸易、餐饮、科研、教育、金融投资、旅游、钢铁、包装等行业的发展。

2004 年，贵港市制糖工业直接产值 110 021 万元，占全市 GDP 的 16.9%；间接产值 47 229 万元，占全市 GDP 的 7.3%；辐射带动的产业产值 6 亿多元，占全市 GDP 的 9.6%以上。制糖工业及其辐射带动的产业产值在全市 GDP 中约占 33.8%。此外，贵港市约 30%的人口从事与制糖工业及其辐射带动的产业相关的活动。一旦贵港市的制糖工业有所波动，必将对贵港市的经济产生根本性影响，并直接影响到 30%人口的就业问题。所以，制糖工业已成为贵港市的支柱产业。

贵港市制糖工业由于受到长期计划经济体制的影响，其发展曾经偏重于外延式的产量扩张，导致市场上糖产品供大于求、档次低、产品价格一路下滑。目前，贵港市糖产品在价格上不能与国外糖产品竞争的问题愈加突出，贵港市制糖工业面临着十分严峻的市场考验。

7.1.2.2 广西贵港 EIP 的问题所在

贵港市制糖工业整体水平不高且发展很不均衡，从产业整体来看，存在着一些主要问题，严重制约着该产业的可持续发展，这些问题主要表现在：

（1）污染方面。贵港市 5 家糖厂排放的工业废水占贵港市排放总量的约 80%，COD 排放量占总量的 80%以上，工业废气、悬浮物、烟尘和 SO_2 等污染物排放量在总量中都占有相当大的比重。所以，制糖工业在成为贵港市支柱产业的同时，也成为该市最大的污染源。

（2）产品科技含量方面。甘蔗制糖为传统行业，工艺水平和技术水平的更新速度十分缓慢。贵港市 5 家主要的制糖企业中，只有贵糖（集团）采用碳酸法生产工艺，其余 4 家均采用亚硫酸法。亚硫酸法制糖生产成本高，环境污染严重，产品含硫量高，档次较低，无法适应市场上日益明显的对高质量和多元化产品的需求。

（3）产业结构方面。产业结构不尽合理主要表现在 3 个方面：① 制糖企业以中小型规模为主，与市场经济要求的规模经济效益不相适应；② 造纸和酒精生产能力偏低；③ 糖业与农业结合不紧密，尚未形成前向产业化链接，蔗农依靠传统耕作，小规模分散种植，单产和含糖水平与世界水平相比差距较大，原料供应还存在很大的风险。

（4）综合利用水平方面。从总体上讲，贵港市制糖工业后向产业化发展差，产品结构单一，与多元化的市场需求不相适应。贵港市 5 家主要制糖企业中只有贵糖（集团）和桂平糖厂利用废弃物同时生产纸张和酒精，且桂平糖厂的生产规模还较小，其余 3 家企业只进行酒精的生产，实际综合利用的规模远远低于可供利用的废弃物数量，未被利用的废弃物直接排向了环境。在综合利用产值占企业总产值的比例上，5 家企业平均水平为 17%，产业整体综合利用水平低，经济效益难以有较大突破，同时未被利用的废弃物如高浓度有机废水、蔗渣等直接排向环境，造成严重的环境污染。

（5）生态安全方面。甘蔗作为制糖生产的主要原料，其安全性至关重要。甘蔗种植的好坏直接影响整个产业的发展和工业生态系统的安全性。

目前，贵港市甘蔗种植和全国一样，与世界先进水平差距较大。主要表现在：原料单产及含糖量低；品种改良速度慢，品质不高；栽培方式分散落后；机械化程度低；还有相当一部分甘蔗旱地种植，水利等基础设施不配套，甘蔗种植靠天吃饭。由于甘蔗生产成本高，直接影响糖厂的经济效益和市场竞争力，并进而影响蔗农的种植积极性。随着甘蔗种植带的西移，如果水利等基础设施跟不上，蔗农随时都有放弃种植甘蔗的可能；一旦蔗农放弃种植甘蔗，整个制糖工业将面临灭顶之灾。

所以，建立贵港 EIP 可以充分发挥其龙头企业的作用，其成功运作的经验可以为其他企业所借鉴。

7.1.3 广西贵港 EIP 生态网络关联的模式

7.1.3.1 广西贵港 EIP 生态系统雏形

根据贵港 EIP 可行性分析报告得知，该园区是我国最大的甘蔗化工企业，制糖、酒精、造纸等是这个园区的生产主业，污染大、治理难度大。该园区以蔗田系统、制糖系统、酒精系统、造纸系统、热电联产系统、环境综合处理系统为框架，各系统之间通过中间产品和废弃物的相互交换而互相衔接，从而形成一个比较完整的闭合的生态工业网络。目前，贵糖（集团）生态工业雏形主要由两条主链组成：甘蔗→制糖→糖蜜制酒精→酒精废液制复合肥，以及甘蔗→制糖→蔗渣制浆造纸，见图 7-1。

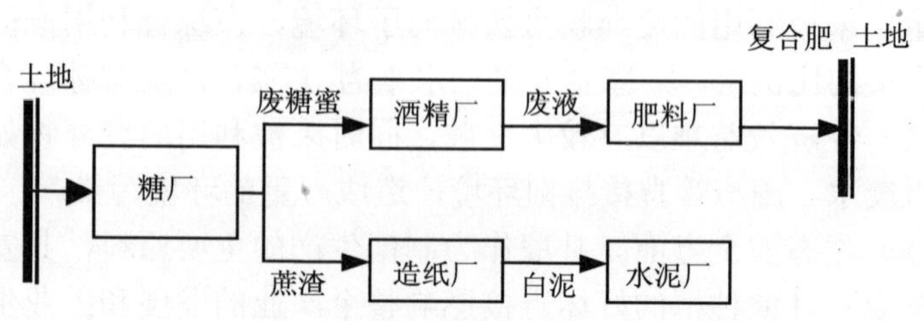

图 7-1　贵港 EIP 制糖生态工业雏形

由图 7-1 可以看出，每条生态链的上游生产过程产生的废物用做下游生产过程的原料。利用制糖过程产生的废糖蜜做原料来生产酒精，酒精生产过程产生的酒精废液用来生产甘蔗专用复合肥，复合肥又用来肥田。至此，以甘蔗田种植甘蔗为起点，经过甘蔗→制糖→废糖蜜制酒精→酒精废液制复合肥，复合肥返回蔗田，形成了一条闭环的生态链。另外，制糖过程中产生的蔗渣用来造纸，造纸过程产生的白泥作为生产水泥的原料。

7.1.3.2 广西贵港 EIP 生态系统总体框架

贵港制糖生态工业系统总体结构见图 7-2，它是由 6 个系统优化组成。这 6 个系统分别是：

（1）蔗田系统。建成现代化甘蔗园，通过良种良法和农田水利建设，负责向园区生产提供高产、高糖、安全、稳定的甘蔗，保障园区制造系统有充足的原料供应。

（2）制糖系统。通过制糖新工艺改造、低聚果糖技改，生产出普通精炼糖以及高附加值的有机糖、低聚果糖等产品。

（3）酒精系统。通过能源酒精工程和酵母精工程，有效利用甘蔗制糖副产品——废糖蜜，生产能源酒精和高附加值酵母精等产品。

（4）造纸系统。通过绿色制浆工程改造、扩大制浆造纸规模及 CMC（羧甲基纤维素钠）工程，充分利用甘蔗制糖的副产品——蔗渣，生产出高质量的生活用纸及文化用纸和高附加值的 CMC 等产品。利用甘蔗制糖副产品蔗渣造纸是贵糖独创的专利技术。

（5）热电联产系统。通过使用甘蔗制糖的副产品——蔗髓替代部分燃煤，热电联产，向主体系统、酒精系统、造纸系统以及其他付账系统生产所必需的电力和蒸汽，保障园区生产系统的动力供应。

（6）环境综合处理系统。通过除尘脱硫、节水工程以及其他综合利用项目，为园区制造系统提供环境服务，包括废气、废水处理，生产水泥、轻钙等副产品，进一步利用酒精系统的副产品——酒精废液制造甘蔗专用复合肥，向园区制造系统提供回用水以节约水资源。贵糖采取蒸发浓缩工艺制复合肥返回蔗区形成良性循环。

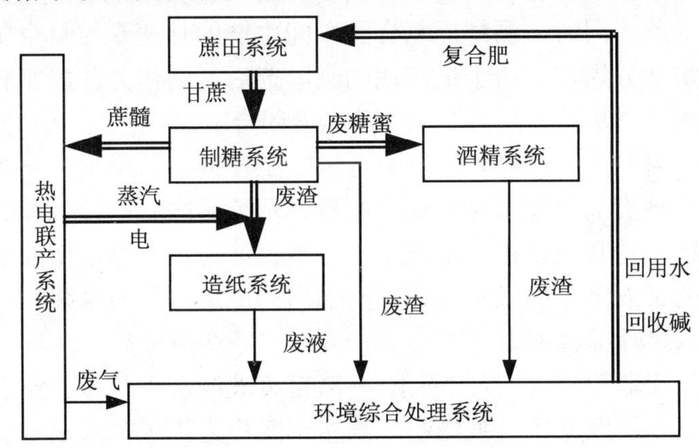

图 7-2　贵港生态系统框架图

图 7-2 将贵港生态园区各系统之间的产品、副产品、废品相互利用的关系简明地显示出来，图中双线箭头表示下游企业对上游企业的产品和副产品的利用，单线箭头表示废弃物在园内净化处置的过程。从上述贵糖（集团）生态工业雏形可以看出，上述 6 个系统关系紧密，通过副产品、废弃物和能量的相互交换和衔接，形成了比较完整的闭合工业生态网络。“甘蔗→制糖→酒精→造纸→碱回收→水泥→碳酸钙→复合肥”这样一个多行业综合性的链网结构，使得行业之间优势互补，达到资源的最佳配置，物质的循环流动，废弃物的有效利用，将环境污染减少到最低水平，大大加强了园区整体抵御市场风险的能力。

7.1.3.3 广西贵港 EIP 生态系统基本特点

在贵港国家生态工业（制糖）示范园区中，各组成单元间存在着输入、输出的相互依赖关系，在很大程度上实现了横向耦合、纵向闭合以及区域整合。中国环境科学研究院罗宏等学者将广西贵港 EIP 生态系统特征归纳为以下几点[140]：

（1）作为“源”和“汇”的甘蔗园。现代化甘蔗园是制糖工业生态系统的发端。它输入肥料、水分、空气和阳光，输出制糖和造纸用的甘蔗。同时，酒精厂复合肥车间生产的甘蔗专用复合肥和热电厂锅炉部分煤灰（用于沉淀池的吸附剂后）则作为蔗田肥料。基本上形成了“从源到汇再到源”的纵向闭合。

（2）“甘蔗→制糖→蔗渣造纸”工业链。如果说，一个安全的甘蔗园是贵港国家生态工业（制糖）示范园区的基础，那么，制糖和造纸则是其赖以存在的根本，也是目前为止贵港市糖业最具经济意义的工业链。制糖厂压榨车间输出的蔗渣，作为制浆厂的主要原料输入进行综合利用。

（3）“制糖→糖蜜制酒精→酒精废液制复合肥”工业链。制糖工艺输出的废糖蜜，被酒精厂酒精车间作为资源输入进行能源酒精或食用酒精的生产。酒精车间产生的酒精废液经过浓缩、干燥和补充必要养分后，制成复合肥。此工业链不但可以综合利用制糖过程产生的废糖蜜，消除环境污染，而且可以获得能源酒精或食用酒精，其关键技术是酒精废液的处理。

（4）“制糖（有机糖）→低聚果糖”工业链。低聚果糖的价格高，技术含量也高，被誉为第三代保健食品的功能因子，是今后贵港市糖业的一个重要增长点。低聚果糖的生产，利用普通制糖工艺生产的蔗糖或赤砂糖、糖蜜、酒精废液、糖浆及清汁等中间产品做原料，通过固相酶发酵法经浓缩、提纯、灭菌后得到成品。

以上 3 条主要的生态工业链，相互间构成了横向耦合的关系，在一定程度上形成了网状结构。一方面，物流中没有废物概念，只有资源概念，各环节实现了充分地资源共享；另一方面，由于网状结构的存在，产品种类多样，其产品生产可根据市场需要调配，使园区从整体上抵御市场风险的能力得到大大加强。

（5）“甘蔗→制糖→造纸→热电厂”联合体。能源供应和其他生产单元间的关系。热电厂在 EIP 中的位置非常特别和关键。它与“甘蔗→制糖→造纸”工业链以及园区内其他生产单元之间的关系是非常密切的。热电厂是各工业生产单元蒸汽和电力的供应者。热电厂的部分燃料采用制糖压榨车间产生的蔗髓，同时将其冷却水送作造纸用水，可节约水资源。热电厂锅炉的含硫烟气（酸性）与造纸中段废水（碱性）通过除尘脱硫塔进行中和反应，减少污染物的排放。热电厂锅炉煤灰还是造纸废水处理的良好吸附剂。

（6）水的供给、使用、循环使用、排放。糖厂是水循环回用潜力较大的企业。应采取清浊分流（回收冷凝水、凝结水）、干湿分离（先分离滤泥、炉渣灰、污泥等干物质）、封闭运行（将污染源治理限制范围）等措施，促进水的重复利用。该项目中，对造纸系统中脉冲白水进行回收，经处理后回用到有关生产单元，是有效的清洁生产措施。

（7）滤泥、白泥、废渣综合利用和副产品生产。该 EIP 各单元过程产生的固体废物包括各种滤泥、白泥、废渣等。这些固体废物都能通过适当的工艺处理后进行利用，并可生产副产品。

（8）废水、废气的处理和排放。贵港国家生态工业（制糖）示范园区各单元过程产生的废水，主要为造纸中段废水和白水，这些废水可通过建设污水深度处理设施，进行处理后回用或达标排放。

总的看来，贵港 EIP 通过区域的全面整合以及和区域外界的物流交换，做到最大限度地利用废物作为资源，使资源有效利用最大化；通过清污分流和清水回用做到水资源利用效率最大化；通过热电厂的运行做到能源生产和利用的优化；通过废物利用和环保工程的建设做到环境污染最小化；通过高产高糖甘蔗园的建设保障示范园区系统的安全性，因而符合 EIP 建设的基本原则和要求。

7.2 广西贵港 EIP 的运行机制

按照论文第 5 章关于 EIP 运行机制分析的框架，结合贵港 EIP 最初被批复为我国第一家工业生态示范园区的背景，进行逐项分析。

7.2.1 贵港 EIP 运作动力源分析

通过前面关于共生律的分析得知，共生律就是企业总是追求生存成本最低、生存快乐最高的生存方式，共生总是生存成本最低、生存快乐最高的生存方式。目前贵港 EIP 由 6 个相互独立的系统组成，构成园区区内横向耦合、纵向闭合，充分利用该园区的天时地利，打造中国糖业生态运行模式，通过建立园区各系统之间的产业生态链关系，寻求到了其生存成本最低的模式，在创建这一模式过程中，贵港 EIP 走在了前列，并获得了成功。

7.2.2 贵港 EIP 运作推动力分析

2001 年，我国加入世贸组织后面临更多的是来自国际市场的压力。首先是成本的压力。正如问题 7.1.1.3 中分析的结果，我国糖业从整体上并不具有国际竞争优势，生产成本高于国际的平均水平，从当年数据资料分析，2001/2002 榨季全区吨糖含税成本为 2 650 元，比广东低 200 元，但与进口相比，高出 200 多元。其次是环境的压力。构成制糖产业的制糖、造纸和酒精等生产过程，都是我国传统的污染大户。由于企业规模较小，综合利用能力较低，极易形成污染。比如在制糖过程中形成的副产品废糖蜜，主要是用来生产酒精，同时产生大量的酒精废液，其中含有高浓度的 COD 的废液只做简单处理或未经处理就排向环境，给周围环境造成了危害。从当年的数据看出，贵港市有近 80%的废水、近 40%的废气等均来自制糖业。由于这种成本和环境的压力，形成了贵港创建 EIP 的推动力。

7.2.3 贵港 EIP 运作拉动力分析

园区的拉动力可以从效益和需求两方面分析。示范园区可以带动当地经济的发展，实现制糖利税 18.9 亿元，新增利润 9.2 亿元；园区的形成可以提高制糖生产的综合利用率，使得蔗渣、废糖蜜和酒精废液利用达到 100%，水循环利用率达到 90%，实现了环境效益的提高；由于贵糖是贵港市的主导产业，企业的发展增加了就业机会，同时促进了甘蔗种植业的发展，有利于提高社会效益。

从需求角度分析，产品有市场，企业就有可能生存。贵港 EIP 中制糖系统，可生产普通糖、有机糖和低聚果糖；酒精系统可生产酒精和酵母精；造纸系统可生产纸和 CMC。通过碳酸法生产的糖含硫量低，能在高级饮料和高级食品当中使用，对此的需求量较大，并且还有需求缺口；另外，随着人们对绿色食品和功能食品的认同，对有机糖和低聚果糖的需求量有增长的趋势，具有广阔的需求市场；有数据显示，随着纸品种的增多，对纸的消费呈现上升势头；随着能源供应日益紧张，酒精成为能源替代品的研究与实施成为许多国家关注的问题，酒精不仅能替代化石能源，还具有环保功能，有良好的发展前景。

7.2.4 贵港 EIP 运作支撑力分析

贵港 EIP 目前有 3 条产业链，即“甘蔗→制糖→蔗渣造纸”产业链、“制糖→糖蜜制酒精→酒精废液制复合肥”产业链和“制糖（有机糖）→低聚果糖”产业链。产业链的形成需要有强大的技术支撑，见表 7-3。

表 7-3　贵港 EIP 技术支撑措施

技术支撑项目	技术改进结果
甘蔗园建设工程	培育改良品种，解决甘蔗园的供应问题
能源酒精技改工程	充分利用贵港市及其周边糖厂的废糖蜜，完善全市制糖生态工业链，并使之不断深化
有机糖技改工程	拓宽销售渠道，提高我国糖业的市场竞争力

技术支撑项目	技术改进结果
低聚果糖生物工程	利用废糖蜜、乙糖甚至酒精废液作为原料，实行废物的综合利用，工程的建设投产，可以更加丰富目前园区已经初步形成的以制糖为中心，制酒、蔗渣造纸及“三废”资源化利用的甘蔗制糖生态工业链
绿色制浆技改工程	大幅度减少漂白废水中的有机氯化物 AOX 的严重污染。由于用氯量减少，可使车间氯气污染基本消除，改善车间及周围环境
蔗髓热电联产技改工程	本工程利用蔗髓进行热电联产，实现了固体废物资源化利用，蔗髓燃烧过程不产生 SO_2 污染，环境效益不言而喻
节水工程	回收水进行综合利用，减少水的排放量 2 000 t/h。可以达到国家环保部新的标准要求。因而本工程有重大的环境效益
制糖新工艺改造工程	能够改善当前使用的碳酸法制糖工艺，提高制糖品质，从而增强企业糖产品的市场竞争力。本工程能使现有碳酸法制糖工艺的滤泥排放量减少一半，并大幅度减少滤泥中的有机物，增加碳酸钙含量，使得滤泥排出后可直接用于烧制水泥熟料。消除滤泥对江河的污染，解决了碳酸法制糖滤泥污染江河这一世界性的难题
酵母精生物工程	本项目产品具有高附加值、成长性良好的市场，为贵糖（集团）带来了新机会，使企业找到新的发展方向，为保证企业资产保值、增值创造了条件。本项目可消化废糖蜜约 5 万 t，投资 3 000 万元治理酵母精废水，用二级生化方法处理
CMC 工程	本项目可消化制糖废弃物——甘蔗渣，而且在生产过程中几乎不产生废弃物

根据 2006 年该集团年度报告，该年用于科技投入 1 300 多万元，主要用于精制糖开发、蔗糖深加工利用研究项目和提高压榨破碎及压榨自动化控制系统等研发改造工程。

7.2.5 贵港 EIP 运作约束力分析

在 EIP 发展建设中存在着不确定性，面临来自不同方面的风险。

政府是示范园区建设和运行成功的关键因素之一，也是最大的受益者之一。在示范园区建设和运行中，必然会发展某些领域、削弱某些方面，这将会触动部分部门、部分区域、部分人的既得利益，出现在部门（企业）利益、区域（所辖区县）利益与园区建设目标的冲突，这些冲突会增加示范园区建设和运行的难度，带来不可预料的风险。

为了规避风险，扶持贵港 EIP 的建设，国家和地方政府通过制定相关的经济刺激政策、税收政策、投资政策等，推动贵港糖业的发展。

7.2.5.1 财政政策

财政机构要通过财政拨款，金融机构通过优惠信贷，支持制糖工业示范园区示范工程重点项目建设；市财政部门对贵港甘蔗渣造纸、能源酒精的发展和现代化甘蔗园的水利建设等主要工程项目，给予了一定的财政支持。

7.2.5.2 税收政策

甘蔗渣造纸和能源酒精等都是综合利用、变废为宝的项目。税务部门按照国家鼓励资源综合利用的税收优惠政策，给予免征增值税的优惠，并确保优惠政策落到实处，并对生态产业示范工程重点项目的土地使用税实行税收减免优惠；对于能源酒精示范项目，国家将从保障能源安全的角度，制定相关的税收优惠政策，包括免征消费税和增值税优惠等政策。

7.2.5.3 投资政策

对于示范工程重点项目，有关部门要把它们作为环保项目包装，争取世界银行、亚洲开发银行等国际金融机构的优惠贷款。充分调动各部门、单位和个人招商引资的积极性，拓宽引资渠道，建立市及县（市）两级人民政府“引进投资项目奖励基金”，奖励吸引外来投资的有功部门、单位和个人。鼓励市内外投资者在示范园区内兴办各种企业，在项目审批、项目收费、项目用地、专项扶持等方面给予优惠和大力支持。

7.2.5.4 土地税费优惠政策

税务部门应根据《中华人民共和国城镇土地使用税暂行条例》的规定，制定有关政策，对生态产业示范工程重点项目的土地使用税实行税收减免优惠。对于其他土地税费（如耕地占用税、土地增值税、农业税、征地费、征地管理费、土地登记费等）也要研究和制定相应的优惠政策。

7.2.5.5 排污收费返还政策

环保部门要制定明确的规章，鼓励生态产业的发展。综合利用是有效的污染预防和清洁生产手段，国家和地方政府均应加以鼓励。排污收费使用构成中污染防治基金或环保补助资金的部分，要优先用于制糖工业示范园区示范工程中的综合利用和工业生态建设项目。

7.3 广西贵港 EIP 的评价

笔者利用贵港 EIP 有关数据资料，首先对贵港 EIP 的经济效益、环境效益和社会效益进行分析；在此基础上，采用投入产出法和层次分析法对贵港 EIP 进行评价。

7.3.1 贵港 EIP 效益评价

7.3.1.1 经济效益评价

贵港 EIP 年生产能力为 30 万 t 糖、20 万 t 纸、20 万 t 燃料酒精的生产规模。2006 年，贵港市制糖工业实现总销售收入 72.0 亿元，利税 18.9 亿元，其中新增销售收入 55.7 亿元，新增各项税金 7.5 亿元，新增利润 9.2 亿元，大大增强地方财政实力，进一步巩固了制糖产业的支柱地位。

此外，由于制糖工业在贵港市经济发展中所具有的核心地位，它的发展带来贵港市各行各业包括第一、第二、第三产业在内的全面发展并催生新的行业和服务，例如拉动有关产品和服务的消费，带动第三产业的发展，从而实现当地经济的跨越式发展，而这带给全社会的间接经济效益是不可限量的。

7.3.1.2 环境效益评价

节能减排在示范园区得到了很好的体现。示范园区通过提高甘蔗制糖及其相关产业的资源利用率，如甘蔗渣综合利用率达到100%，废糖蜜利用率达到 100%，酒精废液利用率达到 100%，水循环利用率达到 90%以上。以废糖蜜为酒精原料，节省了以玉米为原料的粮食消耗；利用蔗渣造纸，避免对木材的消耗。

示范园区有关工程的建成，使贵港市制糖工业的结构性污染得到根本改善，由于该园区集中了广西全区 93%以上的制糖企业产生的酒精废糖蜜进行能源酒精的生产，同时产生的酒精废液用于生产复合肥料，重新还肥于田，彻底根除酒精废液这一主要的环境污染物，避免了酒精废液向环境的排放，这对于周边水域水质的保持和改善具有重要的作用。

7.3.1.3 社会效益评价

通过示范园区建设，拉动贵港市经济的持续、稳定、快速发展，增加就业机会、提高居民收入，使全市人民生活水平得到大幅度提高。同时对我国制糖业的建设走一条绿色生产之路提供了成功的经验，以促进我国制糖业整体的发展。

糖业发展与甘蔗种植业的发展密不可分，互相促进并直接带动养殖业的发展，示范园区于“十五”期末建成 3.3 万 hm^2 甘蔗园，全部使用良种良法，单产和单糖都达到建设目标，使甘蔗种植向现代化、集约化的方向转变，并形成产业化发展，有助于解决当地的“三农”问题。

特别是示范园区瞄准未来能源危机的出现，利用制糖过程产生的废糖蜜制取酒精而后进一步与汽油混合以减少汽油的消耗量，降低对石油资源的依赖性（每年预计可减少汽油消耗 20 万 t），为我国能源安全问题提供一条经济上可行且来源可靠的解决途径。

示范园区的建设发展，辐射到该地区的相关产业，可以催生出新的行业和机遇，为当地长期发展提供一个稳定的社会环境。

7.3.2 利用投入产出法对贵港 EIP 的评价

7.3.2.1 贵港 EIP 实物型投入产出分析

根据上述投入产出法分析原理，利用贵港 EIP 在生产过程中各系统物耗关系，结合 2006 年贵港 EIP 年报数据，将贵港 EIP 6 个系统作为该园区投入产出表中的第一象限的主词和宾词，框架见表 7-4。

表 7-4 贵港 EIP 实物型投入产出表 单位：万 t

		园内企业的中间使用						园外企业的中间使用
		甘蔗	制糖	酒精	造纸	热电	环处	
园内企业的中间投入	甘蔗	甘蔗良种 17.5	有机甘蔗 80，甘蔗 196					优质甘蔗 24
	制糖			废糖蜜 7	除髓甘蔗渣 24	甘蔗髓 8	废渣	糖 30
	酒精						酒精废液	能源酒精 20；轻质碳酸钙 8；酵母精 1；
	造纸						废液	纸 20；CMC 1；
	热电		电：2.3×10^4 kW·h/d，汽：12.6 t/h	电：11.2×10^4 kW·h/d，汽：98.5 t/h	电 1 400 kW·h/d，汽：980 t/d		废气	
	环处	有机复合肥 5，有机甘蔗专用肥 19	水：454 m^3/d	水：9.7×10^4 m^3/d	11 200 t/d	用水量：3 340 m^3/h		
园外企业的中间投入		化肥 5		废糖蜜 90.6	除髓甘蔗渣 16，电：1.38 万 kW·h/d	甘蔗髓 5；煤：7.2 万 t/a		

资料来源：贵港 EIP 2006 年度报告；贵港 EIP 生态工业示范园区可行性分析报告。

投入产出表的具体说明：

（1）甘蔗系统。甘蔗每年产量大约为 300 万 t，其中，有机甘蔗为 80 万 t，向园内制糖系统提供 80 万 t 有机甘蔗和 196 万 t 优质甘蔗，24 万 t 甘蔗向园外提供。甘蔗的生产需要良种、化肥和有机化肥等，需要的有机化肥可以通过制酒精系统的副产品有机复合肥提供，化肥可从市场上购买。

（2）制糖系统。制糖系统利用甘蔗系统提供的原料可生产糖产品 30 万 t，同时有中间产品 39 万 t，其中，提供给造纸系统除髓干蔗渣 24 万 t，提供给热电联系统干蔗髓 8 万 t，提供给酒精系统废糖蜜 7 万 t。将废渣通过园区环境处理系统进行综合治理，生产出甘蔗园需要的有机复合肥。同时，在制糖过程中，除了消耗甘蔗等原料，还消耗园区热电系统提供的电 2.3×10^4 kW·h/d、汽 12.6 t/h 和环境处理系统提供的水 454 m^3/d。

（3）酒精系统。酒精系统利用制糖系统提供的废糖蜜，生产出能源酒精 20 万 t、轻质碳酸钙 8 万 t、酵母精 1 万 t，将产生的酒精废液提供给环境处理系统进行综合治理。同时，在酒精生产过程中，消耗园内热电系统提供的电 3.8×10^4 kW·h/d、汽 75.8 t/h，消耗环境处理系统净化水 8.7×10^4 m^3/d。由于园内提供酒精生产原料废糖蜜 7 万 t，远远不能满足其生产能力，通过园外提供的废糖蜜 91 万 t。

（4）造纸系统。造纸系统利用除髓干蔗渣生产生活用纸和文化用纸 20 万 t，生产 CMC1 万 t。同时将在生产过程中产生的废液提供给园内环境处理系统进行综合利用。生产所需原料除髓干蔗渣一部分由园内制糖系统提供，为 24 万 t，其余由园外企业提供，为 16 万 t。除此以外，造纸系统消耗由园内热电系统提供的电 1 400 kW·h/d、汽 980 t/d，由园内环境处理系统提供的循环水 11 200 t/d。

（5）热电系统。热电系统是园内不可或缺的系统，一方面，热电系统利用园内企业提供的废渣作为燃料，替代部分燃煤，节约能源；另一方面，又为园内其他系统提供生产必需的电力和蒸汽。热电系统消耗蔗渣，分别为制糖、酒精和造纸系统提供电力和蒸汽（具体数值如上所述）。由于园内制糖系统提供的 8 万 t 蔗渣不能满足需求，还要消耗园区提供的蔗渣 5 万 t。

（6）环境处理系统。环境综合处理系统通过除尘脱硫、回用水工程以及其他综合利用项目，为园区制造系统提供环境服务，包括处理废气、废水，生产水泥、轻钙等副产品，进一步利用酒精系统的副产品——酒精废液制造甘蔗专用复合肥，并向园区制造系统提供回用水以节约水资源。

7.3.2.2 贵港 EIP 价值型投入产出分析

根据贵港 EIP 2006 年度报告，年度内，公司实现工业总产值为 12.35 亿元，年产机制糖 5.26 万 t；该公司利用蔗渣造纸、甘蔗渣制浆，生产文化用纸和生活用纸 14 万 t，年节约木材 34 万 m^3；年利用糖蜜生产酒精 1 万 t，产值 4 650 万元；利用酒精生产排放的滤泥生产有机肥 1.6 万 t，产值 1 440 万元；同时回收烧碱 3 万 t、副产轻质碳酸钙 3 万 t；利用余热和蔗髓发电，实现热电联产，年发电量 2.2 亿 kW·h，节约标准煤 2.49 万 t。根据贵港 EIP 内各企业生产系统之间存在的产业链关系和经济技术联系，结合该公司 2006 年度报告，编制其 2006 年度价值型投入产出表，见表 7-5。

表 7-5 2006 年贵港 EIP 价值型投入产出表* 单位：万元

			园内企业的中间使用				
			制糖	酒精	造纸	热电	环处等
中间投入	园内企业的中间投入	制糖	—	240	14 795	800	309
		酒精	—	—	—	—	1 440
		造纸	—	—	—	—	200
		热电	3 888	900	4 780		90
		环处等	130	127	3 492	1 038	10
	园外企业的中间投入		14 025	480	12 500	10 000	—
最初投入			6 886	2 903	44 465	—	—
总投入			24 929	4 650	80 032	11 840	2 049

*表中数据及分析数据均为粗略估算。

资料来源：2006 年贵港 EIP 年度报告。

在中间投入中，园区内各系统消耗园区外资料：制糖系统为 14 025 万元、酒精系统为 480 万元、造纸系统为 12 500 万元、热电系统为 10 000 万元。利用表 7-5，可以分析园区各系统之间副产品相互利用的经济技术联系。

（1）从纵列角度分析。按照生产糖消耗甘蔗的数量，5.26 t 糖需要消耗 55 万 t 甘蔗，这将全部从园区外购入。按照 2006 年贵港市甘蔗的收购价格计算，普通甘蔗 255 元/t，制糖消耗甘蔗为 14 025 万元；根据制糖生产数量，需要消耗电水汽共计 4 018 万元。

按照生产酒精 1 万 t 产量计算，需要消耗废糖蜜 6 万 t，所以，酒精系统除了利用制糖过程产生的废糖蜜 2 万 t 外，还需要从园区外购入废糖蜜 4 万 t，在生产酒精过程中，消耗电汽 900 万元，水等 127 万元。按照 2006 年废糖蜜的购入价格 120 元/t 计算，园区制糖系统转给酒精系统的废糖蜜约为 240 万元，园区外购入的约为 480 万元，酒精产值为 4 650 万元。

本年度利用蔗渣造纸、甘蔗渣制浆 13 万 t，生产文化用纸和生活用纸 14 万 t。制糖系统提供的这些副产品等共约 14 795 万元，除本制糖系统提供的以外，还需要从园区外购入甘蔗渣 50 万 t，按 250 元/t 计算，约为 12 500 万元；消耗电汽约为 4 780 万元，消耗水约为 3 492 万元。

本企业热电系统利用余热和蔗髓发电，实现热电联产，年发电量 2.2 亿 kW·h，节约标准煤 2.49 万 t。利用制糖系统的副产品甘蔗渣 8 万 t，为 800 万元，外购煤 50 万 t，约 10 000 万元；用水约为 1 038 万元。

环境处理系统通过利用制糖系统提供的蔗渣、酒精生产排放的滤泥和造纸系统提供的副产品生产有机肥 1.6 万 t，耗电约为 90 万元，水约为 10 万元，通过回用水工程提供本园区各系统用水约 0.7 亿 m^3 的水，水重复利用率 74%。

（2）从横行角度分析。蔗糖系统将其产生的 2 万 t 的废糖蜜、33 万 t 的甘蔗渣等副产品分别提供给酒精系统、造纸系统、热点系统合环境处理系统，成为这些系统生产酒精、造纸、发电、制肥等原料；酒精系统和造纸系统将生产排放的滤泥和废液生产有机化肥，同时回收烧碱和副产轻质碳酸钙；热电系统利用余热和蔗髓发电，实现热电联产，年发电量 2.2 亿 kW·h，节约标准煤 2.49 万 t，满足园区其他系统对热电的主要需求；环境综合处理系统通过回用水工程，提供给园区各系统生产中需求用水。由于园区各系统生产规模以及所产生副产品数量的有限，所以还需要从园区外购入制糖原料甘蔗、生产酒精原料废糖蜜、造纸原料甘蔗渣和发电用煤等，这些构成了园区生产所形成的中间投入中消耗园区外提供的原料内容。

7.3.2.3 贵港 EIP 利用投入产出表指标分析

利用投入产出表进行指标评价，可以从以下 3 个不同侧面评价 EIP 的运行质量，分别是：对主导企业的评价、对园区产业链的评价、对园区运行状况的评价。根据表 7-5 提供的数据，首先计算其直接消耗系数矩阵、完全消耗系数矩阵、直接分配系数矩阵和完全分配系数矩阵，见表 7-6、表 7-7、表 7-8 和表 7-9。

表 7-6 2006 年贵港 EIP 直接消耗系数矩阵

	制糖	酒精	造纸	热电	环处等
制糖	0.000 00	0.051 61	0.184 86	0.067 57	0.150 81
酒精	0.000 00	0.000 00	0.000 00	0.000 00	0.702 78
造纸	0.000 00	0.000 00	0.000 00	0.000 00	0.097 61
热电	0.155 96	0.193 55	0.059 73	0.000 00	0.043 92
环处等	0.005 21	0.027 31	0.043 63	0.087 67	0.004 88
园外购入	0.564 64	0.233 76	0.123 24	0.844 59	0.000 00

表 7-7 2006 年贵港 EIP 完全消耗系数矩阵

	制糖	酒精	造纸	热电	环处等
制糖	0.015 07	0.075 91	0.203 05	0.088 86	0.231 27
酒精	0.014 10	0.033 63	0.038 77	0.065 72	0.738 82
造纸	0.001 96	0.004 67	0.005 38	0.009 13	0.102 61
热电	0.162 04	0.214 28	0.101 64	0.031 23	0.231 37
环处等	0.020 07	0.047 85	0.055 17	0.093 52	0.051 28

表 7-8 2006 年贵港 EIP 直接分配系数矩阵

	制糖	酒精	造纸	热电	环处等
制糖	0.000 00	0.009 63	0.593 49	0.032 09	0.012 40
酒精	0.000 00	0.000 00	0.000 00	0.000 00	0.309 68
造纸	0.000 00	0.000 00	0.000 00	0.000 00	0.002 50
热电	0.328 38	0.076 01	0.403 72	0.000 00	0.007 60
环处等	0.063 45	0.061 98	1.704 25	0.506 59	0.004 88

表 7-9 2006 年贵港 EIP 完全分配系数矩阵

	制糖	酒精	造纸	热电	环处等
制糖	0.015 07	0.014 16	0.651 86	0.042 2	0.019 01
酒精	0.075 61	0.033 63	0.667 26	0.167 35	0.325 56
造纸	0.000 61	0.000 27	0.005 38	0.001 35	0.002 63
热电	0.341 17	0.084 15	0.687 05	0.031 23	0.040 04
环处等	0.244 15	0.108 59	2.154 70	0.540 40	0.051 28

根据表 7-5 的数据，以及相应的 4 个系数矩阵，计算贵港 EIP 投入产出评价指标，并将这些评价指标在表 7-10 中列示。

表 7-10 利用投入产出评价指标表

		制糖	酒精	造纸	热电	环处等
对主导企业的评价	感应度系数	1.169 19	1.696 30	0.235 59	1.409 83	0.509 99
	影响力系数	0.405 95	0.716 45	0.769 13	0.549 15	2.580 22
	推动力系数	0.595 08	1.017 65	0.008 21	0.948 89	2.484 48
	齐推动力系数	0.542 42	0.193 04	3.339 97	0.627 33	0.351 55
	标准差系数	0.089 80	0.543 26	0.340 71	0.506 14	0.430 70
对园区产业链的评价	园内物料投入直接消耗系数	见表 7-6				
	园外物料投入直接消耗系数	0.564 64	0.233 76	0.123 24	0.844 59	0.000 00

		制糖	酒精	造纸	热电	环处等
	园内物料投入完全消耗系数	见表 7-7				
	园内企业中间投入比例	0.222 06	0.538 23	0.700 49	0.155 26	1.000 00
对园区运行状况的评价	园内各企业增加值贡献程度	−0.015 01	0.274 39	0.740 62	—	—
	园内各企业中间消耗率	0.725 82	0.506 24	0.411 46	0.999 83	1.000 00

分析：

（1）对贵港 EIP 主导企业的评价。感应度是指园区企业的前向关联度，感应度系数是当园区各企业均增加一个单位最终使用时，某一个企业由此而受到的需求感应程度，也就是需要该企业为其他企业的生产而提供的产出量。由于酒精系统在生产过程中，一方面消耗制糖系统提供的废糖蜜（其中很大一部分通过园外提供）和热电系统提供的电汽，另一方面将其生产酒精过程中产生的废液提供给环境处理系统生产化肥，计算其感应度系数较高，说明其向前关联程度较高，制糖系统、热电系统的感应度系数均高于平均水平，说明这些系统具有较强的前向关联；由于其他系统对造纸系统的需求很少，只有环境处理系统接受造纸系统提供的滤泥，所以，造纸系统的感应度系数最低。

影响力是指园区企业的后向关联度，它主要由影响力系数来反映。影响力系统是反映园区企业中的某一企业增加一个单位的最终使用时，对园区各企业所产生的需求波及程度。由于园区中各系统均与环境处理系统有关联，所以，环境处理系统的变动会影响到其他各系统的生产，其影响力系数高于园区的平均水平，为 2.58。而制糖系统和热电系统均需要大量的外购甘蔗和煤，制糖系统产生的副产品甘蔗渣，只能满足酒精系统和造纸系统生产需求的一少部分，所以，制糖系统和热电系统的影响力系数较低。

推动力系数，表示某企业增加单位最初投入，对园区各企业中间产品的供给能力，反映该企业最初投入对园区经济系统的推动力。由于造纸系统生产中需要多个系统的产品副产品供应，而其本身只有少量的废液提供给环境处理系统，所以，造纸系统对园区其他系统的推动力很弱；相反，园区其他系统增加单位最初投入分配给造纸系统中间产品消耗额远远大于园区的平均水平，说明造纸系统受其他系统推动力大于园区平均水平，造纸系统的发展对园区整体中其他系统的依靠程度高，较多地依赖于其他系统的支持。

齐推动力系数，反映当园区各企业均增加单位最初投入时，各有关企业分配给该企业中间产品消耗额同整个园区平均水平之比，表明园区各企业对该企业的整体推动作用。造纸系统的齐推动力系数达到 3.34，说明造纸系统受其他系统推动力大于园区平均水平，造纸系统的发展对园区整体中其他系统的依靠程度高，较多地依赖于有关企业的支持。

方差系数，反映园区某企业对园区其他企业的连带作用。酒精系统的标准差系数较高，说明酒精系统的连带作用集中于少数几个企业；制糖系统标准差系数较低，则表明该系统是平均作用于其他所有企业。

上述园区主导企业评价指标见图 7-3。

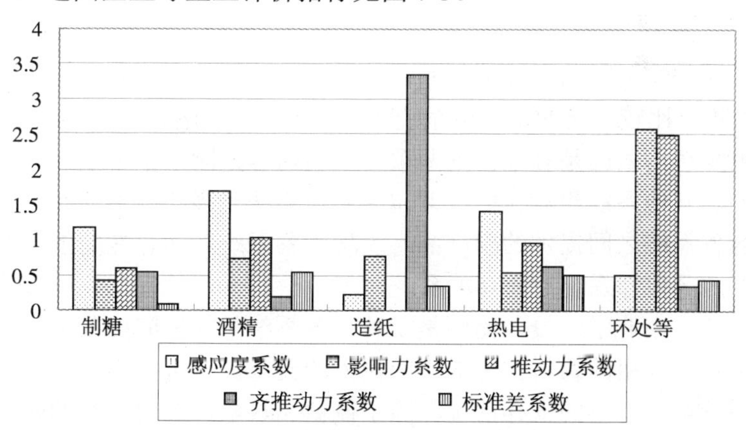

图 7-3　贵港 EIP 主导企业评价指标图

在上述分析基础上得知，作为园区的主导企业应具有的特征是：前 4 个系数较大，而标准差系数较小。比较符合这一条件的企业与制糖系统和造纸系统，但符合度并不十分明显。

（2）对园区合作伙伴和产业链的评价。从表 7-4 直接消耗系数表看出，制糖系统所需的原材料主要由园外供应，其直接消耗系数为 72.58%，同样，热电系统发电需购入煤数十万吨，造纸系统也需要从园区外购入大量造纸原料甘蔗渣，因此，这些系统的园外购入的直接消耗系数较高。在此系数表中，也反映出园区各系统之间相互利用副产品的技术经济联系，如酒精系统对制糖系统、热电系统、环境处理系统提供的产品副产品的消耗；造纸系统对制糖系统、热电系统、环境处理系统提供的产品副产品的消耗；环境处理系统对制糖系统、酒精系统、造纸系统、热电系统提供的产品和副产品的消耗。清晰勾画出贵港 EIP 各系统之间的产业链关联程度。

完全消耗系数，是指园内企业每提供一个单位的最终产品，需直接和间接消耗某企业产品和副产品的数量。通过对直接消耗系数表 7-6 和完全消耗系数表 7-7 比较发现，造纸系统与酒精系统没有直接关联，但却有完全关联关系，于是产生了间接联系。与造纸系统产生间接关联的系统较多，说明了造纸系统有较强的间接拉动能力。

园外物料投入直接消耗系数说明园区各系统对外购入原料的依赖程度。比较突出的是热电系统和制糖系统。热电系统购入的是煤，制糖系统购入的是甘蔗。这两项购入的内容是园区正常生产必不可少的。其他系统相对较低，即园区其他系统更多的中间消耗是依靠园区各系统之间提供的副产品，表现为各系统之间存在的上下游关系及园区内部系统的依存关系。

园内企业中间投入比例是反映在各系统总的中间投入中，园区内部相互利用的物料占总的中间投入的比重。它可以间接反映园区各系统对外物料的依存情况。除了制糖和热电，其他系统的园区内企业中间投入比指标均高于园区外物料投入比，说明这些系统在生产过程中对园区其他系统的关联程度较高，产业链关系紧密。

上述指标见图 7-4。

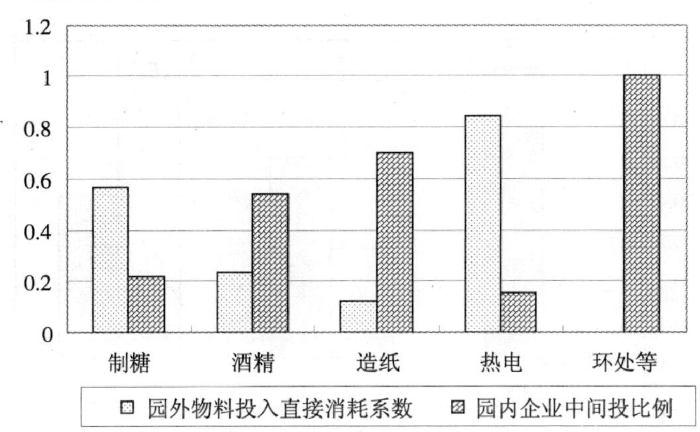

图 7-4　贵港 EIP 合作伙伴和产业链评价指标图

图 7-4 显示，制糖和热电系统对外物料供应依存度较高，其他系统正好相反，说明副产品相互利用程度较高，系统间的产业链关联较为紧密。环境处理系统的园内企业中间投入比为 1，说明该系统主要是利用园内其他系统提供的副产品进行生产。除此以外，造纸系统利用园区企业提供的物料比重同样较高，说明该系统对内的依存度较大，这也正是 EIP 创办的目标之一。

（3）对园区运行状况的评价。由于该 EIP 的主要产品是糖、纸和酒精，所以对园区运行状况的评价主要针对这三大产品进行。

园区内各企业增加值贡献程度是通过园区内各企业当期增加值的增量与园区总增加值增量的比较，反映园区某企业对园区整体经济的拉动作用。2006 年与 2005 年相比，制糖产品的下降，对增加值贡献率表现为负值，其他两个系统的贡献率均为正值，特别是造纸系统产品产量的增加，使得其增加值的增量在园区总增加值增量中所占比重为 74%，成为拉动园区整体经济增长的主要力量。

园内各企业中间消耗率比较高的是制糖系统，其次是酒精系统和造纸系统。提高园区总体效率的途径有若干条，其中降低中间消耗率是较为有效的一种，从制糖系统的中间消耗率看，该系统还有一定的下降空间。测评结果见图 7-5。

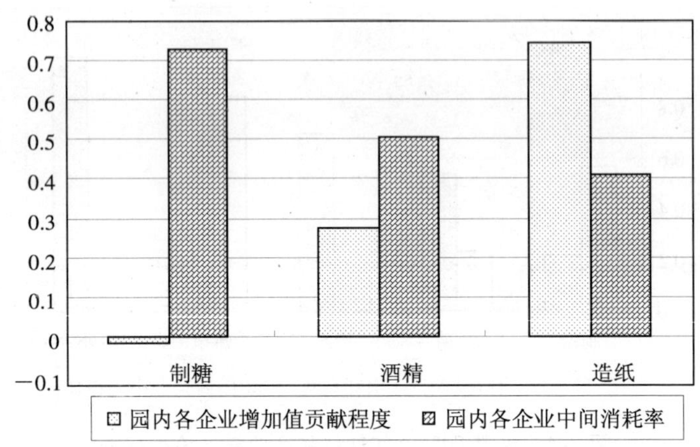

图 7-5　贵港 EIP 运行状况评价指标图

图 7-5 显示，从总体运行状况看，造纸系统对园区增加值贡献最大，而其中间消耗率水平较低，处以较为理想状态。制糖系统由于受到原料甘蔗供应量的约束，从 2006 年生产情况看，并没有满足其生产规模，致使产量下降，收入比 2005 年下降了 8.42%，利润率比 2005 年减少了 11.25 个百分点；造纸系统成为园区的支柱企业，2006 年，造纸系统收入增长了 9.7%，成为园区整体增加值增长贡献的主要方面。造纸系统本身是园区生产中为了利用制糖过程中的副产品而建立的产业链的一个环节，它依靠制糖中的甘蔗渣等废料和副产品生产生活用纸和生产用纸，如果制糖系统的生产规模达不到园区设计规模，将会影响到其副产品对其他系统的供应量，也会对各系统的生产产生影响。当然可以通过增加园区外的物料采购满足各系统的物料需求，但将会淡化或改变创建 EIP 的初衷。所以，EIP 中的各个环节是否正常生产，影响着园区产业链的稳定性和园区存在的持久性。这是笔者通过对贵港 EIP 进行实证分析的初步结论。

7.3.3 利用层次分析法对贵港 EIP 的评价

根据第 6 章论述的第 2 种利用层次分析法对园区进行评价的方法，利用贵港 EIP 2006 年的数据，进行测评。由于是对单一 EIP 的评价，所以无法计算各指标的标准化值，笔者按照已建立的评价体系对贵港 EIP 进行评价。具体评价结果见表 7-11。

表 7-11　利用层次分析法对贵港 EIP 的评价

准则层Ⅰ	准则层Ⅱ	指标层	单位	实际值
生态工业园区发展水平评价（$\boldsymbol{A}$）	园区经济发展水平（$\boldsymbol{A}_1$）	人均增加值（A_{11}）	万元/人	25.28
		吨糖取水量（A_{12}）	m^3/t	24
		万元增加值 COD 排放量（A_{13}）	t/万元	0.89
	园区环境质量水平（$\boldsymbol{A}_2$）	COD 处理率（A_{21}）	%	90
		工业废物综合利用率（A_{22}）	%	85
生态工业园区稳定持续评价（$\boldsymbol{B}$）	经济发展持续度（$\boldsymbol{B}_1$）	增加值增长率（B_{11}）	%	17.28
		吨糖综合能耗（B_{12}）	公斤标准煤	368
		经济产投比（B_{13}）		0.54
	环境发展持续度（$\boldsymbol{B}_2$）	COD 减排率（B_{21}）	%	35
		“三废”综合利用率的变化率（B_{22}）	%	9.78
生态工业园区协调关联评价（$\boldsymbol{C}$）	经济与环境协调度（$\boldsymbol{C}_1$）	环保投资占 GDP 的比重（C_{11}）	%	3.68
		废弃物产出率（C_{12}）	元/元	167.34
		资源生产力（C_{13}）		0.81
	园内企业间关联性（$\boldsymbol{C}_2$）	水重复利用率（C_{21}）	%	74
		园区企业间生态关联度（C_{22}）		0.19
		园区副产品、废品资源化率（C_{23}）		15.20
生态工业园区网络管理评价（$\boldsymbol{D}$）	基础设施共享性（$\boldsymbol{D}_1$）	园区污水集中处理率（D_{11}）		0.85
		科技投入占增加值比例（D_{12}）	%	2.47
	园区管理发展水平（$\boldsymbol{D}_2$）	生态工业相关技术研发和推广投入率（D_{21}）	%	37.64
		规模以上企业 ISO 14001 认证率（D_{22}）	%	100
		开展清洁生产的企业所占比例（D_{23}）	%	100

如果各 EIP 建立长期监测机制，就可以进行动态或静态测评和对比。

7.4 本章小结

本章围绕贵港 EIP 的实际案例，从园区创建到最后评价，比较全面地分析贵港 EIP 的创建条件分析，创建后园区各系统之间的产业链模式，并对其运作机制从动力源、推动力、拉动力、支撑力和约束力 5 个方面进行深入探析，对其创建的起源、过程及结果进行系统论述。在此基础上，结合第 6 章评价方法，利用贵港具体实际数据，利用投入产出法和层次分析法对贵港 EIP 的主导产业、园区产业链和园区总体状况进行量化测评，观察园区运作中的问题与动向。

结论与展望

本书围绕 EIP 运作机制展开研究，以建立 EIP 的评价体系为目的，通过建立 EIP 的生产运作模式，协调经济发展与资源供应的紧张局面，减少生产过程中对资源能源的过度消耗，减少对环境的影响。本书共分为 7 大部分，包括绪论、EIP 相关理论的研究进展、EIP 起源与发展的研究、EIP 建设规划研究、EIP 运作机制研究、EIP 评价方法与体系研究、EIP 实证研究。

一、本书的主要结论

通过研究，本书主要得出如下几点结论：

1. 国内外资源、环境现状是创建 EIP 的外动力。近几年全球资源环境状况的改变，已引起各国的普遍重视，资源紧缺、环境恶化、温室效应加剧给人类带来的危机是没有国界的，是世界各国不得不面对的难题。我国的具体情况：工业生产活动对我国 GDP 的贡献程度较大，同时又是能耗和污染大户，抑制工业发展将会对我国的整体经济运行状况产生负面影响，延续现有工业生产模式（线性生产模式）只能是加剧我国所面临经济发展和资源环境之间的矛盾。所以，迫于现实，只有改变现有的线性工业生产模式，即进行一次新的工业革命。由于资源和环境承载力的有限性，决定了新的生产模式首先要降低物质消耗。物耗的降低需要工业企业在三个环节上体现出来，一是从环境中吸纳的资源要减少；二是企业内部各生产过程或若干企业之间要形成物质循环，提高资源的循环利用率；三是对外排放的物质要减少。建立这种模式需要企业在新规划时或是改建时，要有生态理念，模拟自然生态系统中物质逐级利用的原理，建造一个人工工业生态系统，在该系统内，各生产过程间或各企业间实现物质、能量和信息的交换，实现生产发展、资源利用和环境保护和谐统一的目的。这种模式是循环经济中观层次的载体和实施手段，它就是EIP。

2．熵定律对循环经济的诠释。循环经济是一种新的经济运行模式，是以资源的高效利用和循环利用为目标，其目的是通过资源高效和循环利用，实现污染的低排放甚至零排放。范围包括全社会整体各环节，即包括整个社会再生产全过程，从资源采掘→加工生产→产品流通→最终消费。

从熵定律角度看，人类的生产和生活活动都是熵增的过程，熵增是无法逆转的趋势。本书分析问题的前提是，按照现有的技术水平，资源和环境承载力都是有限的。在这一命题的基础上，可以用时间说明高效利用资源的效果。如果世界上的资源消耗得越快，世界上所剩下的使用资源的时间也就相应的越来越少了。也就是说如果我们增加资源的消费，我们不但不能节省时间，而且会更快地失去时间。人类无法逆转时间或熵的过程，那是早已定论的，然而我们可以运用自由意志来决定熵的过程的发展速度。人类在这个地球上的一举一动都直接影响到熵的过程的缓急。我们可以通过对自身生活与行为方式的选择，决定世界上有效能量的耗散速度。如果我们能够做到这一点，能够给自然再生过程以足够的时间来医治我们给地球带来的创伤，那么人类和其他所有形式的生命在这个地球上居留的时间就能更长一些。

论文从熵定律角度说明循环经济的目标，物质的循环利用，实际上是延长了物质的生存路径，而其路径的延长说明了其使用时间的延续。正是这种物质能量的多次利用形成的延长路径，在地球资源有限的大前提下，延缓了资源耗竭的时间，同时也赢得了人类到达资源耗竭之前开发出新能源的宝贵时间。的确，资源总量的多少我们是无法改变的，能够改变的是我们利用资源的方式与时间。所以从这个角度看，循环经济的目的就是延长物质资源的使用时间。

3. 生态工业园区模式是企业生存成本较低、生存效益较高的生产方式。EIP 是人工模拟自然生态系统建立的工业生态系统。从对废弃物处理方式上看，人类经历了随意排放→末端治理→清洁生产→生态工业→循环经济。方式的变化，显示了人类对此态度由被动变为主动，对此问题的重视是付出行动的前提。末端治理和清洁生产有其积极的一面，但没能从根本上解决能耗水平高、资源利用效率低的问题。EIP 超越了末端治理和清洁生产，另辟蹊径，有效地解决了生产的消耗、排放和成本问题。在 EIP 中，允许企业排放废物，从而降低了生产成本；废物可成为原料进入另外企业的生产过程，从而实现了资源的循环利用，在整个园区达到零排放。这样，既提高了资源利用率、防止污染，又降低资源的整体消耗水平。同时，园区企业布局的网络化，大大节约了工业用地。所以，EIP 不是一种发展的时尚，而是对传统工业土地利用的一种切实可行的选择。

4. 园区产业生态链的建设是园区成功运作的关键问题。EIP 的建设是一个系统工程，它需要从园区基础设施规划、园区生态链培育和园区软环境建设共同完成，只有这几方面设计与规划的完善与落实，才能达到 EIP 的总体目标。园区产业生态链的建设是园区成功运作的关键问题，这里涉及核心企业的确定和关键伙伴的加入。产业链本身具有动态特性，所以对产业链的培育关系到产业链的稳定与能否持久发展。增强产业链的柔性与稳定性，才能促进产业链的演进。园区的建设离不开政府的指导与支持。在面临环境资源问题时，政府必须在环境污染的防治过程之中担负起很大的责任，所以在 EIP 的建设过程中政府必须扮演一个积极参与的角色，发挥重要的作用。同时，园区企业间的信任文化可看做是园区的黏合剂，它可以使得企业间的合作更加牢固。

对于产业生态链问题的探讨在本书中贯穿 4 个章节，EIP 的主要特征之一就是园区企业之间形成的副产品相互利用的产业链关系，在创建 EIP 过程中，涉及的主要问题同样是产业链的构建。在后面论述 EIP 运作机制中谈到的技术支持，就是园区企业食物链的技术链接，在对 EIP 利用投入产出法和层次分析进行评价时，其评价焦点依然是对园区企业链的评价。因此，对 EIP 企业生态链问题的研究构成本书中的一个较为核心的内容，并体现出本书研究的特点与创新性思考。

5. 生态工业园区运作机制的“5 轮驱动”。影响生态工业园内工业形成的因素多种多样，既有内在的动力机制，也有外部环境的推进；外部因素主要表现在环境、成本推动机制，效益、需求拉动机制，内外部约束机理和技术、机构支撑机制。内在动力机制主要从企业所处的生态系统、企业共生的角度以及企业的生态良知分析其动力源。在 EIP 形成机制中，动力源是基础，推动力是助力，拉动力是条件，约束力是保障，支撑力是可能。另外 EIP 的形成还需要外部各方面的拉动与促进，因此外部机制分为 4 部分，分别从推动力、拉动力、约束力、支撑力探讨了其形成的外部机制。

6. 生态工业园区评价体系建立是对园区管理的有效工具。本书所采用的评价方法主要是投入产出法和层次分析法。投入产出法本身是一种较为成熟的核算方法，在本书中对其赋予新的内容，并对评价范围、评价内容、评价方法和评价结果进行严格的界定，使其能充分反映园区企业间存在的经济技术联系，以及园区内企业利用园区外企业投入物料的比率。在此基础上，构建了 EIP 的投入产出模型，根据此模型提供的各项数据及其存在的数量关系，分别从 3 个方面，即对园区主导企业、对园区产业链、对园区整体运行方面，建立了 EIP 的评价指标体系框架。

利用层次分析法，笔者以 EIP 的 4 个方面为准则层，构建了一个包含 23 个指标的评价体系。之中，在对园区产业关联评价上，借鉴了生态学原理，构造了两个定量反映园区企业间关联度和资源利用率的指标，该指标具有较强的可操作性。同时，通过专家赋权，将评价体系中的 23 指标给予不同的权重，为 EIP 自身的动态评价、EIP 之间的横向比较，提供了可参考的评价依据。

总之，笔者对于上述两种比较成熟的方法赋予新的评价内容，成为本书进行实证分析的依据，也为 EIP 管理提供可参考的应用方法。

二、本书的主要创新点

通过研究，本书主要的创新点见下表。

序号	本书可能的创新内容	所对应论文的章节
1	对生态工业园区产业链的系统研究。在对 EIP 系统研究中，论文始终围绕创建 EIP 中心问题——对园区产业链的构建，从最初理论分析，到园区创建中产业链构成，到 EIP 运作机制的研究，直至最后对 EIP 评价，进行研究探讨，形成关于 EIP 组建中核心问题，并提出 EIP 的特点主要体现在产业链的合理组合上，而产业链的稳定与否，关系到 EIP 的命运。EIP 运作机制之一就是产业链的技术支撑作用，对 EIP 评价与对一般企业评价的区别点正是体现在对园区产业链的评价上	4.3 节、5.5 节和 6.4 节
2	对生态工业园区运行机制的研究。生态工业园区运作机制的“5 轮驱动”。影响生态工业园内工业形成的因素多种多样，既有内在的动力机制，也有外部环境的推进；外部因素主要表现在环境、成本推动机理，效益、需求拉动机理，内外部约束机理和技术、机构支撑机理。内在动力机制主要从企业所处的生态系统、企业共生的角度以及企业的生态良知分析其动力源。在 EIP 形成机制中，动力源是基础，推动力是助力，拉动力是条件，约束力是保障，支撑力是可能。另外 EIP 的形成还需要外部各方面的拉动与促进，因此外部机制分为 4 部分，分别从推动力、拉动力、约束力、支撑力探讨了其形成的外部机理	5.1 节、5.2 节、5.3 节、5.4 节、5.5 节和 7.2 节
3	对生态工业园区评价体系的研究。这一创新主要体现在评价方法的运用上。利用投入产出法对 EIP 主导企业、园区产业链、园区运行状况进行评价。利用层次分析法对园区发展水平、稳定持续、协调关联、网络管理等方面进行评价	6.2 节和 7.3 节

三、本书的局限和进一步研究的问题

本书以 EIP 运行机制及评价体系为题，尽管笔者试图对这一重要问题进行系统的研究和探讨，终究因为自己水平有限，所以只是选择了若干亟待解决的重要问题进行了研究，难免挂一漏万。

由于 EIP 的建设在我国处于起步阶段，园区的建设布局分散于各地区，数据的搜集有很大的难度。一是对于所选案例园区的深度挖掘资料的难度；二是对全国 26 个生态示范园区资料的获取。因此，在对园区进行评价时，只能根据个别园区进行评价研究，无法进行横向对比研究，又由于各园区建立的时间较短，所以，无法进行动态研究。这些缺憾将成为笔者下一步继续研究的重点。

由于 EIP 运行机制和评价体系的研究是一个系统工程，由于本人水平有限，加之受资料来源和中国 EIP 实践本身的限制，本书中难免会出现一些不妥甚至错误的地方，恳请各位专家、老师们不吝赐教、批评指正，以便笔者今后做进一步深入研究。

参考文献

[1] Lester R Brown. Eco-Economy Building an Economy for the Earth. NY：W. W. Norton & Co.，2001：6，4-5，21-22，2，88，88，312，80.

[2] 段宁，邓华."上升式多峰论"与循环经济. 世界有色金属，2004（10）：7-10.

[3] 余谋昌. 我国人口与环境问题. 中国环境管理，1982（2）：12-14.

[4] 龚绍林. 试论工业化进程中的生态环境抉择. 管理纵横，1989（10）：31-35.

[5] 王晓华，等. 生态意识：人类赖以生存的第一意识. 绿色沙龙，1997（2）：7-12.

[6] 肖忠东，等. 工业生产中物质流程的均衡分析. 管理工程学报，2003（2）：36-40.

[7] Soumyananda Dinda. Environmental Kuznets Curve Hypothesis：A Survey. Ecological Economics，2004（49）：431-455.

[8] H·钱纳里，等.工业化和经济增长的比较研究. 北京：三联书店，1989：31.

[9] 代锦. 生态技术：起因、概念和发展.科学技术与辩证法，1994（4）：15-19.

[10] 于秀娟.工业与生态. 北京：化学工业出版社，2003：26.

[11] 申曙光.生态文明构想.求索，1994（2）：62-65.

[12] 张丽萍，吕乃基. 生态学视野下的技术.科学技术与辩证法，2002，19（1）：55-57.

[13] 余谋昌. 生态意识及其主要特点. 生态学杂志，1991（4）：68-71.

[14] 张思纯，曹琳剑.论生态意识、资源忧患与生态经济观. 燕山大学学报：哲学社会科学版，2007（2）：132-136.

[15] 田磊.对生态意识的再认识.经济纵横，2005（3）：109-110.

[16] Adamantios Diamantopoulos，et al. Can Socio-demographics Still Play a Role in Profiling Green Consumers? A Review of the Evidence and An Empirical Investigation. Journal of Business Research，2003（56）：465-480.

[17] Rachel Carson，Silent Spring [2007-08-22]. http://www.biologicaldiversity.org.

[18] 吴松毅.中国生态工业园区研究.南京农业大学博士学位论文，2005：11-13.

[19] Raymond P Côté，Theresa Smolenaars. Supporting Pillars for Industrial Ecosystem. Cleaner Production，1997（5）： 67-74.

[20] 杨咏. 生态工业园区评述. 经济地理，2000（4）：31-35.

[21] 亚当·斯密. 国民财富的性质和原因的研究（上卷）. 北京：商务印书馆，1972：73.

[22] 谭崇台.发展经济学的新发展. 武汉：武汉大学出版社，1999：612-613.

[23] 赫尔曼·E·戴利，肯尼思·N·汤森. 珍惜地球——经济学、生态学、伦理学. 北京：商务印书馆，2001：146.

[24] 王宇露，黄中伟.企业共生模型及其稳定性分析.上海电机学院学报，2007（1）：59-63.

[25] 袁纯清.共生理论——兼论小型经济. 北京：经济科学出版社，1998：69.

[26] 吴飞驰.关于共生理念的思考.哲学动态，2000（6）：21-25.

[27] 邓伟根，陈林.产业生态学的一种经济学解释.经济评论，2006（6）：74-79.

[28] Murat Mirata. Experiences From Early Stages of a National Industrial Symbiosis Programme in the UK： Determinants and Coordination Challenges. Cleaner Production，2004（2）：967-983.

[29] Olli Salmi. Eco-efficiency and Industrial Symbiosis—A Counterfactual Analysis of a Mining Community. Cleaner Production，2007（15）：1696-1705.

[30] 吴飞驰.企业的共生理论——我看见了看不见的手. 北京：人民出版社，2002：54，182，141-142.

[31] 程大涛. 基于共生理论的企业集群组织研究.浙江大学博士学位论文，2003：8-9.

[32] 张旭. 基于共生理论的城市可持续发展研究.东北农业大学博士学位论文，2004：13-19.

[33] 郭莉.工业共生进化及其技术动因研究.大连理工大学博士学位论文，2005：32-38.

[34] 陶永宏.基于共生理论的船舶产业集群形成机理与发展演变研究.南京理工大学博士学位论文，2006：44-51.

[35] 李萍.日本现代社会中的共生伦理.湘潭师范学院学报：社会科学版，2002

（5）：29-35.

[36] 袁纯清.共生理论及其对小型经济的应用研究（上）.改革，1998（2）：101-105.

[37] 王兆华，武春友. 基于工业生态学的工业共生模式比较研究. 科学学与科学技术管理，2002（2）：66-69.

[38] 李京文.中国生态工业发展中的商业运作. 企业经济，2006（2）：5-7.

[39] 陈凤先，夏训峰.浅析“产业共生”.工业技术经济，2007（1）：54-56.

[40] 杨建新.从末端治理、过程控制到生态循环//社会—经济—自然复合生态系统的理论与方法研究论文集. 北京：中国环境科学出版社，1999：21-30.

[41] 尚艳红，刘妍，李庆华.试论清洁生产在循环经济发展中的地位和作用.环境科学与管理，2007（3）：192-194.

[42] Suren Erkman. Industrial Ecology：A New Perspective on the Future of the Industrial System. Institute for Communication and Analysis of Science and Technology （ICAST），2001：2-9.

[43] Frosch R，Gallopoulos N. Strategies for Manufacturing. Scientific American，1989，261 （3）：144-152.

[44] 马世骏，王如松.社会—经济—自然复合生态系统. 生态学报，1984（1）：1-9.

[45] 李慧明，朱红伟，廖卓玲.论循环经济与产业生态系统之构建.现代财经，2005（4）：9-12.

[46] North，Jonathan，Suzanne Giannini-Spohn. Strategies for Financing Eco-Industrial Parks.Commentary，1999：56-59.

[47] Ambuj D Sagar，Robert A Frosch. A perspective on Industrial Ecology and Its Application to a Metals-industry Ecosystem. Cleaner Production，1997（5）：39-45.

[48] Linnanen L. Essays on Environmental Value Chain Management Challenge of Sustainable Development. Jyvaskyla ：School of Business and Economics University of Jyvaskyla，1998：8.

[49] Dunn B C，Steinemann A. Industrial Ecology for Sustainable Communities. Journal of Environmental Planning and Management，1998（41）：661-672.

[50] Nicholas A Ashford，Raymond P Côté. An Overview of the Special Issue. Cleaner Production，1997（5）：Ⅰ-Ⅳ.

[51] Graedel T，Allenby B. Industrial ecology. New Jersey： Prentice Hall，1995：21-30.

[52] Paul Hawken，Amory Lovins，L.Hunter Lovins. 自然资本论：关于下一次工业革命. 王乃粒，等译. 上海：上海科学普及出版社，2007：4，11.

[53] 诸大建. 自然资本论：发起一场新的产业革命. 改革大视野，2000（10）：29-31.

[54] Kenneth E Boulding .The Economics of the Coming Spaceship Earth [2003-07-03]. http：//www.geocities.com/RainForest/3621/BOULDING.HTM.

[55] 诸大建. 可持续发展呼唤循环经济. 科技导报，1998（9）：39-42.

[56] 冯之浚. "循环经济" 是个大战略.科学学与科学技术管理，2003（5）.

[57] 周国梅，彭昊，曹凤中.循环经济和工业生态效率指标体系.城市环境与城市生态，2003，16（3）：201-203.

[58] 吴季松.循环经济综论. 北京：新华出版社，2006：112-113，90，221，16，289-291，289-297.

[59] 左铁镛. 关于循环经济的思考.循环经济，2006（1）：10-14.

[60] 陆钟武. 关于循环经济几个问题的分析研究.环境科学研究，2003（5）：1-6.

[61] 徐奉臻. 论作为新型现代化诉求的"低熵化发展模式".自然辩证法研究，2006（12）：52-54.

[62] The Circular（Recycling） Economy in China. Definition of Circular Economy [2007-08-30]. http：//www.chinacp.com/eng/cppolicystrategy/ circular_economy.html.

[63] 吴季松. 新循环经济学. 北京：清华大学出版社，2005：90，221，16.

[64] 张思锋，周华.循环经济发展阶段与政府循环经济政策.西安交通大学学报：社会科学版，2004（3）：47-52.

[65] 马凯.贯彻和落实科学发展观，大力推进循环经济发展.中国能源，2005（5）：4-6.

[66] 刘娜娜.循环经济——一种三赢的新型经济发展模式.常州工学院学报，2004（5）：8-10.

[67] 董艾辉. 循环经济的哲学思考. 长沙理工大学学报：社会科学版，2005（1）：40-42.

[68] 吴季松.循环经济的主要特征.石油政工研究，2003（4）：61.

[69] 冯之浚.论循环经济.中国软科学，2004（10）：1-9.

[70] 冯之浚.循环经济法将做出哪些制度安排.中国经济周刊，2007（29）.

[71] Jeremy Rifkin. Ted Howard. Entropy： A New World View，1981：95，104，71，40，61.

[72] 朱先军.熵理论与观念嬗变.科学学与科学技术管理，1988（6）：12-13.

[73] 杜维钧. 论熵定律的哲学意义.求是学刊，1988（3）：14-20.

[74] 曾繁刚. 熵与世界观浅析.哲学研究，1989（7）：72-79.

[75] 滕业龙，等.论人口、资源、环境与熵.人口与经济，1992（6）：34-40.

[76] George F McMahon，Janusz R Mrozek. Economics，Entropy And Sustainability. Hydrological Sciencer，1997：8.

[77] 李继宗，等.熵与经济发展新意识.社会科学，1998（3）：55-59.

[78] 张建平.熵、宇宙、经济学.经济学家[2007-02-02]. http：//www.jjxj.com.cn/news_detail. jsp?keyno=12010.

[79] 杨国政. 熵与社会科学. 自然杂志，1992（3）：193-194.

[80] 朴昌根.熵与经济学.自然杂志，1992（3）：192-193.

[81] 于伟佳.熵理论与经济学交叉基因探析.东北师大学报：哲学社会科学版，1994（3）：59-61.

[82] 袁嘉新. 熵定律与可持续发展.数量经济技术经济研究，1998（2）：3-7.

[83] 王辉. 人口增长、经济增长和熵定律.国土与自然资源研究，1991（3）：39-41.

[84] 张真. 熵概念及其对经济学问题的认识.自然辩证法研究，2006（8）：67-71.

[85] Tomas Kaberger，Bengt Mansson. Entropy And Economic Processes-physics Perspectives. Ecological Economics，2001（36）：165-179.

[86] 龚建国，等. 中速低熵：一种崭新的可持续发展观.西南民族大学学报：人文社科版，2004（5）：40-43.

[87] 张卓德. 能源消耗、经济增长与熵定律的关系浅析. 渭南师专学报：综合版，1990（2）：140-144.

[88] 李丹. 熵定律的普遍意义与可持续发展方针的深层根据.辽宁工学院学报，2005（5）：7-9.

[89] 钟海燕，郑长德. 中国经济增长的“熵”思考. 西南民族大学学报：人文

社科版，2004（11）：159-161.

[90] 柳士顺. 论企业负熵流的导入.商场现代化，2005（6）：17-18.

[91] Ernest A Lowe，Laurence K Evans. Industrial Ecology and Industrial Ecosystems. Cleaner Production，1995，3（2）：47-53.

[92] 王辑慈.关于企业地理学研究价值的探讨.经济地理，1992，12（4）：11-14.

[93] R Cote，J Hall. Industrial Parks As Ecosystems. Cleaner Production，1995，3（1/2）：41-46.

[94] Audra J，Potts Carr. Choctaw Eco-Industrial Park：An Ecological Approach to Industrial Land-use Planning and Design. Landscape and Urban Planning，1998（42）：239-257.

[95] 王豪.生态环境破坏对未来工业的影响.世界经济，1991（9）：47-48.

[96] Sumita Majumdar. Developing An Eco-Industrial Park in the Lloydminster Area. University of Calgary Doctoral Dissertation，2001：23-46.

[97] Graedel，Allenby. A Highly Recommended Work. Industrial Ecology is Essentially the Science of Sustainability-Industrial Ecology：The Concept [1994]. http：//www.corp.att. com/ehs/ind_ecology/.

[98] T E Graedel，B R Allenby，P B Linhart. Implementing Industrial Ecology. Technology and Society Magazine，1993（3）：18-26.

[99] 代锦.试论生态工业的基本思想.生态经济，1995（3）：50-53.

[100] Jouni Korhonen. Four Ecosystem Principles for An Industrial Ecosystem. Cleaner Production，2001（9）：253-259.

[101] 王子彦. 对工业生态系统及其特性的哲学理解.环境保护，2002（2）：43-45.

[102] 龚晓宁，钟书华.生态工业园区工业链与自然生态系统食物链的比较.科技与管理，2005（3）：7-9.

[103] S Erkman. Industrial Ecology： An Historical View. Cleaner Production，1997，10（1-2）：1-10.

[104] Frosch R A，Gallopoulos N E. Strategies for Manufacturing in Managing Planet Earth. Scientific American. New York：W.H. Freeman and Company，1989.

[105] Suren Erkman. Eco-Industrics [1998].http：//envir.yeah.net.

[106] The International Society for Industrial Ecology. http：//www.yale.edu/is4ie/ thesis.

[107] 余谋昌.改造自然的得与失.红旗杂志，1979（11）：59-62.

[108] 马世骏.生态工程——生态系统原理的应用.农业新技术，1984（1）：20-22.

[109] Andy Garner，Gregory A Keoleian. Pollution Prevention and Industrial Ecology. National Pollution Prevention Center for Higher Education [2004-06-30]. http://www. umich.edu/-nppcpub/resources/compendia/INDEpdfs/INDEintro.pdf.

[110] 席德立.工业发展的新模式——无废工艺.环境科学，1990，11（4）：75-82.

[111] Ernest Lowe，Warren John. An Executive Briefing and Sourcebook on Industrial Ecology. A report prepared by Indigo Development and the Pacific Northwest National Laboratory for the U.S. Environmental Protection Agency and the U.S. Department of Energy，1996.

[112] 杨建新，王如松.产业生态学的回顾与展望.应用生态学报，1998，9（5）：555-561.

[113] Reid Lifset. The Industrial Ecology of Renewable Resources. Aero Emissions Forum. United Nations University，1999：2.

[114] Knut Erik Solem，Helge Brattebo. Industrial Ecology and Decision-making，Presentation at Eco-Design'99 Tokyo 1-4 February 1999：178-183. http://www.p2pays.org/ref/16/15731.pdf.

[115] Braden R Allenby. Industrial Ecology and Design for Environment. Environment，Health & Safety，1999：2-8.

[116] 金涌，刘铮，李有润.过程工程于生态工业.过程工程学报，2001，1（3）：225-229.

[117] David Gibbs，Pauline Deutz，Amy Proctor. Sustainability and the Local Economy： The Role of Eco-industrial Parks the conference Ecosites and Eco-Centres in Europe. Brussels，2002-06-19.

[118] 李有润，胡山鹰，沈静珠，等.工业生态学及生态工业的研究现状及展望.中国科学基金，2003（4）：208-210.

[119] John Ehrenfeld. Industrial Ecology: A New Field or Only A Metaphor? Journal of Cleaner Production，2004（12）：825-831.

[120] David Gibbs ，Pauline Deutz. Implementing Industrial Ecology? Planning for eco-industrial parks. Geoforum，2005（36）：452-464.

[121] David T Allen. Industrial Ecology [2007-09-01]. http: //www.epa.gov/opptintr/greenengineering/pubs/ch14intro.pdf.

[122] Raymond P Cote，E Cohen-Rosenthal. Designing Eco-industrial Parks：A Synthesis of Some Experiences. Cleaner Production，1998（6）：181-188.

[123] Terry Tudor，Emma Adam，Margaret Bates. Drivers and Limitations for the Successful Development And Functioning of EIPs（eco-industrial parks）：A Literature Review. Ecological Economics，2007（61）：199-207.

[124] 苏伦 •埃尔克曼著. 工业生态学. 徐兴元译. 北京：经济日报出版社，1999：14-22.

[125] Cote R P，Hall J. Industrial Parks As Ecosystems. Cleaner Production，1995，3（1，2）：41-46.

[126] Sheila A Martin，Keith A. Weitz，Robert A Cushman. Eco-Industrial Parks：A Case Study and Analysis of Economic，Environmental，Technical，and Regulatory Issues Final Report，1996：7-20.

[127] Pierre Desrochers. Eco-Industrial Parks and the Rediscovery of Inter-Firm Recycling Linkages [2006-02-20]. https：//www.mises.org/journals/scholar/Eco6a. fdf.

[128] President's Council on Sustainable Development. In：Eco-Industrial Park Workshop Proceedings. Washington D C，1996（10）：17-18.

[129] William and Flora Hewlett，James Irvine，Levi-Strauss，et al. Eco-Industrial Parks Economic Advantage through Environmental Performance，1997.

[130] Background Paper on Sustainability .For City Council Work Session [2004-05-02]. http：//www.propertyrightsresearch.org/articles6/background_paper_on_sustainabili.htm.

[131] Marian R Chertow. Industrial Symbiosis：Literature and Taxonomy. Annu. Rev. Energy Environ，2000（25）：320.

[132] QIAN Yi. Technology Innovation and Industrial Revolution for Sustainable Development in China [2004-06-02]. http：//www.wfeo.org/documents/download/ wssdwfeoqypaper.pdf.

[133] 柯金虎. 工业生态学与生态工业园论析. 科技导报，2002（12）：33-35.

[134] Indigo Development. An Eco-Industrial Park Definition for the Circular Economy [2005-02]. http：//www.indigodev.com/Defining_EIP.html#limited.

[135] Raimund Bleischwitz，Ulf-Manuel Schubert. Governance of Joint Environmental Management-A Look at the Business Institutions of Eco-Industrial Parks.2002：15-20.

[136] 王如松，周鸿.人与生态学. 昆明：云南人民出版社，2004：166.

[137] 严法善.科学发展观与循环经济.世界经济文摘，2005（4）：20-27.

[138] Deog-Seong Oh，Kyung-Bae Kim，Sook-Young Jeong. Eco-Industrial Park Design：a Daedeok Technovalley Case Study. Habitat International，2005（29）：269-284.

[139] Work and Environment Initiative Cornell Center for the Environment. Handbook on Codes，Covenants，Conditions，and Restrictions for Eco-Industrial Parks [2005-05]. http：//www.indigodev.com/ADBHBCh1Intro.doc.

[140] 罗宏，孟伟，冉圣宏.生态工业园区——理论与实证.北京：化学工业出版社，2004：119-120，123，184，153，241，68-69.

[141] 韩良，宋涛，佟连军. 典型生态产业园区发展模式及其借鉴. 地理科学，2006，26（2）：237-243.

[142] Maile Deppe，Ed Cohen-Rosenthal.Handbook of Codes，Covenants，Conditions，and Restrictions for Eco-Industrial Development.Work and Environment Initiative.1999.

[143] Robert J Klee. Part V：Exercises for Executive Education and Classroom Use. [2004-08]. http：//environment.yale.edu/documents/downloads/0-9/106eip-cels_ exercise1. pdf.

[144] Thomas Sterr，Thomas Ott. The industrial region As a Promising Unit for Eco-industrial Development—Reflections，Practical Experience and Establishment of Innovative Instruments to Support Industrial Ecology. Cleaner Production，2004（12）：947-965.

[145] E McGalliard T，Bell M. Designing Eco-industrial Parks： The North American Experience [2006-08]. http：//www.cfe.cornell.edu/wei/design.htm.

[146] Suzanne G Spohn. Eco-Industrial Parks Offer Sustainable Base

Redevelopment [2002-02]. http : //www.smartgrowth.org/casestudies/spohn_icma.html.

[147] 杨明轩.国外生态园的启示.国土经济，2002（12）：41-45.

[148] A J D Lamberta，F A Boons. Eco-industrial Parks：Stimulating Sustainable Development in Mixed Industrial Parks. Technovation，2002（22）：471-484.

[149] 国家环境保护总局科技标准司.循环经济和生态工业规划汇编.北京：化学工业出版社，2004：107-108，196.

[150] 王江峰，马蔚钧，胡山鹰，等.长沙黄兴生态工业园区规划.计算机与应用化学，2004，21（1）：49-50.

[151] Urmila Diwekar. Green Process Design，Industrial Ecology，and Sustainability：A Systems Analysis Perspective. Resources，Conservation and Recycling，2005（44）：215-235.

[152] 周哲，李有润，薛东峰，等. 生态工业的发展与思考.现代化工，2002（22）：1-5.

[153] 孟伟，罗宏. 论生态工业园区的进展与障碍[2003-04-11]. http：//www.cppinet.com/china/ news/5/200387163526.html.

[154] 金涌，魏飞.循环经济与生态工业工程.西安交通大学学报：社会科学版，2003，23（4）：7-16.

[155] 吴鸣，张嘉，钟书华，等.我国生态工业园区发展政策的缺陷及其矫正.科学管理研究，2006，24（6）：26-29.

[156] Heinz Peter Wallner. Towards Sustainable Development of Industry：Networking，Complexity and Eco – Clusters. Cleaner Production，1999（7）：49-58.

[157] 叶文虎. 循环型经济论纲.中国发展，2002（2）：4-7.

[158] 左铁镛. 循环经济不是单纯的经济问题，但要着眼于经济.新材料产业，2006（4）：5.

[159] Ernest A. Lowe.Eco-industrial Park Handbook for Asian Developing Countries. Report to Asian Development Bank [2005-02]. http：//indigodev.com/ADBHBdownloads.html.

[160] 吴峰，徐栋，邓南圣.生态工业园规划设计与实施.环境科学学报，2002，

22（6）：802-803.

[161] 钟书华.科技园区管理. 北京：科学出版社，2004：87-94.

[162] 劳爱乐，耿勇.工业生态学和生态工业园. 北京：化学工业出版社，2003：64-65.

[163] 金凇，李金昌.论高科技污染的环境政策.管理世界，1996（6）：182-187.

[164] Ernest A. Lowe. Creating By-Product Resource Exchanges： Strategies for Eco-industrial Parks. Cleaner Production，1997，5（1-2）：57-65.

[165] 林云莲，冯丽霞.生态工业园柔性分析.内蒙古财经学院学报，2007（3）：44-47.

[166] Jouni Korhonen，Juha-Pekka Snakin.Analysing the Evolution of Industrial Ecosystems： Concepts and Application. Ecological Economics，2005（52）：169-186.

[167] 郭莉，苏敬勤.产业生态化发展的路径选择：生态工业园和区域副产品交换.科学学与科学技术管理，2004（8）：73-77.

[168] Heeres R R ，Vermeulen W J V，F B de Walle. Eco-industrial Park Initiatives in the USA and the Netherlands：First Lessons. Cleaner Production，2004（12）：985-995.

[169] Dunn， Stephen V.Eco-Industrial Parks：A Common Sense Approach to Environmental Protection. Yale University，1995.

[170] Sterr T，Thomas Ott. The Industrial Region As a Promising Unit for Eco-industrial Development-Reflections，Practical Experience and Establishment of Innovative Instruments to Support Industrial Ecology. Cleaner Production，2004（12）：947-965，947，949，950-952.

[171] 冯久田.鲁北生态工业园区案例研究.中国人口资源与环境，2003，13（4）：98-102.

[172] 杨王乐，胡山鹰，梁日忠，等.中国鲁北生态工业模式.过程工程学报，2004，4（5）：468-475.

[173] 刘德玉，王志，宋成琴.鲁北生态工业园：循环经济实践的“标本”.瞭望新闻周刊，2005（49）：48-49.

[174] 王兆华.生态工业园工业共生网络研究.大连理工大学博士学位论文，

2003：68，73，73，73，80.

[175] 李周. 生态产业初探. 中国农村经济，1998（7）：4-9.

[176] 肖忠东，孙林岩.工业废物最小化管理研究.科研管理，2002，23（3）：134-139.

[177] 王新纯，于渤. 工业生态工程的分析方法研究.中国软科学，2005（6）：144-152.

[178] Barbara Kahn.环保有助于提高企业形象. 董事会，2007（6）：94.

[179] 李继刚.发展企业集群的经济学诠释.郑州经济管理干部学院学报，2006，21（6）：11-15.

[180] 曹洁.日本“循环经济”相关法规及其借鉴.日本问题研究，2004（3）：9-12.

[181] 王金南，李娜. 推进日本建立循环社会的法律体系. 中国发展，2003（1）：5-9.

[182] 王灿发，李俊红.我国循环经济立法现状及相关问题探讨.中国发展观察，2007（8）：7-9.

[183] Ehrenfeld J. Industrial ecology：a new field or only a metaphor?. Cleaner Production，2004（12）：827-828.

[184] Christensen J. Inter-Company Management of Material Flows-the Industrial Symbiosis of Kalundborg; Our Own Translation，Kostenvorteile Durch Umwelt Management-Netzwerke. Heidelberg：IUWA，1998：109.

[185] 王鲁明.区域循环经济发展模式研究.中国海洋大学博士研究生学位论文，2005：76-77.

[186] 杨忠直. 企业生态学引论. 北京：科学出版社，2003：28.

[187] 王雯，李忠立，宋文华，等. 工业园区生态再造的生态工业链原理与实践. 天津科技，2006（5）：35-37.

[188] 段宁，乔琦. 我国生态工业园区稳定性的调研报告. 环境保护，2005（12）：66-69.

[189] 王军，王文兴，刘金华. 可持续发展战略的新探索——循环经济.中国人口资源与环境，2002，12（4）：57-60.

[190] M Narodoslawsky，C Krotscheck. Integrated Ecological Optimization of Processes with the Sustainable Process Index. Waste Management，2000（20）：599-603.

[191] Jo Dewulf，Herman Van Langenhove.Integrating Industrial Ecology Principles into a Set of Environmental Sustainability Indicators for Technology Assessment. Resources，Conservation and Recycling，2005（43）：419-432.

[192] Cristina Sendra，Xavier Gabarrell，Teresa Vicent. Material Flow Analysis Adapted to an Industrial Area. Cleaner Production，2007（15）：1706-1715.

[193] 苗泽华，孙班军，张生元，等. 工业企业集团生态工程实施及其评价.石家庄经济学院学报，1999，22（2）：154-158.

[194] 元炯亮.生态工业园区评价指标体系研究.环境保护，2003（3）：38-40.

[195] 戈银庆，李全宏.基于循环经济的生态工业指标体系研究.开发研究，2007（2）：117-119.

[196] 李强，汤俊芳，钟书华. 生态工业园评价指标体系的构建. 科技与管理，2006（4）：67-70.

[197] 国家环境保护总局. 中华人民共和国环境保护行业标准：综合类生态工业园区标准（试行）.2006-06.

[198] 国家环境保护总局.中华人民共和国环境保护行业标准：行业类生态工业园区标准（试行）.2006-06.

[199] 国家环境保护总局.中华人民共和国环境保护行业标准：静脉产业类生态工业园区标准（试行）.2006-06.

[200] 乔琦，傅泽强，刘景洋，等.生态工业评价指标体系. 北京：新华出版社，2006.49.

[201] 吴伟，陈功玉，陈明义，等. 生态工业系统的综合评价.科学学与科学技术管理，2002（2）：72-74.

[202] 苑清敏，齐二石，李健. 绿色供应链与工业生态园区.天津理工学院学报，2002，18（2）：26-29.

[203] 王灵梅，张金屯.火电厂生态工业园生态规划研究.环境保护，2003（12）：25-29.

[204] 鲁成秀，尚金城.生态工业园规划建设的理论与方法初探.经济地理，2004，24（3）：399-402.

[205] 张大伟，杨王乐，胡山鹰，等. 生态工业系统评价.过程工程学报，2005，5（6）：654-658.

[206] 黄海凤，张宏华，蔡文祥，等.基于灰色聚类法的生态工业园区评价.浙江工业大学学报，2005，33（4）：379-383.

[207] 张艳.模糊推理方法遴选生态工业园入园项目的研究.武汉理工大学学报，2005，27（5）：108-111.

[208] 王艳丽，周美华.生态工业园柔性模型的建立及评价.东华大学学报：自然科学版，2006，32（6）：48-51.

[209] 张帆，麻林巍，蓝钧，等. 生态工业园评价方法研究：以北京市为例.中国人口资源与环境，2007，17（3）：100-105.

[210] 袁媛，戴科伟，凌虹，等. 张家港三大工业园区生态工业园建设指标体系研究.安徽农业科学，2007（2）：557-559，561.

[211] 邓伟根，陈林.生态工业园构建的思路与对策.工业技术经济，2007，26（1）：31-38.

[212] 于秀娟，孙晓君，田禹，等. 工业与生态. 北京：化学工业出版社，2003：76-77.

[213] 戴铁军，陆钟武.定量评价生态工业园区的两项指标. 中国环境科学，2006，26（5）：632-636.

致　谢

阅读这本书也许只用四五个小时，但为了完成本书包含了我四五年的时间。回想这几年的求学生涯，是一个不断向自我挑战的过程，在这一过程中我身兼数职。作为教师，我要完成正常的教学任务；作为学生，我要更多地汲取学习研究领域的问题；作为人女、人妻、人母，我要照顾好家庭……在这几年的学习中，有过汗水、痛苦和彷徨，然而更多的是收获、喜悦和感激。

我首先要感谢导师韩福荣教授。恩师给予了我完成这一学历教育的勇气与信心；恩师高尚的道德风范、渊博的学识造诣、严谨的治学态度以及磊落的待人接物使我受益终身；恩师的悉心指导、严格把关，使我得以较为顺利地完成论文的写作。在此，学生谨向导师韩福荣教授致以崇高的敬意和衷心的感谢。

我要感谢所有帮助过我的人。

在本书写作过程中，得到了黄鲁成教授、阮平南教授、蒋国瑞教授、张永安教授、顾力刚教授等人的关心与指导，在此，向他们表示诚挚的感谢。

在这几年的学习、工作中，得到了同事们的关心与帮助，感谢学友给予的鼓励与支持。

本书在研究过程中，得到了环境保护部、中国环境科学研究院和贵港生态工业示范园区相关人员的大力帮助与指导；在实地考察中，得到了山东鲁北企业集团总公司和北京林河工业开发总公司负责人的热情陪同与详尽的介绍，为论文提供了翔实的第一手资料，在此，向他们表示十分的感谢。

我还要感谢在写作中参考文献的各位学者，他们的前期研究成果为本书的完成提供了坚实的基础，使我并从中受到了有益的启发。

最后我要感谢我的父母，是他们使我懂得学习是人终生的事情，本着这一信念，在我工作多年后又进入学习的生涯；感谢我的姐妹，给予了我无私的关爱，使我在艰苦的求学过程中享受着浓浓的亲情；感谢我的丈夫，承担了大量的家务，为我完成学业做好了后勤工作；感谢我的儿子，用他优异的中考和高考成绩伴随着我的学习与工作，增强了我战胜各种困难的信心与勇气。如果这十多万字还能算作一份礼物，我愿把它献给我的父母，献给我的亲人。